同济博士论丛
TONGJI Dissertation Series

总主编 伍 江　副总主编 雷星晖

U0172272

程 遥 赵 民 著

东北地区核心—边缘空间演化及驱动机制研究：
经济增长和产业组织的视角

Research on Mechanism of Core-Periphery Spatial Evolution in Northeast China: In a Perspective of Economic Development and Industrial Organization

同济大学 出版社
TONGJI UNIVERSITY PRESS

内 容 提 要

本书揭示经济发展和产业组织对于东北地域空间的作用机制，解释产业要素的空间属性如何影响东北的空间结构演变，以及空间结构如何反作用于产业发展，对东北等老工业基地振兴战略实施以来东北社会经济的改变及其地域空间组织变化做出客观评价，探讨东北地区未来发展的产业和空间政策取向。

图书在版编目(CIP)数据

东北地区核心-边缘空间演化及驱动机制研究：经济增长和产业组织的视角 / 程遥,赵民著. —上海：
同济大学出版社，2020.6
（同济博士论丛 / 伍江总主编）
ISBN 978-7-5608-9290-0

Ⅰ. ①东… Ⅱ. ①程… ②赵… Ⅲ. ①城市空间-空间规划-研究-东北地区 Ⅳ. ①TU984.23

中国版本图书馆 CIP 数据核字(2020)第 102039 号

东北地区核心-边缘空间演化及驱动机制研究：经济增长和产业组织的视角

程 遥 赵 民 著

出 品 人 华春荣　　责任编辑 熊磊丽　　特约编辑 于鲁宁
责任校对 徐春莲　　封面设计 陈益平

出版发行　同济大学出版社　www.tongjipress.com.cn
　　　　　（地址：上海市四平路 1239 号　邮编：200092　电话：021-65985622）
经　　销　全国各地新华书店
排版制作　南京展望文化发展有限公司
印　　刷　浙江广育爱多印务有限公司
开　　本　787 mm×1092 mm　1/16
印　　张　17.25
字　　数　345 000
版　　次　2020 年 6 月第 1 版　　2020 年 6 月第 1 次印刷
书　　号　ISBN 978-7-5608-9290-0

定　　价　79.00 元

"同济博士论丛"编写领导小组

袁万城　莫天伟　夏四清　顾　明　顾祥林　钱梦骙
徐　政　徐　鉴　徐立鸿　徐亚伟　凌建明　高乃云
郭忠印　唐子来　阎耀保　黄一如　黄宏伟　黄茂松
戚正武　彭正龙　葛耀君　董德存　蒋昌俊　韩传峰
童小华　曾国苏　楼梦麟　路秉杰　蔡永洁　蔡克峰
薛　雷　霍佳震

秘书组成员：谢永生　赵泽毓　熊磊丽　胡晗欣　卢元姗　蒋卓文

总　序

在同济大学110周年华诞之际,喜闻"同济博士论丛"将正式出版发行,倍感欣慰。记得在100周年校庆时,我曾以《百年同济,大学对社会的承诺》为题作了演讲,如今看到付梓的"同济博士论丛",我想这就是大学对社会承诺的一种体现。这110部学术著作不仅包含了同济大学近10年100多位优秀博士研究生的学术科研成果,也展现了同济大学围绕国家战略开展学科建设、发展自我特色,向建设世界一流大学的目标迈出的坚实步伐。

坐落于东海之滨的同济大学,历经110年历史风云,承古续今、汇聚东西,秉持"与祖国同行、以科教济世"的理念,发扬自强不息、追求卓越的精神,在复兴中华的征程中同舟共济、砥砺前行,谱写了一幅幅辉煌壮美的篇章。创校至今,同济大学培养了数十万工作在祖国各条战线上的人才,包括人们常提到的贝时璋、李国豪、裘法祖、吴孟超等一批著名教授。正是这些专家学者培养了一代又一代的博士研究生,薪火相传,将同济大学的科学研究和学科建设一步步推向高峰。

大学有其社会责任,她的社会责任就是融入国家的创新体系之中,成为国家创新战略的实践者。党的十八大以来,习近平同志为核心的党中央高度重视科技创新,对实施创新驱动发展战略作出一系列重大决策部署。党的十八届五中全会把创新发展作为五大发展理念之首,强调创新是引领发展的第一动力,要求充分发挥科技创新在全面创新中的引领作用。要把创新驱动发展作为国家的优先战略,以科技创新为核心带动全面创新,以体制机制改革激发创新活力，以高效率的创新体系支撑高水平的创新型国家建设。作为人才培养和科技创新的重要平台，大学是国家创新体系的重要组成部分。同济大学理当围绕国家战略目标的实现，作出更大的贡献。

大学的根本任务是培养人才，同济大学走出了一条特色鲜明的道路。无论是本科教育、研究生教育，还是这些年摸索总结出的导师制、人才培养特区，"卓越人才培养"的做法取得了很好的成绩。聚焦创新驱动转型发展战略，同济大学推进科研管理体系改革和重大科研基地平台建设。以贯穿人才培养全过程的一流创新创业教育助力创新驱动发展战略，实现创新创业教育的全覆盖，培养具有一流创新力、组织力和行动力的卓越人才。"同济博士论丛"的出版不仅是对同济大学人才培养成果的集中展示，更将进一步推动同济大学围绕国家战略开展学科建设、发展自我特色、明确大学定位、培养创新人才。

面对新形势、新任务、新挑战，我们必须增强忧患意识，扎根中国大地，朝着建设世界一流大学的目标，深化改革，勠力前行！

万　钢

2017 年 5 月

论丛前言

　　承古续今，汇聚东西，百年同济秉持"与祖国同行、以科教济世"的理念，注重人才培养、科学研究、社会服务、文化传承创新和国际合作交流，自强不息，追求卓越。特别是近20年来，同济大学坚持把论文写在祖国的大地上，各学科都培养了一大批博士优秀人才，发表了数以千计的学术研究论文。这些论文不但反映了同济大学培养人才能力和学术研究的水平，而且也促进了学科的发展和国家的建设。多年来，我一直希望能有机会将我们同济大学的优秀博士论文集中整理，分类出版，让更多的读者获得分享。值此同济大学110周年校庆之际，在学校的支持下，"同济博士论丛"得以顺利出版。

　　"同济博士论丛"的出版组织工作启动于2016年9月，计划在同济大学110周年校庆之际出版110部同济大学的优秀博士论文。我们在数千篇博士论文中，聚焦于2005—2016年十多年间的优秀博士学位论文430余篇，经各院系征询，导师和博士积极响应并同意，遴选出近170篇，涵盖了同济的大部分学科：土木工程、城乡规划学（含建筑、风景园林）、海洋科学、交通运输工程、车辆工程、环境科学与工程、数学、材料工程、测绘科学与工程、机械工程、计算机科学与技术、医学、工程管理、哲学等。作为"同济博士论丛"出版工程的开端，在校庆之际首批集中出版110余部，其余也将陆续出版。

　　博士学位论文是反映博士研究生培养质量的重要方面。同济大学一直将立德树人作为根本任务，把培养高素质人才摆在首位，认真探索全面提高博士研究生质量的有效途径和机制。因此，"同济博士论丛"的出版集中展示同济大学博士研究生培养与科研成果,体现对同济大学学术文化的传承。

"同济博士论丛"作为重要的科研文献资源,系统、全面、具体地反映了同济大学各学科专业前沿领域的科研成果和发展状况。它的出版是扩大传播同济科研成果和学术影响力的重要途径。博士论文的研究对象中不少是"国家自然科学基金"等科研基金资助的项目,具有明确的创新性和学术性,具有极高的学术价值,对我国的经济、文化、社会发展具有一定的理论和实践指导意义。

"同济博士论丛"的出版,将会调动同济广大科研人员的积极性,促进多学科学术交流、加速人才的发掘和人才的成长,有助于提高同济在国内外的竞争力,为实现同济大学扎根中国大地,建设世界一流大学的目标愿景做好基础性工作。

虽然同济已经发展成为一所特色鲜明、具有国际影响力的综合性、研究型大学,但与世界一流大学之间仍然存在着一定差距。"同济博士论丛"所反映的学术水平需要不断提高,同时在很短的时间内编辑出版110余部著作,必然存在一些不足之处,恳请广大学者,特别是有关专家提出批评,为提高同济人才培养质量和同济的学科建设提供宝贵意见。

最后感谢研究生院、出版社以及各院系的协作与支持。希望"同济博士论丛"能持续出版,并借助新媒体以电子书、知识库等多种方式呈现,以期成为展现同济学术成果、服务社会的一个可持续的出版品牌。为继续扎根中国大地,培育卓越英才,建设世界一流大学服务。

伍　江

2017 年 5 月

前　言

东北地区的工业化起步较早,是我国重要的老工业基地之一。改革开放以来,东北面临着经济体制改革滞后、经济增长和产业结构调整相对缓慢、社会发展失衡等严峻问题,整个地区的总体发展明显落后于东南沿海地区以及部分中部地区。鉴于这一情势,2003年中共中央正式出台了"振兴东北等老工业基地"政策,试图通过财政、金融、社会保障、企业改制、基础设施建设、城市与区域发展等一揽子政策来逆转东北的区域性衰退,同时亦引导东北等老工业基地所在地区逐步走向区域振兴。

基于这一背景,本书围绕东北振兴及地区空间演化展开研究工作,包括对东北老工业基地发展和振兴历程作了回顾、对振兴政策以来的东北地区空间结构加以解析,并就产业组织对区域核心边缘空间的作用机制作了探讨和解释。

研究采用定性与定量相结合的方法,并围绕案例产业进行分析。基于大量的经济社会数据,运用统计分析和变量空间分析等手段,深入审视了东北地区的空间组织结构、地区产业分工、产业部类空间分异、城市网络联系等方面的特征。研究发现,在振兴与转型背景下,东北地区2000—2011年间的"核心-边缘"空间关系有了新的演化,产业集聚、不同产业部类的空间分异、企业的选址与网络、产业的嵌入因素等,都在不同程度上影响了东北地区"核心-边缘"空间的形成与演变。其次,产业对于空间的影响机制相互嵌套叠加,共同塑造、积累和强化了核心与边缘地区之间的差距,哈尔滨-长春-沈阳-大连这四大中心城市进一步巩固了在区域中的极核地位，集聚了区域大部分的制造、服务产业资源、劳动力资源和政策资源；同时这四个城市也是联络宏观区域网络和东北地域网络的重要铰接点。而辽中南地区以及哈-大轴线沿线城镇等则成为了区域极核带动下的繁荣腹地；与之相对的是，占总数70%～80%的边缘城镇在2000年以来的十余年间发展滞缓、甚至倒退。最后，结合发展评析、解释性研究及国际经验借鉴，探讨了东北地区未来发展的产业和空间政策取向。

在研究完成后的数年中，我国政府又陆续出台了《关于全面振兴东北地区等老工业基地的若干意见》《关于深入推进实施新一轮东北振兴战略加快推动东北地区经济企稳向好若干重要举措的意见》等政策文件，旨在进一步深入推进东北振兴战略。中央的高度关注从一个侧面表明了东北地区在我国区域战略中的重要地位。新时代的东北地区要有新思路，谋求新发展，这与正视现实矛盾具有内在一致性。

今天来看，原先所论证的东北地区"核心-边缘"空间结构仍在持续固化，且极化趋势不再限于东北地区内部，而是随着交通、通信等技术的发展，扩展至更宏观的尺度；亦即，东北地区大多数城镇的人口、资源、资本流向我国东南沿海地区以及哈尔滨、长春、沈阳和大连等核心城市已是更为显见的客观事实。核心-边缘结构的固化虽然在一定程度上使得区域空间资源得到了更集聚、高效的配置，但在城市-区域体系的发育上，东北地区显然落后于京津冀、长三角、珠三角等地区。事实上，这些地区正是自2000年左右，经过近20年的城市区域整合，形成了城镇体系相对成熟、城镇功能高度协同、城镇网络联系紧密、具有全球影响力的城市群。反观东北地区，区域内规划布局的哈长城市群、环渤海城市群（辽中南部分）从其城镇规模、体系结构、功能联系等方面都尚不足以构成城市群，其中重要的原因之一即中小城镇缺乏发展活力，资源过度集聚于少数核心城市，城市群发展缺乏必要体系支撑。

展望未来,东北作为我国全局性区域战略平衡中的重要一极,在国民经济发展和东北亚地缘政治中有着重要地位,具有不可替代的作用。在东北振兴事业的推进过程中,学界要肩负起自己的责任。希冀本书的出版能对东北地区经济社会发展中的城市空间发展研究工作有所裨益。

本书受到国家重点研发计划"绿色宜居村镇技术创新"重点专项资助(研究任务编号：2018YFD1100802－02)。

目　录

第 *1* 章

绪 论

1.1 研究背景

东北地区是我国较早进行工业化新中国成立初期,东北地区就已经确立了作为我国重要工业基地的地位。此后至改革开放之前的 30 多年计划经济时期,在国家的重点投资下,东北进一步形成了以农业、能源、化工、装备制造等产业为支柱的经济结构,为我国的现代化建设及国计民生作出过重大贡献(石建国,2006)。然而,改革开放以来,随着我国经济体制改革进程的不断推进,以及我国对外开放政策的实施和与之相伴随的全球化对于我国经济社会发展的影响深入,东北作为老工业基地的体制性、结构性矛盾日益凸显,发展进入瓶颈期(国家发展和改革委员会、国务院振兴东北办公室国务院振兴东北地区等老工业基地领导小组办公室,2007)。

针对东北所面临的发展问题,2002 年党的十六大提出了"支持东北地区等老工业基地加快调整和改造,支持以资源开采为主的城市和地区发展接续产业"的发展课题;2003 年 10 月中共中央、国务院下发《关于实施东北地区等老工业基地振兴战略的若干意见》,东北老工业基地振兴战略(以下简称"东北振兴")及相关政策正式出台。

东北振兴战略出台至今的十余年里,一方面,经过国家重点扶持和地方自身的不懈努力,相比 2003 年,东北地区的发展已经有了相当大的变化。例如 2010 年,沈阳市发改委宣布沈阳市"基本完成了老工业基地的调整改造任务"(秦逸,2010)。另一方面,从外部宏观环境来看,全球化和世界城市网络的形成是 2000 年以来国际经济发展的重要趋势;而国家层面对于几大区域板块的战略布局也日臻完善和清晰,东北的发展较以往而言面临着更多元的机遇与挑战。

由此,笔者认为在目前这个时间节点很有必要审视过去十余年间,在经历了经济社会的转型、尤其是产业结构调整之后,东北地区作为一个区域板块其城镇空间组织逻辑和模式是否也发生了相应变化,进而认知这些变化对于东北未来的城镇空间发展战略有着怎样的含义。

1.2 研究的概念界定

1.2.1 "转型"概念的界定

《现代汉语新词语词典》对"转型"的解释为"经济社会结构、文化形态、价值观念、生活方式等发生转变"(亢世勇、刘海润,2009)。而从构词角度,"转型"实际描述的是从一个形态/结构向另一个形态/结构转变的过程。

在国内学术界对东北转型的研究和理解上,根据中国知网对于 2000—2013 年间学术文章的趋势分析,在学术关注度上对于"东北振兴"的关注度远远高于对于"东北转型"的关注度,且前者具有很强的时间性(2004 年突然呈现高峰,之后逐年下降,图 1-1)。基于对西方相关研究的考证,笔者认为所谓的"振兴(rejuvenation/regeneration)"更多是政治层面上对于政策目标的表达;而就区域

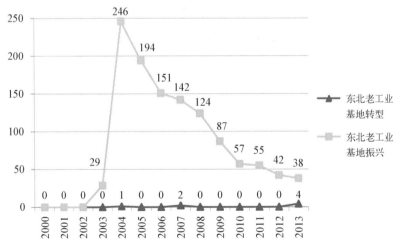

图 1-1 中国知网"学术趋势"中对于两个关键词的学术关注度变化趋势

资料来源：根据 http://trend.cnki.net/TrendSearch/index.htm① 分析结果整理

---

① 最后检索时间为 2014 年 4 月 20 日。

发展这一过程本身,更为准确的描述是社会、经济、文化、空间的"转型(transformation/transition)"过程。因而,对于东北相关议题的研究,在很大程度上受到振兴政策的导向,而对于其背后的"转型"过程似乎重视不够。

进一步设定"东北"为关键词、"转型"为主题的"精确匹配"搜索条件,从中国知网的中国学术期刊网络出版总库随机下载了2014年以前①发表的60篇期刊文章。其中,出现"转型"一词144次;分析"转型"的具体内涵,与经济、产业等相关领域数量最多,共计98次。此外,社会转型出现3次,人口与城市化转型出现2次,文化转型出现4次,体制转型出现9次,城市/区域(综合领域)转型出现28次(图1-2)。可见在一定程度上,国内相关研究对于东北"转型"的认知是以产业或经济转型为核心的(史英杰,2008)。一些学者甚至将东北转型的实质等同于"再工业化"过程(东北亚研究中心东北老工业基地振兴课题组,2004),即是指工业转型至高附加值、知识密集型产业/产业集群,并以新技术创新为主、服务于新兴市场的产业的过程(Rothwell,Zegveld,1985)。

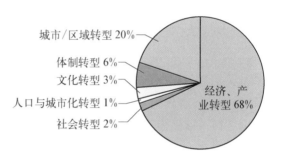

**图1-2 样本文章中关于"转型"
所具体讨论的领域分布**

资料来源:作者基于"中国知网"搜索数据自绘

笔者认为,在原有工业基础上"充实产业基础和提高产业素质"(东北亚研究中心东北老工业基地振兴课题组,2004)固然是东北转型过程中的关键,但将这一过程简单地与经济甚至是第二产业部门的提升相等同似乎过于简单和不全面。相对而言,东北的转型应是一个在治理模式、经济发展和社会文化、空间组织等多方面实现转变和提升的过程。理解这一"转型"过程需要注重以下两个维度。

首先,东北转型的背景是我国经济社会转型加速,而东北地区体制转换进程则相对滞后(刘颖,2009)。东北老工业基地的形成和快速发展在相当大程度上是计划经济时期国家统一布局的产物。在我国经济体制改革过程中,东北原有的、适应指令型经济的经济体系和管理体制未能及时作出调整,因而不能适应新的环境;同时,随着我国经济战略布局的调整,国家层面对于东北的支持力度逐渐减弱(李克,2010),东北发展逐步面临困境。从这一角度看,东北的转型实际

---

① 第一次搜索和下载于2013年2月11日,第二次补充下载于2014年1月5日。

是谋划地区发展以适应新的经济社会体制的过程。

其次，与东北转型几乎同时期，我国加入了世界贸易组织（WTO），日渐融入世界经济体系。虽然，东北的转型有其特殊的地域背景，但中国的整体经济社会转型是一个从计划经济向市场经济转型和从封闭经济向融入全球经济转型并行的过程。着眼于东北，一方面，随着我国面向东北亚开放的进程加快，东北的产业结构、发展模式和区域空间结构都产生了变化；另一方面，经济全球化加速了资源、劳动力和产业的流动和转移，进而影响到东北作为一个经济板块在全国区域经济中的地位以及东北板块内部的布局和结构。因而，东北的转型同时也是该区域从相对封闭板块加速融入全球经济网络的过程。

1.2.2 "城市-区域"概念的界定

"城市-区域"概念始于20世纪30年代的地理学界。20世纪50年代前后，为经济地理学、社会学和城市规划学广泛应用（如 Christaller，1933；Smailes，A. E，1947；Green，F. H. W. ，1950；Losch，A. ，1954. 等），旨在突破城市的行政管辖区域而描述城市实际的功能性边界（functional boundary），即城市及其功能性腹地（Office of the Deputy Prime Minister (ODPM)，2006）。20世纪90年代末，包括英国在内的欧洲出现了关于区域/次区域改革的热议，认为经济全球化和与之相关的经济重组，削弱了民族国家（nation-state）的自主权，却使得区域和城市尺度的次国家机构的重要性得到凸显。在这一背景下，欧洲委员会（1999）、经济发展与合作组织（2006）（Organisation for Economic Co-operation and Development，OECD)等欧洲区域性组织以及各国政府都认为，重新划分政府机构和经济活动的空间尺度是应对全球化挑战的方法之一；而其中，作为功能和管治意义上"城市与区域特质的结合体"（Herrschel，Newman，2003：2），"城市-区域"一度被视为区域振兴和经济发展战略的关键要素（HM Treasury et al. ，2007；ODPM，2006)，得到了尤其多的关注。一些学者指出，城市-区域是全球化过程中地方化的重要空间载体，同时又是全球社会-经济新的组织单元、运行载体和全球化得以实现的基础网络（Scott，2001a）。城市-区域的经济发展已经成为国民经济中不可忽视的重大问题（罗震东、张京祥，2009）。

但对于"城市-区域"这一概念，一直缺乏明确的定义，抑或是一个动态的、有着模糊边界的空间概念（2003；西明·达武迪，2010）。城市地理学对于空间组织的研究往往是从区域和城市两种地域系统出发。一方面，城市本身是一个"面"，它的内部有各种构成要素的演变和组合问题；同时，从区域角度来看，城市也是一个"点"。几乎每个城市都是一个地区的经济、政治或文化的中心,每个城市都有自己的影响区域(腹地或集散区)(许学强等,1997)。而"城市-区域"概念的出现则在一定程度上从空间组织的尺度方面实现了城市和区域两种地域系统的统一(石崧,2005)。总结国内外关于"城市-区域"的相关研究,其在空间尺度上大于单核的"都市区",与城市群、(大)都市区接近。但相比后面两个概念,城市-区域更强调城市与周边腹地区域的紧密联系,以及城市-区域之间各种形式"联系流"(如交通流、资本流、信息流等)的空间结构。2006年,英国政府社区发展和地方政府部将"城市-区域"界定为"城市的经济足迹,通过人们的生活方式和与城市及其周边区域(包括小城镇和城市的农村腹地)的经济联系来界定的区域"(Harrison,2012)。与之类似,刘艳军等人(2006)认为,城市-区域是城市和区域共同组成的复杂系统,是"在特定的发展环境下,各功能单元(经济活动、城镇等)在城市区域内的空间分布状态,是具有一定功能的空间地域系统和空间组织形式,它是在长期经济发展与要素流动过程中人类活动和区位选择的结果"。罗震东、张京祥(2009)则将(全球)城市-区域定义为"由核心大都市区(全球城市或具有全球职能的城市)、腹地大都市区与一系列大小城镇组成的城市群"。

在本书中,之所以采用"城市-区域"概念是基于两点原因:其一,不拘于"东北"这一宏观并存在已达成共识的明确边界(东北三省行政边界)的"区域"概念,也区别于通过行政边界界定的"省"、"地市(区)"、"区县"等空间单元,"城市-区域"更加强调城市与区域实质上发生的功能性联系;其二,不同于长三角、珠三角或京津冀等发育相对成熟的城市群,东北的城镇体系并不完整,在本书中,用"城市群"这一概念来界定并不十分准确,而采用相对模糊的"城市-区域"概念则更为贴切。

总括而言,本书中用"城市-区域"概念旨在表述城市及其腹地之间、城市与城市之间的功能联系,即由核心城市及其功能腹地和与之紧密联系的城镇所组成的区域。

1.3 研 究 问 题

1.3.1 核心问题及切入

体现城乡规划学科关注空间资源配置和空间发展规律的本体属性,本书的核心研究问题是如何认识产业组织及其空间属性对于区域核心-边缘结构的影响。围绕这一问题，将从以下两个角度切入。

（1）如何认知空间

在传统的城乡规划和城市研究领域，"空间"多数情况下是指拘于地理意义的实际存在、可测量、可被绘制的实体空间。而在20世纪90年代，一批学者对于流动空间（space of flow）和全球网络的研究颠覆了传统意义上对于空间的理解（曼纽尔·卡斯特尔，1996）；此后有越来越多的研究从社会、经济等各个领域切入，从"关系过程"（relational process）来认知空间，亦即将空间实体变为抽象的关系组织，通过要素或行动者的关系联络方式和紧密程度来理解和描绘区域及城市中的空间结构。

不同属性的空间对应的是不同的研究思路：前者是基于地理邻近关系下中心与腹地的研究，而后者则是基于网络联络的跨腹地甚至"虚拟空间"（virtue space）的研究。具体至本书研究，其对象东北是一个具有实体意义的空间范畴，存在基于地理距离的空间结构。对于其区域空间结构的研究往往侧重于城市在区域中的集聚与扩散、大都市带或城市连绵区的形成和发展等具有较强实体空间意义的内容（许学强等，1997）。与此同时，在全球化影响下，产业显然具有很强的网络特征。虽然抽象空间最终仍将以实体空间为载体，并体现在实体空间的发展和演变中，但如何理解抽象空间与实体空间的关系，以及抽象空间是如何影响或落实于实体空间，仍具有重要意义，这将是本书所要切入研究的一个重要问题。

（2）如何认知产业组织与城乡空间的关系

虽然一些学者认为，城市体系概念是源于将系统论和中心地理论运用至劳动分工和经济功能的研究（Berry，1964），但在当前语境下，网络秩序越来越多地支配着产业分工和产业组织，这与传统意义上的区域空间结构似乎存在矛盾，表现为全球经济网络影响下传统意义上以国家/省域为单位的空间体系的瓦解、破碎化和重组（rescaling），以及与之相应的全球城市体系的形成（Brenner，2003）。

在这一背景下，如何认识产业发展与区域空间结构演变的关系尤为重要。检验它是否真的如一些理论所假设、全球尺度下的劳动分工重组将消解地域的内在空间结构，以及最终城市/区域被"去空间化"（placeless）变为网络中的节点（Smith，2014），这将是本书切入研究的另一重点问题。

1.3.2 研究视角

（1）转型视角下的研究

在过去的十多年间，东北在国家振兴东北等老工业基地战略的引导下，经历了经济社会等多领域的转型与要素重组。虽然在宏观背景层面,我国自改革开放以来,整体上经历了从计划经济向市场经济的体制改革,"转型"是国内各个区域和城市发展的共同议题之一;然而,对于东北这一带有深刻计划经济烙印的传统工业基地以及与之相匹配的城乡空间格局,经济社会等各领域的转型任务尤为艰巨,新的变革将对地区的发展起着尤为重要的作用。从这一意义上,研究东北发展及其空间结构演变,"转型"这一关键视角必不可少。

(2)全球化视角下的研究

随着全球化进程的推进,全球网络及其对资源配置、劳动分工、价值区段的影响往往是结构性的,并必然通过改变地方经济社会要素的关系及其空间属性而重塑区域的空间结构。在东北自身转型发展的同时,并不能将该区域看成是一个独立的封闭板块;其新的崛起必将伴随着逐步融入世界经济网络的过程。从这一角度,研究东北的发展必然需要放置于整体结构;亦要以全球化的视角,从更为宏观的网络角度理解产业发展及其与区域空间结构演变的关联性。

(3)地域视角下的研究

● "地域"概念

1999 年欧盟出台了全域性的空间战略规划"欧洲空间发展展望——欧盟的均衡和可持续的地域发展"(European Spatial Development Perspective,以下简称 ESDP,详见本书第 9 章)。ESDP 中界定,相比传统意义上的"区域"概念,"地域"所包含的内涵不仅是简单的功能性地理空间,还有其承载的主体及其活动,以及所代表的主体关系(Schmitt-Egner,2002),即在空间载体基础之上,加入了"主体"及其关系概念。

Keating(2000)指出,"地域"是一个物质空间影响和塑造社会生活方式的复杂过程,尽管地域的核心要素即物质空间可以影响经济活动、社会互动和生活方式,但反过来,地域的实质内涵和特性又是由这些经济社会活动所赋予的。Sykes 和 David(2011)认为,"地域"是指物质空间、经济和社会特性的动态组合。Schmitt-Egner(2002)则指出,地域是形式(法律地位和自治权)、物质(社会-经济)、符号(文化)进行区域复制的空间载体。

结合上述定义,本书认为"地域"是具有经济、社会、政治、文化等内涵的动态空间。一方面,空间是经济活动、社会活动、政治制度和文化符号的载体,并赋予这些活动、制度或符号以地理特征;另一方面,经济活动、社会活动、政治制度和文化符号等又塑造了物质空间所具有的内涵,并成为空间不断演变的动力机制。

● 21世纪"地域"概念在欧洲的兴起

事实上，欧盟所提出的"地域"概念并非全新议题。Morgan(1985)曾指出，区域发展政策可以划分为两类："地域"议题和"类型"(Class)议题。其中，"地域"议题在欧美的语境下，是一种"现代化之前"的现象(如12—13世纪德意志的汉萨联盟等)；而所谓"现代的"共同行为基础则应超越地域限制，基于类型或功能利益(functional interest)。

然而，"地域"被重新提出和赋予新的内涵，并被视作全欧洲的战略的"新维度"并非偶然：一方面，如何实现区域均衡发展、缩小区域差距是20世纪70年代以来英国、法国、西班牙等欧洲各国所追求的目标(Sykes，Shaw，2011)。而当这些努力最终的成效不甚明显时，欧洲各国开始尝试将区域振兴的重点由资源的空间再分配向制度创新、鼓励地域间良性竞争和培养衰退地区的内生发展动力等方向转变——合理的地域空间体系和与之相匹配的经济社会结构被视为区域和城市振兴、消减区域发展差异的"良药"(Davoudi，2005)。

另一方面，欧盟一体化、全球化、城市网络的形成等外部因素，也迫使欧洲采取更为灵活的区域政策模式。由此，出现了基于"地域"这一灵活空间的"试验性区域主义"(experimental regionalism)和"多尺度管治"(multi-scalar governance)等新的区域规划理念——其中，"试验性"是指在既有政治结构下寻求制度创新，建立相对灵活的地域管理机构；"多尺度"是指基于地域利益设置多层面、不同的协调机构和动议(Gibbs et al.，2002；Goodchild，Hickman，2006；Gore et al.，2007；Gualini，2004)。

● 区域转型研究和政策制定的"地域"视角

传统的区域转型研究或政策往往更侧重于解决"类型"议题，即解决社会、经济发展中的某个或某几个顽疾(wicked problems)；而随着欧洲"地域"议题的兴起，欧洲的区域转型研究和政策制定也开始关注"地域性"——引入空间视角，强调地方资本，并将需转型发展的地区作为更宏观区域的一部分进行总体规划布局。

针对本书的研究对象，"地域"视角意味着：其一，区域振兴不仅仅是由国家/大区域政府主导、自上而下、具有明确单一目标导向的政策实施过程，而是多领域、多元参与主体、复杂和具有丰富内涵的地域发展与管治过程；其二，区域的振兴不再是单纯的国家或地方事务，而必须要放置于更大尺度的网络中予以讨论；其三，区域振兴不再是单纯的经济事务，而是社会、经济、文化、空间发展等各领域的综合发展及一揽子政策引导(Couch et al.，2011；Tallon，2010)。

1.3.3　研究的时空范围界定

目前对于东北的地域范围存在不同划分方式,虽然在国家战略层面将其界定为黑龙江、吉林、辽宁三省以及内蒙古自治区呼伦贝尔市、兴安盟、通辽市、赤峰市和锡林郭勒盟(蒙东地区),但考虑到蒙东与传统的东北三省(黑龙江、吉林、辽宁)在历史发展轨迹、地域文化、产业结构等多方面存在较大差异,因此,本书的研究范围限定在东北三省,包括 36 个地市(地区)、184 个县市。其中,重点关注以哈尔滨、长春、沈阳、大连为核心、周边城镇为其功能腹地的城市-区域(图 1-3、图 1-4)。

图 1-3　本书的研究范围

资料来源:中国行政区划网

图 1-4　东北在东北亚和全国的区位

资料来源:作者自绘

研究所跨越的时间主要为 2000—2012 年①。大致可分为 3 个时间阶段:2000—2003 年振兴东北战略出台之前;2004—2007 年《东北地区振兴规划》出台之后,即东北战略实施初期;2008—2012 年,东北战略全面实施阶段。

同时,笔者注意到在不同尺度的区域空间其表征存在差异,因此,针对不同分析需要,并结合数据资源条件,本书将从地市或县市两个尺度来分析东北的经

---

①　根据数据可获得性,在具体分析中有所不同。

济社会空间组织,以揭示其不同尺度下的区域发展特征。

1.4 研究目的和意义

(1) 研究目的

本书的研究目的可以从解释性和应用性两个层面阐述,但以前者为主。首先,研究旨在揭示经济发展和产业组织对于东北地域空间结构的作用机制,即解释产业要素的空间属性如何影响东北的空间结构演变,以及空间结构如何反作用于产业发展。从应用目的来看,本书对"东北等老工业基地振兴"战略实施以来东北社会经济(尤其是产业组织)的改变及其地域空间组织变化做出客观评析,并结合解释性研究等探讨东北地区未来发展的产业和空间政策取向。

(2) 研究意义

• 现实意义

正如研究背景中所述,历经十多年的振兴,东北自身条件与外界环境已经发生了诸多变化;而与此同时,通过不断的探索,无论是中央政府还是东北各地方政府对于振兴战略导向下的政策制定与实践也已积累了丰富的经验。

由此可见,面对国际国内的新发展形势以及内部条件的改变,东北的区域发展正处于一个需要加以回顾、总结、讨论和调整的重要时间窗口。此外,2013 年出台的《全国老工业基地调整改造规划(2013—2022 年)》提出了将东北地区振兴和转型经验推广至全国老工业城市的调整改造上,因而亟有必要对东北转型发展的经验加以探究和总结,进而反馈至中央及有关地区的政策制定之中。

• 理论意义

相比京津冀、长三角、珠三角,甚至是中部的一些区域或城镇群研究,关于东北区域的研究数量偏少,质量也有待提升。根据图 1-1 所示,在东北振兴战略提出的最初 4~5 年(即 2003—2007 年),国内外曾形成了对东北问题的研究高潮;然而此时的振兴工作尚在摸索中,有关政策及城市发展战略尚在制定和初步探索阶段,系统性研究的条件尚不成熟。但此后,随着国家其他区域战略的不断出台,对东北振兴的学术关注度反而有逐步下降的趋势。

尤其是从空间发展的学术研究角度而言,东北振兴战略及其配套政策实施至今,尚缺乏对空间结构演变的系统性研究。从既有研究看,大多采用相对传统的地理学理论和分析方法,对于转型过程关注较多,而对经济全球化等宏观影响因素则关注较少。因此,尽管相关领域的国内外研究成果已经相当丰富,但考虑到不同地域的空间机制不尽相同,因此本项地域性研究——对东北地区 2000—2012 年的空间发展和驱动机制作出理论解释,有其特定的探索和原创空间——可望为相关领域的理论和研究方法作出增量贡献。

第2章
文献综述

本章围绕研究领域对相关的研究文献做综述,第一部分是关于空间的认知及结构模型,第二部分是产业组织与城市空间体系。

2.1 对于空间的认知及其结构模型

空间组织(spatial organization)是地理学家思考世界的途径,对于空间及其组织逻辑的认知与模型建构始终是人文地理学的核心研究内容之一(Harvey,1969)。从20世纪后半叶开始,人文地理学出现了一种"关系过程"(relational process)的空间认知视角,它深刻地影响了地理学对于空间组织的理解——即空间组织是"空间结构和空间过程的因果循环"(Abler et al. ,1971:60)。

本节将从人文地理学对于"空间"这一概念的认知出发,讨论在不同空间认知下所形成的区域空间组织模型,这些模型及其对空间的解读是建构研究框架的理论支撑。

2.1.1 对"空间"内涵的理解及其影响下的人文地理学发展

(1) 空间的绝对认知和相对认知

关于空间的绝对认知和相对认知的讨论是一个多世纪以来地理学界的核心哲学问题(Jones,2009)。空间的绝对认知源于欧几里得几何学和康德的"超理想主义",即把空间看作一种孤立的(discrete)、客观存在的、静止的"容器"(container),是地球表面的构成部分和"一种容纳事物的框架"(Jones,2009;Meentemeyer,1989;大卫·哈维,1969:250)。与之相应,地理学的工作就是通过诸如制图技术、数据收集和分析等手段补全有关"容器"的信息(表2-1)。

表 2-1　空间的哲学观：绝对空间和相对空间的比较

空　间　观	绝　对　空　间	相　对　空　间
空间的存在条件	空间可以在任何情况下独立存在	空间只有与事件和过程相关时才存在
空间的定义	空间是一个"容器"	空间通过事件和过程来定义
地理学研究内容	主要与制图和记录有关的内容	空间的形式（forms）、模式（patterns）、功能、流（rates）、离散等
空间形式	欧几里得空间	非欧几里得空间/可变化的空间

资料来源：Meentemeyer，1989

　　但自 20 世纪 70 年代开始，随着人文地理学从空间分析进入到社会研究阶段（Gauthier，Taaffe，2003），对"空间"概念的认识也逐渐偏重对其社会性的认识，由绝对空间观主导向相对空间观发展（艾少伟、苗长虹，2010）。根据相对空间观点，人类活动模式所形成的作用场塑造了空间。因此，时空不再是独立的现实存在，而是过程和/或事件中的关系系统（system of relations）（Murdoch，1998；艾少伟、苗长虹，2010；大卫·哈维，1969）。根据这一观点，首先，空间是通过事件和/或过程的相互作用而生产或构建的，并由空间过程（spatial processes）来界定；其次，与非平面几何的视角相呼应，传统的"距离"概念被重新定义（例如，两个绝对空间邻近但却相互隔离的空间在相对空间观念中则距离遥远），且"距离"/"关系"永远是相对的、变化的（Harvey，1990；Jones，2009；Meentemeyer，1989）。

　　（2）相对空间观影响下的地理学研究

　　相对空间观的兴起有其历史背景。伴随着西方资本主义经济社会的发展、技术的进步和全球化的推进，"时空压缩"（time-space compression）（大卫·哈维，1990）与"时空隔离[①]"（time-space distanciation）（Giddens，1990）成为现代社会的重要特征。Massey（1991）用一个生动的例子说明了这一时空特征，"一个美国人坐在他在内城家里的床上，吃着他从中餐外卖店买来的英国工薪阶层喜爱的炸鱼和薯条，他的日产电视播放着美国节目，而这个人却不敢也无法（由于公共交通停驶）天黑后出门"（Massey，1991：26）。

　　这些现象的产生促使社会学者和地理学者聚焦于经济和社会过程及其所关联的空间形制（spatial configuration），推动了人文地理学的方法论从"科学"的数据分析转向根植于（situated）文化、社会、政治等多元背景的研究。必须要指

---

　　①　有译法也将该词译为"时空分延"（如：包亚明，2002），本书采用相对普遍的"时空隔离"译法。

出的是,空间的哲学认知对于人文地理学的影响在理论层面远大于实证层面。显然,在经济地理或城市区域的实证研究中,很难完全超脱于客观存在的三维空间而单纯讨论研究对象的经济社会关系空间。然而,相对空间观在相当程度上淡化了三维有界空间在研究中的重要性,使得关注点从空间尺度、距离、形态等概念中解放出来,开始以更复杂和更广阔的视角看待城市/区域的空间关系,促生了20世纪70年代至今的关于劳动空间分工、社会嵌入(social embeddedness)、社会行动者(social actors)、全球城市网络、区域管治、语言文脉(discursive context)等研究思潮(Yeung,2003;Yeung,Lin,2003)(表2-2)。

表 2-2　西方经济地理学理论建构的主要思潮列表

时　间	研究视角	理论基础	对空间的认知	代表人物
20世纪30—50年代	区域研究	区域地理学	自然地理空间	Alfred Hettner, Albert Demangeon, Richard Hartshorne 等
20世纪60—70年代	区位理论和行为区位模型	新古典经济学	经济活动的容器	Brian Berry, Peter Haggett, Peter Dicken 等
20世纪70—80年代	劳动空间分工	政治经济学	社会关系再生产的场所	David Harvey, Doreen Massey, Gordon Clark 等
20世纪70—80年代	结构化理论	政治经济学	社会关系再生产的场所	Anthony Giddens 等
20世纪80—90年代	弹性专业化和新产业空间	政治经济学 新制度经济学	组织变化与产业集聚的空间	Allen Scott, Michael Storper, David Harvey, Richard Florida 等
20世纪90年代	网络与嵌入	经济社会学/嵌入理论	嵌入的网络	Nigel Thrift, Peter Dicken, Martin Hess, Gernot Grabher 等
20世纪90年代中叶	新地理经济学	主流经济学	地理集聚	Paul Krugman, Masahisa Fujita 等
20世纪90年代中叶	区域集聚和产业集群	新竞争经济学 组织理论 制度经济学	地理集聚	Michael Porter, Bennett Harrison 等 Michael Storper, Allen Scott, Philip Cooke, Kevin Morgan 等

时 间	研究视角	理论基础	对空间的认知	代表人物
20 世纪 90 年代中叶	世界/全球城市研究	流动(fluid)空间理论	全球信息、物质、资金等流(flow)	Manuel Castells, Peter Taylor, Sakia Sassen 等
20 世纪 90 年代中叶	地方与网络	行动者网络理论	行动者(人类和非人类)的关系	Nigel Thrift, Doreen Massey, Richard G. Smith, Peter Dicken, Annemarie Mol, John Law 等

资料来源：整理和补充自 Yeung, Lin, 2003；苗长虹,魏也华,2007

2.1.2　区域的空间组织模型及其关系认知

（1）区域的空间组织模型

● 中心地模型

1933 年,德国地理学家沃尔特·克里斯泰勒(Walter Christaller)在其博士论文基础上出版了《德国南部中心地原理》一书。书中提出,"市场、交通以及分离原则在很大程度上决定了中心地的分布、范围和数量……即中心地的分布规律或者叫聚落分布规律"(沃尔特·克里斯塔勒,1933)。通过模型推导和在德国南部地区的实证,克里斯塔勒指出,在市场、交通或行政三个不同原则支配下,一个地区会形成不同的中心地等级体系,同一等级中心地的市场区①呈均质的六边形结构,不同等级中心地及其市场区是由一级套一级的网络,相互嵌套而成(周一星,1995)。

几乎在同一时间(1940 年),德国经济学家奥古斯都·廖什（August Lösch）在其《经济区位论》一书中,从理论上论证了六边形服务区的合理性；他提出除了单一因素下形成的中心地体系外,还存在两到三个因素综合作用形成的中心地体系。这种作用下形成的中心地不是均匀分布于区域内,而是围绕一个中心旋转的、稀疏带相间分布的车辐状图景,即廖什景观(葛本中,1989)。

克里斯塔勒和廖什的研究开创了城市地理学发展的新时代(周一星,1995)。尤其是在方法论上,他们改变了近代地理学通过描述方法研究城市区位、形态、经济特征等外部表现(周一星,1995),通过观察进行归纳总结获得区域发展规律的方

---

① 原文为"Ergänzungsgebiet",英译为"Complementary area"。在 1998 年商务印书馆出版的《德国南部中心地原理》(常正文、王兴中等译)中译为"补充区域",但周一星在其著作《城市地理学》中将其译为"市场区"或"附属区"(周一星,1995)。本书采用后一种译法。

法(冯章献,2010);而是采用严密的理论推导来演绎城市或区域在经济活动中的作用和机理等深层次规律。具体而言,两者基本都继承了古典区位论的假设前提,如均质平原、交通成本均一、资源分布均一、人口分布及其相应的需求呈有规则的连续分布等条件;虽然廖什的研究比较克里斯塔勒的单一均衡已经拓展至非均匀分布的城市体系,但从宏观尺度上,两者所提出的城市区域仍然是由基本均质分布的中心地及其呈一定结构和规律的市场区所构成的空间体系(图2-2左图)。

●"核心-边缘"模型

1966年美国地理学家弗里德曼(John R. Friedmann)在其著作《区域发展政策：一个委内瑞拉的案例研究》中提出了区域经济和空间发展的"核心-边缘/核心-外围"(core-periphery)模型,试图解释一个区域如何由互不关联、孤立发展,变成彼此联系的不平衡发展,再到相互关联的平衡发展的过程(包卿、陈雄,2006)。弗里德曼认为,随着区域经济的增长,区域空间结构会发生阶段性的演变,相继呈现出离散型空间结构-聚集型空间结构-扩散型空间结构-均衡型空间结构(Friedmann,1966)(图2-1)。

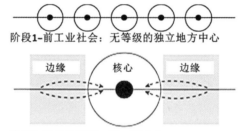

阶段1-前工业社会：无等级的独立地方中心

阶段2-工业化初期：单一强中心

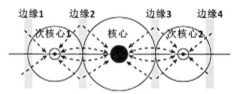

阶段3-工业化成熟期1：国家级单中心和强有力的边缘次中心/战略性次中心

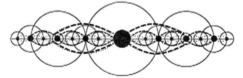

阶段4-工业化成熟期2：功能相互支撑的城市体系/有组织的城市体系（organized complexity）

图2-1　弗里德曼的空间组织阶段模型

资料来源：Friedmann,1966,P36

1991 年克鲁格曼发表的《收益递增和经济地理》中,通过公式推演建立了"中心-外围"的理论模型,解释了为什么制造业倾向于集聚在少数地区(Krugman,1991)。即,两个初始条件完全相同的假想地区可能存在区域分异(regional divergence),一个地区可能通过自我强化的循环累积实现集聚,并成为相对发达的中心地区。

与中心地理论相比,前者建立在收益递减(或不变)、完全竞争和同质需求的理论假设基础上,而核心-外围理论则建立在收益递增(规模经济)、不完全竞争和多样化需求的基础上——在收益递增的条件下,运输成本对市场产生的分割效应是非线性的。运输成本的变化,通过影响产业前向和后向联系所产生的向心力与运输成本或土地租金成本所导致的离心力之间的微妙平衡,导致多样化消费与收益递增的变化(段学军等,2010)。

从空间形式上来看,核心-边缘模型表现出较大的不平衡性,即经济社会活动向少数特定地区集中,促生了更高的生产效率、更低的生产成本和更大更多元的市场,进一步吸引产业转移和资源的集聚,区域在空间上分化为经济繁荣的核心地区和毫无优势的外围地区(顾朝林、赵晓斌,1995)(图 2-2 中图)。此外,基于"核心-边缘"模型,在某一方向的发展条件相对有利的情况下,核心和次核心城市将会沿该方向布局,形成明显高于周边区域发展水平的轴线(图 2-1 中阶段 3 和阶段 4),即所谓的区域发展轴理论。

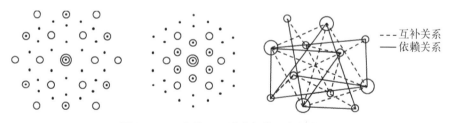

图 2-2　三个关于区域空间的理想化模型

自左至右分别为:均衡的等级体系(克里斯泰勒的"中心地"模型)、不均衡的等级体系(核心-边缘模型)、内部联系的等级和互补体系(城市网络模型)

资料来源:Dematteis,2000

● 网络模型和流动空间①

20 世纪末,经济全球化的影响日益显现,加之相对空间观在地理学的兴起,

---

① 　Law(2002),Mol 和 Law(1994)等学者认为,网络空间和流动空间存在差异,后者具有更加开放、动态、无边界等特点。但他们以及泰勒等更多学者也认为流动空间与网络模型存在内在统一性,流动性是网络模型的重要特点之一。因此,本书中将二者合并为一个空间模型。

一种新的网络式发展观逐渐取代了中心地等级和核心-边缘关系成为地理学对于城市空间的主流认知。法国地理学家戈特曼（Gottmann，1989）指出，城市依赖城市网络而非周边区域/更广阔的腹地的服务已经日渐成为城市发展的普遍规则。如果说，前两个空间模型尚未脱离绝对意义上的空间"容器"，那么流动空间和网络模型的出现，则相当程度上否定了传统意义上以地缘邻近为基础的地域组织逻辑（Dematteis，2000）。

1996年，曼纽尔·卡斯特尔（Manuel Castells）提出了"流动空间"（space of flow）概念，被泰勒等城市网络研究学者奉为圭臬（李仙德，2012）。在《网络社会的崛起》一书中，卡斯特尔认为"空间是结晶化的时间（crystallized time）"，"是共享时间之社会实践（social practices）的物质支持"。所谓"共享时间的社会实践"指的是"空间把在同一时间里并存的实践聚拢起来"，在传统的"场所空间"（space of place）①中，这一概念被类同于邻近（contiguity）；但事实上，该概念又可不依靠物理上的邻近而存在——当共享时间之社会实践是通过流动而运作的，其物质组织即"流动空间"（曼纽尔·卡斯特尔，1996）。

卡斯特尔的流动空间的概念实际是空间相对认知的集中体现。他的贡献在于，将这种认知从哲学和社会学的理论研究领域中解放出来，并结合全球化背景，为理解和描述现实城市之间的关系提供了一种新的空间逻辑（Taylor，2004）。卡斯特尔（1996）指出，全球城市是一种网络中的节点/核心，属于其所称的流动空间第二层面的物质支持②。相比之前关于世界城市/全球城市（world city/global city）的研究（如 Friedman，1986；Sassen，1991 等），卡斯特尔指出全球城市网络不仅仅只包括如东京、纽约、伦敦等世界性的大都市，而是连接了多尺度下、具有不同联系强度（intensity）的区域或地方中心；其次，卡斯特尔认为"全球城市是一个过程而非一个场所"。这一认知成为城市网络理论的基础——即如果城市是一个过程，则"城市"将不再是孤立的个体存在（single entity），而是由多个城市个体及其腹地所组成的网络，且单凭每个腹地自身无法产生或支撑一个"孤立的城市"（isolated city）（2004）。

基于卡斯特尔的流动空间理论，同时结合弗里德曼、沙森等人对于世界城

① "space of place"在一些著作中又被译为"地方空间"，但由于容易和世界/国家相对的"地方"（local）概念混淆，因此，本书除引用其他文献部分使用"地方空间"之外，统一采用"场所空间"这一译法。
② 卡斯特尔（2001）认为流动空间至少有三个层面物质支持，即"三明治"结构——第一层和第三层分别为"电子交换回路"（流动空间的基础设施支撑）和"占支配地位的管理精英的空间组织"（流动空间的基本向度）；而中间的第二层则是流动空间的场所，即节点与核心。这些场所具有完整界定的社会、文化、物质空间和功能特性，并通过网络连接。

市/全球城市的研究,英国地理学家彼得·泰勒(Taylor,2004)明确指出将城市视为一个过程,进而以城市关系(inter-city relationship)的视角来理解城市和城市网络是研究当前城市系统的关键。从这一角度出发,泰勒及其研究团队 GaWC 建构了一套解释、界定和描述世界城市连锁网络模型(interlocking network model)。泰勒等的贡献还在于,他们整合了之前的相关研究[如 Abu-Lughod(1989)关于 13—14 世纪全球城市体系的研究、Dollinger(1970)关于汉萨联盟的研究、Braudel(1984)关于 16 世纪世界城市体系的研究等],将网络/城市关系的视角拓展成为一种研究城市和区域的范式(norm),故而"城市网络"成为一种甚至适用于民族国家(nation-state)出现之前的地域组织模式。

在这一模型中,城市作为节点/核心,其形成与发展有赖于其在网络中的地位以及与网络中其他节点/核心的关系。且节点/核心之间的联系往往是非地理连续的。相比前两个模型,网络模型不再强调封闭的空间边界,而是将网络视为开放、动态的空间形式;同时,网络模型抛弃了严格的城市系统的等级,建构了由多个类似规模城市共同构成的具有互补性的城市体系,即欧洲一些研究(如 Batten,1995;Knaap,Wall,2002 等)所谓的"多中心城市区域(polycentric urban region)"[1],故而被一些学者(如 Camagni,1993;Capello,2000 等)认为是一种颠覆克里斯泰勒中心地等级结构的新的区域空间形式(图 2-2 右图)。

● 拓扑网络模型

"拓扑网络"是"行动者网络理论"(Actor-Network Theory,以下缩写为 ANT,其具体理论观点参见附录 A)对于时空的基本理解和描述(Murdoch,1998)[2],是基于过程性本体论,即拉图尔所谓的"实践论(pragmatogony)"的时空观(Latour,1999;郭明哲,2008)。德勒兹和拉图尔将拓扑网络形象地隐喻为"根(状)茎(rhizome)"系统,作为"树形结构"的对立面在 1980 年德勒兹和加塔利的著作《资本主义与精神分裂:千高原》中正式提出:所谓"树型结构"必然预设一个根本的、强有力的支撑轴或出发点(主干/主根),并从该轴/点开始以二元

① 在欧洲的一些研究(如 European Commission,1999;Knapp,Wall,2002)中,"多中心城市区域"作为一个有特定内涵的概念,被视为网络模型的产物。但一些学者认为,多中心城市区域和城市网络从严格的理论意义上,应该是两个有所区别的概念——多中心城市区域应该被视为一种城市布局和城市规模分布的结构特性;而城市网络则应被视为一种高级的多中心城市区域。当后者的城市之间具有功能整合和互补、协同关系时,才算得上是真正意义上的城市网络(Meijers,2005)。在本书中采用约定俗成的用法,即除特别说明外,多中心城市区域即指城市网络结构下所表现出的城市体系形式。

② 需要说明的是,此处的"网络"不同于前文城市网络模型中的"网络"。之所以沿用"网络"这一术语是因为"它没有先验性的顺序关系,也没有从底层到顶层的等级结构,更没有预设某个点是宏观还是微观的"。

分法的方式衍生(枝叶/次级根)(如图2-3左图);而根茎结构(如图2-3右图)则旨在描述无中心、无等级,具差异关联性、多样性和动态性的系统(金广君等,2011)。

图2-3 树型结构(左)、网络(mesh)结构(中)和根茎结构(右)的举例说明①

资料来源:引自Bawa-Cavia,2006;Seto,2006

相较其他空间模型,拓扑网络在理解资本主义背景下新的时空秩序,解释全球化与地方发展的关系方面具有其优越性,成为继"网络嵌入"和流动空间理论之后另一促成地理学界网络研究范式兴起的重要理论之一(Hetherington,Law,2000;Jones,Murphy,2011)。① 在哲学基础上,继承ANT的"实践论",拓扑网络最大限度地消解了传统经济地理研究,乃至城市网络研究中的结构主义"基因"(如泰勒将世界城市按联系度将城市划分为α、β、γ三级城市等思路),即否定任何预设的结构,而是将行动者之间的关系、行为过程视为塑造时空和网络形制的决定因素;② 在对于空间的认知上,拓扑网络批判了卡斯特尔等人认为场所空间与网络空间是相互分离的观点,认为二者存在一致性和连贯性。因此,城市不再是网络结构中一个"去场所空间"(placeless)的节点,而是被重新赋予场所意义,并往往延伸至空间邻近的区域(即"城市-区域")概念。正如根茎暗喻形象描述的那样,城市-区域被暗喻为"块茎",是全球网络节点的地方化表征(Hess,2004;Massey,1991),而网络则类似于萌生于茎的根芽,嵌入城市-区域的同时,也受到城市-区域的影响②;③ 在研究方法上,得益于ANT的异质性原则③,除了关注企业间(inter-firm)(如沙森的全球城市研究)/和企业内部(intra-firm)(如泰勒的世界城市网络研究)等有限的经济活动联系之外(Smith,

---

① 以上三张图都仅作示意,分别对应三类结构/系统无数种可能中的一种(Latour,1996)。

② 有关于拓扑网络的具体阐述和相关地理学研究,详见附录A。

③ ANT试图构建一个"异质的"(heterogeneous)网络:即行动者网络是一个涵盖人类、非人类、社会、经济、政治、自然等各种要素的无缝网络(seamless web)。

2014），基于 ANT 理论的网络研究在内容上有了较大拓展，涵盖了包括经济、社会、政治、技术、医疗、教育等多领域的关系网络。例如 More 和 Law（1994）基于对全球范围内的贫血医疗体系的研究，阐述基于该项医疗活动，世界形成由"区域"（绝对空间意义上的集聚）、"网络"（由要素之间的关系决定距离）和"流动空间"（既没有边界也没有稳定的关系联结，且始终处于变动）三种空间类型共构的关系结构/相对空间体系；④ 部分继承了新经济社会学的嵌入理论，行动者网络在研究网络联结关系的同时，也关注置于网络之间的"社群"（community）及其内部共性。

（2）如何理解不同空间组织模型的关系

关于区域空间组织的不同模型产生了一个问题——是否新的理论可以完全取代之前的理论，例如中心地或核心-边缘模型是否在当前的语境下已经失去了其讨论的意义？事实上，Dematteis（2000）认为，无论哪种模型都在一定程度上部分真实地反映了现实空间的组织模式。换言之，各个模型在其对应情形下都具有一定解释力。那么，则存在如何理解不同模型之间关系，并建构一个使各模型协同解释空间现象的框架的命题。

● 弗里德曼的"世界城市假说"和乔恩的"核心-边缘"解释

在弗里德曼《世界城市假说》（*The world city hypothesis*）一文中（Friedmann，1986），他将世界城市划分为核心（core，如伦敦）和半边缘（semi-periphery，如新加坡）两类，并依此等级进行城市的分工和网络的联系。他认为，世界城市的崛起实际上就是半边缘地区的不断形成。从这一角度看，全球化背景下的城市网络的模型并非新事物，而是核心-边缘等级模式的一种延续。

在乔恩（Jones，1998）的文章中，他试图用核心-边缘的模型来解释城市网络，认为后者是前者的一种特殊形式。根据乔恩的解释，核心-边缘模型存在两种形式：在中心地或核心-边缘的结构中，核心区（core-zone）以空间连续的"区"的形式（zonal pattern）出现；而在网络结构中，中心变成了不连续的"核心群岛"（corearchipelago）。乔恩的理论虽然具有一定解释力，并影响了之后学者对于城市和城市网络的认知，但其对于城市网络的界定更多是从其多元中心的表现形式切入，而对于这一新体系的内涵解释也未摆脱传统的核心-边缘思维。

● 泰勒和 Camagni 的空间组织逻辑解释

正如泰勒（2004）所评价的，前两种对于传统中心地/核心-边缘与城市网络结构的关系认知仍在很大程度上拘于传统的等级体系视角，并没有完全跳脱传统的空间组织逻辑,因而在揭示城市网络的真正内涵方面有其局限性。

而 Camagni(1993)较早前曾提出,城市网络应该是一个包容地域(国家)、竞争(等级)和网络(合作)三种不同空间组织逻辑的城市体系新范式。根据他的研究,城市网络存在不同尺度相互叠加的三个层次(图 2-4),即所谓的全球嵌套式城市等级(nested hierarchies)。虽然泰勒肯定了 Camagni 理论研究的创新性,但也同时批评他过分物质化空间,质疑其认为世界层次的城市网络只是简单地叠加在既有城市网络(国家和区域层面)之上的假设(Taylor,2004)。其实,Camagni 提供了一种极具启发性的思路,即在不同条件下(如空间尺度、发展阶段等),不同尺度下的城市网络以及之间可能存在的交叠、共存关系。事实上,泰勒也承认 Camagni 的研究成为其之后关于全球化进程中的城市(city in globalization)理论的重要基础。

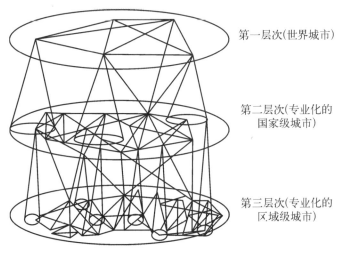

第一层次(世界城市)

第二层次(专业化的
国家级城市)

第三层次(专业化的
区域级城市)

图 2-4 全球嵌套式城市等级图示

资料来源：Camagni,1993

泰勒(2007)在其著作《全球化中的城市：时间、政策和理论》(*Cities in globalization：practices，policies and theories*)中进一步完善了 Camagni 关于地域、竞争和网络三种空间组织逻辑的理论(表 2-3)。其中,地域组织逻辑对应的是中心地结构,而后两者泰勒则将其分别归纳为竞争网络(与本章中的"核心-边缘模型"有一定交集)和协同网络(与本章中的"网络模型"基本对应)的组织逻辑,以此为基础提出中心地系统和网络系统两个不同空间组织模式(表2-4)。

表 2-3 三种空间组织的逻辑

层级	组织逻辑	地域（Territorial）	竞争（Competitive）	网络（Network）
公司	属性	地方市场型公司	出口型公司	网络型公司
	主要功能	生产	市场营销	创新
	战略	市场区控制	市场份额控制	创新资产和路径控制
	内部结构	单一单元	专业化单元	功能整合单元
	进入门槛	空间区隔	竞争力	持续创新
城市体系	原则	统治/管辖（Domination）	竞争力	合作
	结构	巢式/克里斯泰勒式等级	专业化	城市网络
	部门	农业、政府、传统第三产业	工业：工业区和专业领域	高端第三产业
	效率	规模经济	垂直分工整合	网络外部性
	政策战略	无：规模决定功能	传统：无，出口决定增长 当前：强化各中心的竞争优势	城市间合作：城际交通和通信网络
	城市之间	无（除了军事或外交合作）	城市之间的劳动分工	经济、技术和基础设施合作
	城市网络	等级、垂直网络	互补网络	协同网络、创新网络
城市个体	属性	传统城市	福特主义城市	信息城市
	形式	相对的内部同质化（internal homogeneity）	单纯的功能分区（monofunctional zoning）	混合功能分区、多中心
	政策目标	权力和形象	内部效率	外部效率和吸引力
	象征性符号	宫殿、教堂、市场	烟囱、摩天大楼	机场、贸易公平

资料来源：Taylor，2007

表 2-4 中心地系统与网络系统的区别

	中心地体系的体系特征	多层级的网络体系
系统特征	中心性（centrality）	节点性（nodality）
	规模依赖	规模中立（size neutrality）
	首位度（primacy）	灵活性
经济特征	标准的产品和服务	多元的产品和服务
	垂直可达性（vertical accessibility）	水平可达性（horizontal accessibility）

	中心地体系的体系特征	多层级的网络体系
经济特征	主要是单向(向心)集中的交通流成本	双向流和弥散性结构的信息成本
	空间上的完全竞争	存在价格歧视的不完全竞争
空间特征	向心和集聚	离心和分散
	城乡分离	城乡整合
	等级	网络
	同质性的土地使用	混合或拼贴的土地使用，空间碎片化

资料来源：Taylor，2007

泰勒不仅阐述了两个模式的差异性，还通过"城镇性"（town-ness）和"城市性"（city-ness）两个概念来描述和建立中心地模式与网络模式的内在统一性——所谓"城镇性"强调的是腹地发展（hinterwork），即等级和"服务区"的建立与发展；而"城市性"则强调的是网络发展（net-work），通过城市网络的互惠作用和进口替代使得城市摆脱对其所属/邻近区域的经济依赖。泰勒在其与Hoyler 等人合作的文章中更清晰地指出，"城镇性"和"城市性"是两个过程：前者是将城市与其腹地相连接的外部关系过程（external relations process），而后者代表的是城市之间的水平且超越腹地的外部关系过程。而无论是在中心地系统还是网络系统，这两个过程都是并存的，且都必不可少。随着城市规模变大、层级上升，其"城市性"越强，越倾向跨腹地与其他城市发生连接；反之，则"城镇性"占据主导地位——这也解释了为什么克里斯泰勒的中心地模式在较低层级城市地区或城市化水平较低的地区更易得到证明（Taylor et al.，2010）。

泰勒研究的意义在于，一方面，他明确地指出了不同的空间组织模型实际对应着不同的组织逻辑，并且相对全面系统地阐述了不同逻辑下所对应的组织属性、原则、形式，以及其他特点、发展政策等；另一方面，他又从"过程"而非"场所"的视角切入，建立了不同空间组织模式的内在统一性。从"城镇性"和"城市性"的两个过程来理解，中心地体系、核心-边缘体系与城市网络体系实际不是割裂的关系，而是一个连续发展的过程。在不同的发展阶段，不同的空间尺度和不同的分析视角，相同地区很有可能表现出不同的甚至交叠共存的空间组织模式。

- 拓扑网络解释

ANT 的学者基本对卡斯特尔（1996）所提出的流动空间和场所空间相对立，前者简单取代了后者的理论持批判态度，并尝试着将流动空间和场所空间共同纳入拓扑网络中进行阐释。如果说上一小节中泰勒关于"城镇性"和"城市性"的过程论述将不同模型在时间序列/发展过程中进行了统一,那么拓扑网络则试图从尺度和状态角度建立一个统一的解释框架。如果将 ANT 的空间分为两类:一类是场所空间,代表着相对稳定、正式和标准化了的关系(在一些案例中讨论欧几里得/自然地理空间是有意义的);另一类则是流动空间,代表着流动、变化和不稳定的行为者或关系(这类空间可用拓扑或根茎模型解释)(Murdoch,1998)。那么,根据 ANT 的"异质性(heterogeneity)"原则(参见附录 A),行动者网络空间则是"场所空间"与"流动空间"所共同构成的"关系型混合体(hybrids)"。就好比从太空看地球,将地球想象成各种关系、联结和流的交织与集合的无缝之网;而每个"场所(place)"则可被视为是关系网络中具唯一性的交汇点(meeting place)和时刻(moment)(Massey,1991)。由此,地方得以接入更宏观尺度上构建的关系网络中,并置于这个网络及其所包含的经济、政治、文化关系中。

2.2　关于产业组织与城市空间体系研究

本节将讨论两个范畴的空间体系研究:一方面,基于生产流程、劳动分工、价值区段等要素,企业、不同产业部门以及相关的机构、政府或个体构成了生产组织空间;另一方面,城市及其周边区域由于各种物质、资本、人、知识技术等要素的交换和流动,结成了城市/区域关系网络。

长期以来,国内外关于这两个关系范畴的研究分别形成了经济/企业地理学与城市/区域地理学两个领域,但两者鲜有整合。事实上,在研究内容、理论支撑等方面,两者存在交集,具有整合的可能性和必要性。本节将回顾 20 世纪 90 年代以来有关生产组织和城市/区域组织的研究,以及将两者加以连接的学术尝试。这些研究成果可望为本书的研究视角和基本方法提供重要参考。

2.2.1　全球化背景下的企业生产组织研究综述

20 世纪后半叶以来,经济的全球化、跨国公司的壮大和以柔性专业化(flexibal specialization)等为主要特征的后福特制的生产组织模式重组了全球经济地理,同时也促生了以链和网络为视角的全球生产组织模式的研究。一方面,跨国公司生产行为在劳动分工环节及价值链条上实现了空间和企业的分离;另一方面,空间差异性的存在以及利用该差异所进行的生产和逐利(表现为企业选址和布局)表明,空间因素在生产过程中仍有着非线性的影响力(Massey,Meegan,1979;石崧,2005)。因此,关注全球生产组织中的链/网络化重组及其空间布局,以 Gerreffi、Yeung、Hess 等学者为代表,建构了全球商品链、全球价值链、全球生产网络等研究框架。

(1) 全球商品链(Global Commodity Chains,GCCs)

Hopkins 和 Wallerstein(1986:159)在 20 世纪 80 年代首次提出了"全球商品链(GCCs)"概念,系指"从原材料到生产、运输、分配,最终至消费的生产过程与劳动力所构成的网络"。之后,GCCs 研究成为经济地理学中的重要议题之一。以 Gary Gereffi 为代表,一批学者试图通过对全球商品链的研究来更准确地描述全球生产的组织形式(Henderson et al.,2002)。

Gereffi(1994:96 - 97)认为,GCCs 存在三个维度。这同时也是 GCCs 研究的主要内容：① 投入产出结构,即不同产业的产品、服务和资源是如何通过价值链联系在 起的;② 地域性(territoriality),如生产分配网络的空间集聚与扩散,公司的不同规模和类型等;③ 管治结构,即决定资金、材料、人力资源流在链上分配的权力关系。此外,Dickens 等人(2001)认为还存在第四个维度,即"制度(institutional)框架",以描述地方、国家和国际环境以及具体政策是如何通过商品链条上的每一环来塑造全球化的(Dicken et al.,2001)。

虽然 GCCs 采用的是网络分析方法(Dicken et al.,2001),并试图批判传统的"核心-半边缘-边缘"的空间认知。但其理论源头却是 Wallerstein 的世界体系理论(World-systems theory),旨在通过链研究来揭示世界经济分工下的核心与边缘国家结构。虽然之后的 GCCs 和 GVCs 研究转向了一个以产业或公司为中心的组织分析模型,但其实质仍是聚焦于不均衡发展所产生的空间变化(Bair,Werner,2011;Brown et al.,2004)。

(2) 全球价值链(Global Value Chains,GVCs)

"价值链"是指商品或服务从概念产生,通过生产的中介阶段(intermediary phases)(是一个物理变化和各种生产者服务输入的综合过程),到配送至最终消费者并被使用的过程(Kaplinsky,2004)的产出价值分布。该概念最早应用于 20 世纪六七十年代关于矿产出口经济的研究中;20 世纪 90 年代,这一概念得到了广泛的关注,最具有影响力的研究之一即是迈克·波特(Michael Porter)关于国家竞争力和"价值链"的研究。进入 21 世纪,伴随着全球化背景下的生产地理分散、经济专门化和差异化、风险外部化等现象,"全球价值链(GVCs)"成为一个专门概念(部分)取代了 GCCs,并成为经济地理学界全球化经济研究的新热点

(Gibbon，Ponte，2005)。2001 年，Bair 发表的《价值链的价值：全球化的收益扩散》(*The Value of Value Chains*：*Spreading the Gains from Globalization*)一文，成为 GVCs 研究的里程碑(Bair，2005)。

除了分析从生产到分配运输，再到消费使用的整个组织周期，更重要的是，GVCs 还关注采购商(buyer)/领导企业(leading firm)与其他主体(尤其是第一层供应商)之间的联系，以及在这一过程中价值链的管理权力分配(Gereffi et al.，2005)，以及关键主体在全球范围内的生产管治(Kaplinsky，2004)。在一定程度上，GCCs 和 GVCs 研究的重合度较高(Gibbon et al.，2008)，但两者仍有一定区别(见表 2-7)。

(3) 全球生产网络(Global Production Networks，GPNs)

关于生产网络的研究最早可追溯至 20 世纪七八十年代 Britton、Lever 和 Taylor M. 等人关于产业联系，Hamilton 和 Linge 关于产业系统以及 Taylor M. 和 Thrift 等人关于产业区段模型(business segmentation model)的研究(Yeung，1994)。1994 年，Yeung 基于以上研究，结合网络嵌入理论正式提出了生产组织的"网络"研究范式，并从公司内、公司间、公司外部三个维度分析了生产网络与社会空间组织的关系(表 2-5)。这些网络均可空间化，如新产业区网络可归类为企业间网络，地方创新网络是企业外部网络的体现，而跨国公司的全球生产网络则兼具企业内部与企业间网络的特征(宁越敏、武前波，2011：24)。

表 2-5　企业和生产网络关系与社会空间组织的类型

范畴	企业内部(intrafirm)关系	企业间(interfirm)关系	企业外部(extrafirm)关系
性质	母—子企业关系 内部化运转：所有权和规模经济	企业—企业间交易与制度性关系 外部化运转：集聚经济(economies of scope)、合作生产/市场营销	企业—机构间的政治和关系：国家和非国家 以合同为基础的正式关系 法律及其实施
手段	整合(水平的或垂直的) 协作(松或紧、集中或分散) 内部争端与仲裁：劳动关系 转移价格	竞争与合作 契约与协定 柔性生产体系：实时生产系统(just-in-time)	纠纷与协商 政治妥协 社会规制(regulation)；宣传战略
具体维度	R&D 与生产的全面整合 高品质与合理的价格 生产决策分散化	生产者和使用者之间紧密和长期的纽带 基于专门化和协作的网络 长期和协作性分包合同	重视权利关系甚于金钱关系 追求所有权 追求社会和政治层面的合法性

续　表

范畴	企业内部(intrafirm)关系	企业间(interfirm)关系	企业外部(extrafirm)关系
组织形式	半整合(quasi-integration) 内部化 多元分工 家族企业集团 集聚	合作企业 分包合同 合作协定 战略联盟 赋予许可和特权 民族和人际网络 技术融资	政府契约 合作研发 制度化的关系(如会员等)

资料来源：译自 Yeung，1994：481，表 3

　　Yeung(1994)关于企业网络的概念框架促生了"全球生产网络(GPNs)"研究。作为一个特指的概念，GPNs 最早是以一种优于跨国公司的组织模式被提出的(Ernst and Kim，2001：1，引自：Henderson et al.，2002)。不久就转而成为对全球生产组织模式的描述。具体而言，GPNs 是指"由公司与非公司机构相互连接的功能和运作所形成的全球组织关系，通过这一关系，商品和服务得以生产和分配"(Coe et al.，2004：471；Dicken，2004：15)。

　　GPNs 作为一个研究全球经济组织的新的概念框架，大量借鉴了 ANT 和嵌入性理论的概念和观点；一方面继承了价值链、GCCs、GVCs 等研究的成果，另一方面又对GCCs 和 GVCs 进行了批判反思(Hess，Yeung，2006；Jacobs et al.，2010)。Hess 等人总结了 GPNs 的理论基础(参见表 2 - 6)，并认为一定程度上 GPNs 是 20 世纪 80年代以来经济地理学关于全球经济社会网络研究的集成(Hess，Yeung，2006)。

表 2 - 6　GPNs 的理论基础列表

GPNs 的理论基础	主要原则	关键概念	主要研究者	在经济地理领域与GPNs 框架的相关性
20 世纪 80年代以来的价值链框架	战略管理	生产过程 总体战略 综合优势	Michael Porte	生产行为的空间(再)组织 GPNs 中"价值"(value)概念的重要性 生产既包括制造业，也包括服务业
20 世纪 80年代中期以来的网络和嵌入性视角	经济社会学组织研究战略管理	机构之间的关系对商业组织和运行的影响 经济行为和社会结构相互交织的关系	Ronald Burt Mark Granovetter Nitin Nohria Walter Powell	领导企业(lead firms)及其嵌入的网络 网络是在空间中展开的关系 网络中的价值创造、提升和获取

续 表

GPNs 的理论基础	主要原则	关键概念	主要研究者	在经济地理领域与 GPNs 框架的相关性
20 世纪 80 年代中期以来的行动者理论分析	科学和技术研究 社会学中的后结构主义	异质性关系 远距离控制 包括人与非人的行动元	Michel Callon Bruno Latour John Law	网络和关系成为 GPNs 分析的基础 GPNs 中行动者之间的权力关系 克服了"全球-地方""结构-行动者"的二元观
20 世纪 90 年代中期以来的全球商品和价值链分析	经济社会学发展研究	商品生产是一系列的链条 链条组织中的价值创造	Dieter Ernst Gary Gereffi John Humphrey Hubert Schmitz	GPNs 的空间形制和经济发展结果 制度对 GPNs 的影响

资料来源:整理自 Hess，Yeung，2006；Henderson et al.，2002

　　GPNs 有 5 个基本观点:① 公司、政府和其他经济行动者来自不同社会,有不同的利益、增长、经济发展等优先考量;② 网络中的投入-产出结构尤为重要;③ 生产网络与地域互相嵌入,全球化流动空间和场所空间相互连接。具体而言,即生产网络影响了场所空间的经济、社会和政治秩序,并反过来被地域性所影响;④ 生产者驱动和购买者驱动网络之间的界线较 Gereffi 所认为的更加模糊;⑤ 在一些产业部门(sectors)(如医药或电子业)中,技术联盟和执照合约尤为重要(Henderson et al.，2002)。

　　受到 ANT 的影响,GPNs 与 GCCs 和 GVCs 研究相比,主要体现出以下特点:① GPNs 强调社会和经济研究的对称;② GPNs 在关注领导企业和供应商的关系外,还关注影响和塑造全球生产的所有行动者,如个人、家庭、国家政府、多边组织、国际贸易联盟、NGO 等,以及决定其经济行为的制度和社会文脉;③ 全球经济的生产和分配不再是以垂直线性的"链"的模式组织,而是一种物质、半成品、设计、生产、金融和市场服务所共同构成的纵横多向连接的动态复杂网络;④ 借鉴行动者网络理论,GPNs 将空间性(spatilaity)融入网络研究,认为空间性是每个 GPN 的固有特性:首先,全球生产网络是包含"地方-区域-国家-全球"的多尺度网络;其次,生产网络的空间性特点是由网络中的主体(agents)及其关系所决定;此外,生产网络通过嵌入不同场所空间获得空间性;⑤ 在方法论上,相比 GCCs 和 GVCs,GPNs 减少了对于数据分析的依赖(Henderson et al.，2002；Hess，Yeung，2006；Jacobs et al.，2010)(参见表 2-7)。

表 2-7　GCCs、GVCs 与 GPNs 研究的比较

	GCCs	GVCs	GPNs
理论基础	世界体系理论 组织社会学	国际经济研究 GCCs	GCCs、GVCs 网络和嵌入性理论 行动者网络理论
研究对象	全球经济中的企业网络	全球经济中的产业部门组织逻辑	塑造全球生产的所有行动者(公司,国家、社会团体等非公司机构,自然条件等)
关键概念	1. 产业结构 2. 管治(购买者驱动的商品链条/生产者驱动的商品链条) 3. 组织的学习/产业升级	1. 价值增加链(value-added chains) 2. 管治模式(模块型、关系型、俘获型、等级型和市场型) 3. 交易成本 4. 产业升级和权利金(premium)	1. 无边界、异质性网络 2. 社会关系/权力关系网络 3. 地域嵌入和网络嵌入 4. 网络链(netchain)
管治	1. 商品链的管治和价值链的管治 2. 管治是驱动(driving)	1. 价值链的管治和特定价值链环上企业间交易的管治 2. 管治是协调(coordination)	1. 网络管治 2. 地域关系网络与全球生产网络互动下的区域管治

资料来源：整理自 Bair, 2005；Gibbon et al., 2008；Henderson et al., 2002；Hess, Yeung, 2006；Dicken, 2004

需要指出的是,虽然 GPNs 在研究框架上较 GCCs、GVCs 更为包容,引入了社会、空间等多元因素,但包括 Coe、Dicken、Hess、Henderson 等 GPNs 研究的代表性学者都认为,目前 GPNs 仍然是一个概念框架,尚缺乏较为成熟的研究方法论(Coe et al., 2008；Henderson et al., 2002)。

2.2.2　世界城市体系的研究综述

（1）基于国家等级体系的世界城市分析

关于世界城市(world cities)的研究最早可追溯至盖迪斯(Patrick Geddes)1915 年出版的《演化中的城市》(Cities in evolution)一书,盖迪斯指出全球商务量的不均衡分布是世界城市存在的证据及重要特征(Beaverstock et al., 2002；P·霍尔,1977)。1966 年,霍尔(Peter Hall)出版了《世界大城市》[①](*The World Cities*)一书。在这一著作中,霍尔分析了伦敦、巴黎、兰斯塔德、莱茵-鲁尔、莫斯科、纽约、东京 7 个"城市综合体",认为这些世界城市担负着国家与国际的政治

---

① 该著作的第二版(1977)于 1982 年被国内译为《世界大城市》。

中心职能;它们也是贸易中心、服务业中心(如医学、法律、科学技术等)、信息集中和传播中心、(奢侈品)消费中心、艺术文化和娱乐中心,同时也是高级人才集聚地和巨大的人口中心。在霍尔看来,"世界城市"并非什么新的概念,而是传统中心地等级结构的全球化。他进一步指出克里斯塔勒的中心地理论对于解释世界城市的形成仍然适用,只不过需要补充如全球城市(global cities)、次级全球城市等更高的中心地层面;并且在这些层面中,将原理论中的交通联系更替为商务旅行和信息交换。换言之,新的中心地系统需要依靠商务集中度、人和信息流等指标来界定(Hall,2002;P·霍尔,1977)。

另一具有影响的世界城市系统研究是弗里德曼从新国际劳动分工角度出发提出的"世界城市假说";该假说为之后全球化背景下国际城市-区域研究提供了理论基础(宁越敏、武前波,2011)。在其与 Wolff 的合著中,继承了 Immanuel Wallerstein 关于"核心-半边缘-边缘"的世界区域观,提出世界城市(区域)体系由三类所构成,即:传统工业化或后工业化地区组成的核心区域,处于快速工业化进程中,但仍依赖核心区域资金和技术的半边缘区域,仍处于农耕时代、贫穷、技术落后、政治脆弱的边缘区域。其中,核心区域由于聚集了绝大多数的总部,因此仍为世界经济的控制中心(Friedmann,Wolff,1982)。

此后,弗里德曼(1986)进一步提出了关于世界城市的七个假说:① 一个城市整合入世界经济的形式与程度以及这个城市在新的国际劳动地域分工中的角色决定了城市内部结构的变化;② 世界城市将成为全球资本空间组织和产品流动的基点(basing points),也正是资本与产品的流动形成了一个复杂的世界城市空间等级;③ 世界城市的全球控制功能是生产部门和就业的结构与变化的直接反映。处于国际城市体系顶端的城市,主要充当跨国公司的总部所在地,其成长由少数快速增长的部门/产业所支撑;④ 世界城市具有极强的吸聚作用,因此是(经济、资本、人才等的)集聚中心;⑤ 世界城市是大量国内国际移民的目的地;⑥ 世界城市中空间和阶级极化现象突出;⑦ 世界城市的增长产生了高额的社会成本,甚至超过其财政支付能力,因此促使其寻求广泛的国际合作。

(2) 基于生产性服务业公司区位的全球城市分析

20 世纪 90 年代,沙森(Saakia Sassen)通过分析全球主要高端生产性服务业的区位集中,提出了其关于"全球城市(global cities)"的概念。沙森认为全球城市具有四个职能:① 世界经济组织高度集中的控制点;② 金融机构和服务公司集聚地,并替代制造业成为主导经济部门;③ 高新技术产业的生产和研发基地;④ 产品及其创新活动的市场(丝奇雅·沙森,1991:1-2)。

　　沙森(1991)认为，对于世界城市这一新的地理中心的形成，最重要的影响源于国际金融、商务等高级生产性服务业的集中(Sassen，1994)。这些产业是当前全球经济得以运行的必要支撑，其向全球城市的集聚赋予这些城市在世界经济中重要的地位(丝奇雅·沙森，1991)——不仅成为面对面交流、电子信息汇集和传送、信息转译(interpretation)和传播等全球生产协调过程的中心节点(Thrift，1996)，更重要的是还成为专业化服务、金融创新产品和市场要素的生产基地。

　　对于世界城市体系的认识，沙森延续了弗里德曼有关"核心-半边缘-边缘"结构的观点。她认为新的世界和区域城市等级的形成促使更广大区域的加剧边缘化。例如，许多传统上重要的制造业中心和港口城市已经失去其功能并处于衰退之中——这一现象是全球城市崛起的另一面，亦是全球化现象，并标志着新的地理核心-边缘结构的形成(Sassen，1994)。但与弗里德曼的世界城市假说有所区别，沙森认为相比总部的集聚，后工业化时期的新的生产综合体(new production complex)/生产服务综合体(producer service complex)的集聚是形成全球城市更为决定性的因素(Sassen，1994)。

　　(3) 基于生产性服务业公司内部组织的世界城市网络分析

　　如果说霍尔、弗里德曼和沙森关于世界/全球城市体系的研究在不同程度上都无法摆脱场所空间的束缚(place-based)，那么2000年前后，泰勒及其研究团队GaWC基于城市间联系度(inter-urban connectivity)所构建的"世界城市网络(World City Networks，WCNs)"研究框架则更好地呼应了卡斯特尔(1996)关于"网络空间/流动空间"本质的阐述。WCNs具体是指高级服务业公司内部"流"所形成的城市连锁网络，即一种基于公司内部连接(intra-firm)的城市间(inter-city)网络(Smith，2014)。

　　进一步分析，WCNs研究建立在两个基本前提之上：其一是Friedmann和Wolffs(1982：319)所提出的"世界城市是全球经济的控制中心(control centres)"这一假设；其二是沙森(1991)在《全球城市：纽约、伦敦、东京》一书中的核心观点：全球城市的形成有赖于高级生产性服务业的集聚。基于以上观点，GaWC认为，世界城市之所以成为世界城市并非因其自身特性或其功能(指挥和控制)角色，而是因为高级生产性服务业和知识精英的集聚赋予其在知识、资金、劳动力、商品流的流通中至关重要的媒介角色——成为全球各种"流"在流向其他地方之前所必经的转译(translation)点和转换(transform)点。这一观点也成了WCNs模型建立的基本前提。在这一模型中，公司、产业部门、城市和国家四个关键行动者分别构成了功能社群(前两者)和地域社群(后两者);换言之,这些行动者、社群所共同建构的网络及其连接性构成了 WCNs 研究的主要内容(Beaverstock et al.,2002)。

(4) 对世界城市体系研究的反思

进入 21 世纪以来,以英国地理学家 Richard G. Smith 为代表,开始了对网络研究理论框架和研究内容的反思(李仙德,2012)。Smith(2003)首先总结了人文地理学对城市关系的四种认知(图 2-5):① 空间相分离的有界城市。其研究继承了盖迪斯、芒福德、克里斯塔勒、廖什、弗里德曼等学者将城市视为密闭、有界实体的观点;② 由双向关系(in-out ratios)相联系的世界城市。这类研究聚焦于城市之间联系,最有影响力的如 GaWC 关于世界城市网络的研究;③ (尺度上)相重叠的城市。例如沙森认为,全球城市是全球化背景下不同国家之间关系交叠的"前沿地带"(frontier zone/borderline)(Sassen,2000),并将其全球城市的研究建立在对这些前沿地带时空共性的探讨上;④ 用复杂关系紧密联系在一起的城市。如拉图尔等从 ANT 视角出发,认为世界城市是一种纤维状、细线状、丝状、弦状、如毛细管般的,不拘于级别(levels)、层次(layers)、地域(territories)、领域(spheres)、类型、结构、系统等概念的空间。

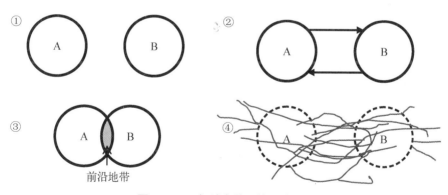

图 2-5　理解城市关系的四种视角

A、B 为两个城市,图①:空间相分离的有界城市;图②:双向联系的世界城市;图③:(尺度上)相重叠的城市;图④:由错综复杂的网络紧密联系在一起的世界城市

资料来源:Smith,2003

按照 Smith 的分析观点,结合上文中的三个空间组织模型(图 2-2),不难发现,中心地模型和核心-边缘模型总体上探讨的是图 2-5①中的城市关系;而图 2-5②和③中对于城市关系理解则构成了当前城市网络理论和研究的基础。Smith 进一步指出,虽然当前的全球城市/世界城市网络研究超越了传统对于城

市绝对空间的理解(图 2 - 5①)，将(部分)研究重点集中在讨论城市的联结关系上，即相对空间，确实具有一定意义；但其理论基础建立在关于资本主义和全球经济若干不确实的假设之上①；由于继承了新马克思主义(如哈维、卡斯特尔等)的理论"基因"，在泰勒等人的研究中，城市最终消失为结构中的节点、相互独立的生产性服务企业的"去场所空间"的"容器"和命令的凝聚(concentrated command)；此外，这些研究的理论基础还存在社会决定论或技术决定论的倾向(前者如网络嵌入研究中的"权力/社会关系决定论"，后者如卡斯特尔的"信息革命")(Smith，2006；2014；Smith，Doel，2011)。

与此同时，另有一些学者通过实证研究也挑战了全球城市体系/网络研究的结论。例如 Rozenblat 和 Pumain(2007)基于对欧洲企业所有权网络的研究，对泰勒的城市网络研究结果提出了质疑(图 2 - 6)。另外，一些对于世界金融中心的社会学研究也显示，只因为全球主要城市聚集了世界大型跨国公司的总部、拥有(可能存在业务联系的)产业和金融服务集群，或者作为高级服务业公司(区域)总部的所在地，就将这些城市视为世界经济的"组织节点(organizing nodes)"，并向其他地区发布命令和实施控制是不具说服力也不符事实的。全球(金融)中心城市实际是"社会-技术的集合体"(socio-technical assemblage)。这些城市中企业的关系和行为，并非(由结构)预设，而是(根植于经济社会背景下的)"事件的展演(performed(as events))"；通过行为实践和事件展演，全球城市得以聚合(assemble)、确立(fix)，最终形成一种基于社会-技术网络的相对稳定的多元关系(multiplicity)(Smith，2014：112)。

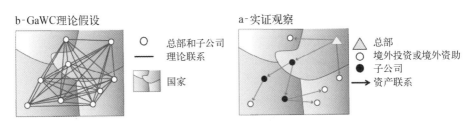

图 2 - 6 GaWC 世界城市网络研究的理论假设和欧洲城市联系的实证观察比较

资料来源：Rozenblat，Pumain，2007

① Smith 等人(Smith，2014；Smith，Doel，2011)认为，无论是沙森还是泰勒的研究都基于两大前提(axiom)：其一，他们将资本主义世界视为单一和结构化的经济整体，且全球经济行为需要，也有可能通过少数几个所谓的"全球城市"作为战略点进行命令和控制(command and control)。这一点在沙森的世界城市理论中体现得最为明显；其二，这些全球城市进行战略控制的能力取决于它们的网络能力(如网络的连通性等)。这一点是泰勒世界城市网络研究的核心观点。但事实上，这两大前提是自相矛盾和未加证实的。

总结关于全球城市体系/网络的研究,并结合 Smith(2003,2011,2014)基于行动者网络理论对世界城市研究的思考,有学者将全球城市体系/网络研究做了简要归纳(马学广、李贵才,2012)(参见表 2-8)。

表 2-8　全球城市体系/网络研究的演进

阶段	研究命题	时代背景	经济载体	空间组织原则	城市研究重点	社会空间类型	理论基础	代表性学者
20 世纪70 年代之前	国家城市体系	传统国际劳动分工	国家、地方企业	等级秩序为主	城市属性(内部结构)研究	场所空间	中心地理论	Friedmann Hall
20 世纪70—90 年代	世界城市体系和全球城市	新/后工业时期国际劳动分工	城市、跨国公司	网络秩序的重要性逐渐显现并提升	城市属性(内部结构)研究和城市间关系(外部联系)研究并重	场所空间和流动空间并存	新国际劳动分工理论、世界体系理论、流动空间理论等	Taylor Sassen
2000 年以来	世界城市网络	服务型经济	服务性跨国公司	等级秩序与网络秩序并重	(跨国)城市间关系(外部联系)研究渐成热点	流动空间占主导并将场所空间纳入模型之中	行动者网络理论	Smith, R

资料来源:马学广,李贵才,2012

2.2.3　全球企业生产组织与城市体系的整合

(1)整合研究框架的若干尝试

对于企业生产空间组织与世界城市体系空间结构的研究分别代表了经济地理学和城市地理学对于世界网络的主流研究(Jacobs et al.,2010;李仙德,2012)。虽然两者具有共同的理论支撑(即卡斯特尔关于流动空间的理论),都强调城市与区域发展的重要性;但长期以来,两派研究鲜有交叉——前者关注的是国际劳动分工不断深化的背景下,商品从生产到消费的价值生产、增值、分配以及相关经济行动者之间的权力结构;而后者主要关注的是高级生产性服务业的区位以及由此带来的网络连接性、中心性等空间结构特征(Jacobs et al.,2010;李仙德,2012)。2010 年前后,Jacobs、Sassen、Taylor、Coe 等学者认为两个学派存在着互补性,呼吁加强整合两大研究取向,并进行了一些有益尝试。

以 Brown 等人的研究为例，该研究基于 WCNs 和 GCCs 的共同理论源头——世界是发展不均衡的"核心-半边缘-边缘"等级结构（Wallerstein，1986）——试图整合两个研究框架（图 2-7）。WCNs 研究中对于核心-边缘理论的运用已经在前文中充分讨论过，这里不再赘述。至于 GCCs，Brown 等人认为，商品链上的节点或链环的输入-输出结构、地理位置、制度和社会政治框架及

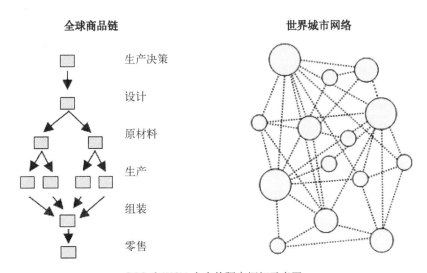

GCCs和WCNs各自的研究框架示意图

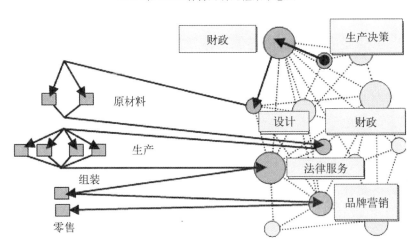

GCCs和WCNs研究框架整合后的示意图

图 2-7 GCCs 与 WCNs 的分析框架整合

资料来源：Brown et al.，2007

其管治或管理的结构,将赋予商品链等级性和不均衡性;换言之,商品链的社会嵌入性以及国家对市场的干预客观上赋予了 GCCs 研究以社会-政治维度。他们进一步指出,不难想象,全球商品流是在城市网络中的各个城市节点之间流动;而所有城市都在价值链中扮演角色——为市场提供服务,并作为商品的最终消费者。因此,两个研究框架整合的结果即为:由商品链建构和支撑的核心-半边缘-边缘空间,而商品链反过来又是由世界城市网络所塑造和维系的(Brown et al.,2004;Brown et al.,2010)。

另一个企业网络和城市网络整合的例子是 Rozenblat 和 Pumain(2007)关于欧洲城市/企业网络的研究。他们基于行动者网络理论,通过分析企业所有权关系来构建企业社会-空间网络;通过叠加所有企业研究样本的所有关系网络,叠加形成欧洲的城市联系网络(图 2-8)。

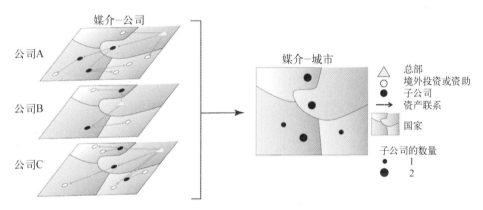

图 2-8 基于欧洲企业所有权的行动者网络研究方法示意图

资料来源:Rozenblat,Pumain,2007

国内的相关研究学者中,李健(2011:110)将全球生产网络与全球城市网络联系起来,认为一方面全球生产网络是一个具有显著空间性内涵的研究框架;另一方面,全球生产网络具有"空间作用机制",对特定空间具有塑型功能。具体来说,即每个全球生产网络都可以通过将行动者置于特定空间,并描绘它们之间的相互联系而实现"地图化",而多重"地图化"结果的累加最终塑造了全球城市体系、区域城市体系以及城市内部空间结构的现状模式。另外,全球生产网络的动态发展又使得其空间作用机制引起更大区域空间结构的重组。宁越敏、武前波(2011:75)关于企业总部-分支机构与城市网络的研究则从地方生产系统和全球生产网络两个层面对于城市-区域的形成展开讨论,他们认为地方生产系统是城市形成的基础条件,而全球生产网络则是城市形成的外部条件,即地区经济活动总是直接或间接地融入全球生产网络，并受到全球生产网络的影响。

以上两个研究的基本观点具有内在的一致性——即生产网络塑造城市网络（李健，2011）。而沙森则提出以城市为焦点来整合两个分析框架的思路，她认为（全球）城市是组织性产品（生产性服务业）的提供者，而这一产品分布于整个商品链/价值链/生产网络中。因此可以说，全球城市在整个生产链/网络中或多或少扮演着"命令者"的角色（Sassen，2010）。沙森（2010）同时还指出，一个地域可以同时容纳多种不同的空间（秩序），这让我们认识到确定生产网络与城市网络谁主导谁是无意义的，两者很可能在同一地域处于相互作用的共存关系。

相比之下，笔者认为李仙德的研究更具全面性。他从嵌入性和行动者网络的视角提出，企业网络是在城市网络之中得以发展，并嵌入城市网络之中；而城市网络则是由各种行动者通过不同的行动联系在一起的。企业作为市场经济中最为活跃的主体，在区域、全国、世界尺度上营建的企业网络必然将不同的城市联系在一起，从而形成城市网络。企业网络的发展离不开城市网络，城市网络中最为重要的流动是企业内部以及外部网络的资金、信息、技术等要素的运转（李仙德，2012）。

（2）"全球城市-区域"研究

在整合全球城市体系空间与生产组织空间的研究中，英国地理学家斯科特（Allen J. Scott）独树一帜，将研究重点从城市体系转向了城市-区域，并从"全球城市-区域"这一概念切入，成功地将全球网络与地域、城市体系与生产组织空间的研究整合在了一个研究框架内。

● 全球城市-区域的概念

"全球城市-区域"这一概念在霍尔、弗里德曼以及沙森关于世界/全球城市的研究中都有不同程度的体现，但在他们的著作中，诸如"世界大城市-区域（world city-regions）"（P·霍尔，1977）、世界城市及其周边"广大的城市化区域"（Friedmann，1995）、"全球城市-区域（global city-region）"（丝奇雅·沙森，1991：1-2）等概念仍相对模糊，可理解为世界/全球城市的衍生概念。

而斯科特则认为，"全球城市-区域"是全球化和本地化互动关系的连接点，是全球生产网络嵌入和地方生产网络再组织的结果，是城市为了应对日益激烈的全球竞争以及实现在世界城市体系的升级，与腹地区域内城市联合发展的一种空间形态（Scott，2001a，b）。其形成与发展缘于两点：① 空间交易成本（spatial transactions costs）的存在；② 地区发展的比较优势并非先天禀赋，而是一个社会和政治过程，来自集聚产生的区域外部性（溢出效应）。因此，出于降低空间交易成本和最大化区域外部性的目的,跨国公司与当地集群在空间上向大都市区和世界城市集聚,由此出现了"超级(产业)集群(super-clusters)"并逐渐成为整个经济系统的动力引擎(Scott,1996)。

　　● 全球城市-区域与产业空间的关系

　　在理解城市体系与产业网络的关系上,斯科特一方面认为产业网络中超级集群的出现使得城市-区域在区域乃至全球的发展中起到引擎作用;另一方面他又指出"超级集群"的形成是全球城市-区域在经济层面上的表现(Scott,2001b),即城市-区域网络与产业网络形成交织关系。对于这一关系的理解集中体现在斯科特关于"大都市-腹地系统(metropolitan-hinterland systems)"的阐述上。具体为:① 世界发达地区是由极化的区域经济引擎(即全球城市-区域)所拼凑而成的,每一个地区都有其核心都市区及其周围腹地。这些城市-区域围绕核心都市区形成专业化和互补的经济网络,存在明显的集聚经济和报酬递增效应,并融入错综复杂的全球交互作用结构中;② 在资本主义扩张的过程中产生了大量的经济前沿(frontiers),且在一定条件下会成为"相对繁荣和经济机会之岛",向着更高层面的集聚发展(图 2-9)(Scott,1996)。

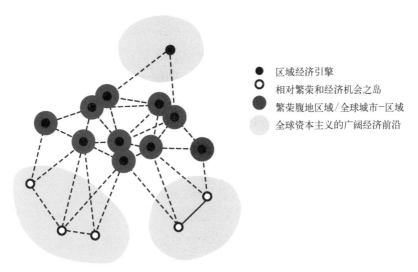

　　● 区域经济引擎
　　○ 相对繁荣和经济机会之岛
　　● 繁荣腹地区域/全球城市-区域
　　全球资本主义的广阔经济前沿

图 2-9　全球资本主义的经济空间图示以及全球城市-区域

资料来源: Scott, 1996: 402, Figure 4

　　通过对"大都市-腹地系统"的阐述,斯科特的"全球城市-区域"概念超越了传统意义上核心-边缘的空间组织系统;它是基于全球生产网络中多尺度生产组织叠加所形成的城市空间组织系统。从而这一概念也就更加准确地表述了在全球化和本地化互动中形成的全球经济地理组织的全新格局(李健,2011:131)。用斯科特的话,该概念既不同于普通意义上的城市范畴,也不同于大都市区,而是在全球化高度发展的前提下,地方之间进行地域和政治联盟、地方接入/融入全球区际竞争和交换的宏观网络的动态经济关系网(Scott,2001a)。

2.3 本章小结

建构空间演变机制解释框架首要的问题就是如何认识和理解空间。本章回顾地理学关于绝对空间和相对空间的认知,梳理了 20 世纪 30 年代以来有关城市-区域空间组织的四个模型,即中心地模型、核心-边缘模型、网络模型和拓扑网络模型,并总结了不同研究中对于不同空间模型关系的理解。

这四个模型实际从不同角度反映了不同条件下的空间关系。简要来说,中心地和核心-边缘模型可以理解为不同发展阶段地域空间的等级关系;而网络关系则往往是在更大尺度下,将地域空间视为节点,讨论地域之间的相对空间关系;拓扑网络在一定程度上是这几种模型的整合,并试图突破前几个模型的结构"藩篱",强调了空间的关系和过程属性、多元复杂性和异质性。

而在本章的第二部分梳理了国内外经济地理学和城市地理学的相关理论,二者分别从生产组织与城市体系两个角度来认知空间秩序。其中,经济地理学从商品链、价值链和生产网络角度切入,探讨特定企业(或产业)的组织如何塑造城市体系;而城市地理学则更加关注世界/全球城市如何凭借高端生产性服务业等关键性产业或生产/服务环节构建其在全球的联系网络并确立"核心"位置。二者在理论层面具有交集,因而存在研究框架整合的可能性;但作者认为,在研究方法论上,两个研究领域存在较大差异,也是二者连接的难点所在。

而本章最后所介绍的斯科特有关"全球城市-区域"的研究则将关注对象聚焦在城市-区域。斯科特认为,城市-区域是全球城市网络与产业网络共同嵌入的产物,全球城市-区域体系与产业空间具有内在一致性。

第**3**章
研究框架与研究方法

基于第 2 章关于城市-区域空间组织和产业空间与城市-区域空间体系的相关理论和研究借鉴，本章构筑全书的研究框架。

需要明确的是，虽然在多数相关研究中将东北地区视为一个相对完整和独立的区域板块，即具有明确边界的场所空间或地域概念；但在本书中，东北仅作为一个研究对象，而并不将其预设为一个独立板块或封闭体。一方面，东北历经十余年的转型发展后是否仍具有显著共性，且仍构成一个相对完整的区域尚有待进一步论证；另一方面，从全球化经济及网络空间的视角出发，传统的"区域"空间必然受到挑战，城市-区域既是地方发展的空间载体，亦是宏观尺度网络中的节点。

3.1 研究假设及概念框架

3.1.1 基本假设和概念界定

本书研究首先基于这样一个假设：一方面，地域空间组织，尤其是核心和边缘关系的形成和演变，源于包括产业经济在内的多重要素的组织关系及其变化过程；因而区域空间的核心和边缘结构演进是对区域产业经济的一种"适应性过程"(何奕，2005：30)；另一方面，"区域的空间结构和产业通过相互作用的动态机制"而形成一个有机整体(何奕，2005：30)。简而言之，区域空间既是不同产业要素的地理投影和物理加合，同时它也反作用于产业发展和空间布局。对应于这一观点假设，首先需要厘清"场所空间与网络空间"和"核心与边缘"这两组关系。

（1）场所空间与网络空间

● 空间的两重属性

对于空间认知的一个基本观点——空间具有绝对和相对两重属性。

其中,场所空间在一定意义上存在边界和内在的共性及连续性(consistency),具有地域嵌入性①。场所空间不仅可以描述国家、区域(regions)、城市等具有地理意义边界的空间范畴,也可以是某种社群(communities)、产业集聚,或任何具有内在共性并紧密相关联的集合。本书涉及的场所空间包括产业集聚、城市-区域等。

而空间的第二属性则为网络及其所代表的流动性②。概括地说,网络是用来描述行动者之间关系联结(relational association)和流的联络(fluid communication)的形制(configuration)与过程(process),以及这些过程、形制(及其可能存在的结构)所构成的相对空间。

首先,"网络"是一个开放的空间概念,而非拘泥于某一静止的有界空间。在全球化背景下,网络的开放性和错综复杂的联结要求研究必须在关注特定空间对象的同时,还要将研究区域置于更宏观尺度下来考虑。

其次,可以通过网络的强度(strength)以及节点之间的联系(linkage)等来描述和表征抽象意义上的网络空间(Dicken,2004)。根据卡斯特尔的观点(1996),网络实际上是各种流的集合,流动的过程和状态决定了网络的空间属性,进而塑造了网络中行动者的位置和相互联系。

此外,"网络不仅仅可以表示联结的形制与结构,其还是一个正在进行的过程"(Dicken et al.,2001)。即网络具有动态特点,网络研究必须考虑时间维度。具体来说,网络研究的另一个重要内容就是要讨论在这个动态过程中,网络的形制的演变对构成行动者或节点的影响,及其在区域的经济社会格局和空间发展的投射。

• 如何理解场所空间与网络空间的关系

借鉴 ANT 关于"拓扑网络"的理论：一方面,场所空间根植于(situated)网络空间。正如 Massey(1991)对于时空的描述,场所空间是网络空间或流动空间的交汇点及其(相对)固化。另一方面,场所也会生成网络,并以前者为源头,将其嵌入性"基因"传递至新的网络空间。此处,德勒兹(1980)的"根(状)茎"的隐

---

① 相关理论和研究成果将在本书第 8 章中详细介绍。

② 关于网络与流动空间的关系,二者既有高度的关联性也有一定区别：其中,流动空间是一种持续变化和不稳定的网络空间;而网络则是由不变的运动体(immutbale mobiles,即在运动中仍能保持其特性维持其形状的行动元)所组成的,网络中行动元的联系是相对稳定的。一旦联系开始变化,则网络开始瓦解(dissolve)。因此,可以认为网络空间是稳定的流动空间,而流动空间则是变动中的网络空间(Law,2002;Mol,Law,1994)。本书中,将二者视为一类空间的不同状态,网络与流动分别对应着"关系联结"和"流的联系"。

喻可以形象地描述整个体系——由芽(流动空间的联系)和特定位置长出的块茎(场所空间)组成的异质性网络,两类空间都是这一网络所不可或缺的部分(Hess,2004)。

关于拓扑网络存在几个基本观点:① 场所空间和网络空间是一个连续的过程,不存在二元关系且无法明确划分。就如同对于小比例尺地图,城市变成网络中的节点;而在中比例尺度下,城市成为嵌入宏观网络的场所空间;而在大比例尺下,原来作为"场所空间"的城市实际又可理解为由交通网络、基础设施网络等构成的网络空间;② 城市-区域是沟通不同网络、生成新的连接,并使网络互动最大化的场所空间。因此一定意义上,城市-区域是同时认知场所空间与网络空间及其关系的最好研究对象;③ 不同的网络空间与场所空间是相互渗透和"共建"空间的关系(Habermas,1984;弗兰克·道宾,2007:185)。也就是说,对于某一地域经济社会发展和空间演变而言,很难完全区分外部网络与地域自身因素二者的分别作用;其中存在着一个网络嵌入地域,地域同时也嵌入网络的双向关系(Dicken et al.,2001)。

(2) 核心与边缘

● 核心与边缘的研究意义

本书对于东北区域空间组织关系的讨论,落脚点为核心-边缘这一地域等级结构。其意义在于:首先,虽然在理论模型中,例如网络或拓扑网络模型极力消解"结构"要素,但在理论模型的演绎和实证研究中,核心与边缘这一对关系仍然在描述地域空间组织关系上表现出了其极强的解释力。其次,本书虽然不预设东北作为一个板块具有一定封闭性,但其的确是具有边界、存在内部组织结构及相对完整的场所空间,因此对其内在空间结构做讨论是有意义的。而参阅关于东北的相关研究结论可以预判,东北的地域空间组织仍存在较强的等级关系(即核心-半边缘-边缘);一定程度上,这种等级关系表达了东北区域空间的基本结构。

● 核心和边缘的理解

书中所讨论的核心和边缘关系并不局限于第 2 章中的"核心-边缘"模型,而是更为宽泛的区域空间关系。首先,核心和边缘所要描述的是空间发展的不均衡。

其次,根据不同空间模型对于空间主导秩序的不同理解,对于中心的界定也有所差异。在"中心地模型"中,中心性(Centrality)成为衡量中心地等级高低的指标,具体是指中心地为其他地区服务的相对重要性,服务内容包括商业、服务业、交通运输业和工业(制造业)等方面(周一星等,2001)。在"核心-边缘模型"

中,基于区域分工而产生的产业专业化与产业聚集,产生了区域间的产业差异化以及由此产生的从属和/或不平等关系(多琳·马西,1984)。而在"网络模型"中,按照城市/城市-区域在网络中的联系度高低(在实证研究中,往往是根据高级生产性服务业的分布决定),可以划分出全球网络中的核心-边缘地区,其背后起支撑作用的是经济全球化格局下的高级生产性服务业,以及城市对其他城市/城市-区域所具有的管理与发布命令的能力(Smith,2014)。概言之,所谓的中心或核心(下文统一称为"核心")概念其实质是特定城市或城市-区域对于其他城市或区域的"控制权"(多琳·马西,1984)。

再次,基于不同的空间模型,核心在两个方面体现出不同:其一,决定"中心性"或所谓"控制权"大小的关键指标,例如在克里斯塔勒的中心地理论中,采用了商业和通信流量来衡量(周一星等,2001);在克鲁格曼的核心-边缘模型中,则采用产业结构(工业与农业比重)来衡量;在泰勒的 WCNs 研究中,则以高级生产性服务业分支机构-城市的矩阵联系度来衡量;而在拓扑网络中,虽然极力消解"结构"概念,但仍强调不同空间关系共构所形成的地域等级(一定程度上可以理解为核心和边缘结构)。其二,中心与非中心/腹地/边缘地区的联系方式与空间布局,例如在中心地理论中,区域内中心与其邻近腹地呈现规则、等级化的(多边形)均衡分布;而核心-边缘模型中,因产业集聚而形成的若干专业化中心形成相互联系的互补网络,并辐射周边农业/非城市化地区(边缘地区);在网络模型中,实体上的地理空间概念的重要性大大降低——中心与边缘之间有可能相隔甚远,但由于网络而被联系在了一起,中心通过水平分工中的决策管理和设计研发等职能对承担制造等功能的边缘地区发布命令;而在 ANT 研究中,中心与边缘的边界被大大模糊,强调不同事件或不同实践过程对于中心与边缘关系的决定性作用,即一系列的复杂和动态因素塑造了中心与边缘,且这一关系始终处于变化状态之中。

本书研究核心与边缘,实际要关注的是在不同产业要素的场所空间和网络空间的嵌套交织下,如何强化/弱化区域空间的不均衡发展,并进而推动空间等级结构的确立或消解。其中,所谓的不均衡和等级,不仅是经济社会指标的总量和高度意义上的概念,也包含着在区域发展中所扮演的组织者和被组织者等不同的角色分工内涵。

3.1.2 关于产业重构推动下的核心和边缘演变的两种理论

对应场所空间与网络空间,产业的发展对于区域空间的影响实际可分解为两个过程：其一，是以场所空间为载体的地方产业内生发展、集聚和分异；其二，是全球化网络推动的产业发展、集聚和分工。由此便产生一个命题，即如何理解分别源于地域内部发展与外部网络嵌入而形成的核心和边缘区域结构的关系。总结当前的相关理论，大致可分为两种理论假设：一种是基于交通和交流成本的"去地方化假设（delocalization hypothesis）"；另一种是基于区域资源禀赋的"重构假设（restructuring hypothesis）"（Heidenreich，1998）。

根据"去地方化假设"，在新的全球和区域空间秩序下，工业活动将从世界网络的中心向边缘区域转移。得益于发达的金融和商务服务以及高效的基础设施，"全球城市"将集聚越来越多的经济活力，并成为全球经济的控管中心；与之相对的是，面向工业生产的服务业勉强维持，而传统制造业城市越来越边缘化（Heidenreich，1998；Sassen，1994）。换言之，全球网络空间支配了场所空间核心-边缘秩序的形成，甚至取代了传统意义上基于资源禀赋所形成的场所空间结构。

而与"去地方化假设"所不同，"重构假设"意识到了历史资源与地域比较优势的重要性。尤其是一些传统工业地区，由于其长期发展所形成的丰富的社会"生产"资源（如专业技术人员社群、贸易合作联盟和协会、面向特定产业从业人员的文化资源、研究和生活基础设施等），使得其在经济全球化中仍具有在特殊领域的竞争优势。一些学者（如 Crevoisier，2004；Sanchez，Bisang，2011；Sternberg，2000；赵斯亮，2012 等）指出，这些社会资源在一定地域内对跨领域技术互动和学习过程甚至起到了决定性的作用。因此，"重构假设"认为，制造业在全球网络中心地区的重要性将逐渐下降，但由于工业产业结构的升级和对传统工业的替换作用，边缘地区在制造业重构过程中收益甚微，即不会出现如去地方化假设所认为的制造业从中心向边缘转移的现象。与以高级生产性服务业为指标性部门的"全球城市（网络）"相并行，一些成功升级的工业集聚空间（城市-区域）将成为知识密集型产业的中心地，并吸引一些面向工业生产的服务功能在这些城市-区域及其周边集聚，形成城市化服务大都市（unbanized service metropoles）。即全球化促生的由生产性服务功能主导的城市网络，与传统地域组织下由生产性功能及其服务业主导的城市体系之间存在互补而非替代关系（Heidenreich，1998）。换言之，基于全球网络资源与基于地方比较优势所分别形成的核心-边缘格局可以相并行，进而会形成以高级生产性服务业为基础的世界城市网络和以区域性制造业基地及其专业化服务功能所在地为节点的城市体系共存的复杂嵌套格局。

一些欧美的实证研究证明(Genosko，1997；Heidenreich，1998；张庭伟，2014)，以上两种假设都可以部分地解释发展现实；换言之，现实中欧洲或美国的区域空间重构是同时发生的多重作用的合力结果。一方面，全球性大都市的高级生产性服务业部门迅速增长；另一方面，相当一部分传统的工业城市在传统城市体系中的中心地位得以保持。由于二者分别对应不同的地域组织结构，因此其所对应的"中心性"不受彼此影响。但同时，这些研究也证明了边缘区域的持续衰退——由于如广告、会计、金融等服务业向基础设施水平较高的大都市集聚；而一些有着制造业传统的大都会地区，在吸聚了如研发、咨询、物流、数据处理等与生产过程密切相关的服务业之后，实现了城市功能的升级。这些大都会地区成了近年来欧美"重新工业化"的受益者(张庭伟，2014)。相比之下，原本的边缘地区几乎没有从这两个过程中收益，甚至原有的生产和服务功能进一步脱离这些地区，最终导致的结果是这些地区的更趋边缘化。

3.1.3　概念框架

提出了研究假设并辨析了相关的理论概念以后，便可建构本研究的概念框架(或称学术构思)。其要点为：通过实证研究，建立产业发展与区域空间的关联性，从产业角度解释城市-区域的演化，亦即证明论文的基本假设(参见 3.1.1 小节)；进而从研究时间段东北的产业与区域空间互动趋势中，判断哪一种理论假设更符合发展现实，抑或分别从不同角度部分真实地反映了现实。

更具体而言，本书希冀建立起产业与区域空间的关联性，即认为不同产业要素的场所空间(图 3-1a)与网络空间(图 3-1b)相互嵌套交织，共构并最终整合和结构化为区域空间体系(图 3-1d)。要证明这一假设成立，则需要证明：首先，产业要素的组织方式和空间属性与区域空间将在结构上具有相似性；其次，区域空间结构的任何时空演变都可以在产业变化中得到解释。

因此，本书的分析过程就是将不同产业要素一层层分解剥离出来，通过分析而描绘其(场所或网络)空间形制和变化过程；并对应于区域核心与边缘的结果和演变，建立起二者的关联性。

此外，正如前文所述，产业以外的技术、社会、文化、制度等要素具有嵌入性作用，往往能够更为深入地解释地域内产业发展及其与空间结构演进的互动关系。因此，在分析框架中有必要加入若干嵌入性因素及其空间属性的概要分析(图 3-1c)。

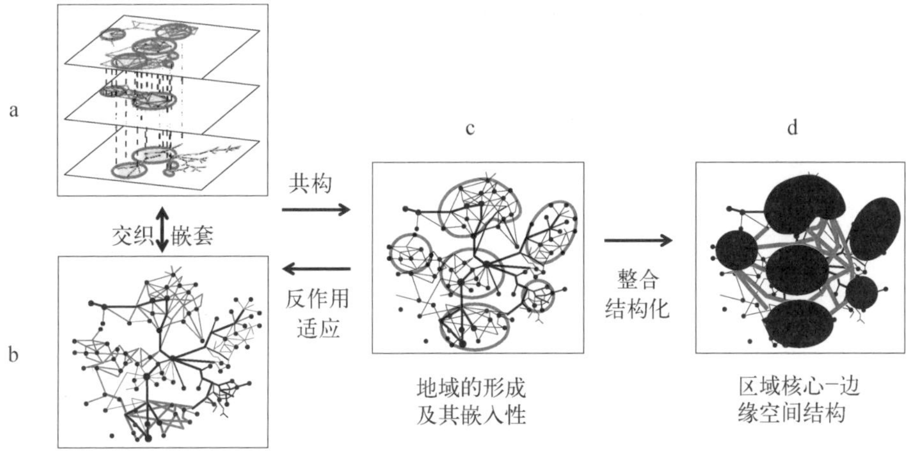

图 3-1　产业要素与区域空间结构的关联性示意图

资料来源：参考(Rozenblat，Melançn，2013)中 Figure 1.1 和 Figure 1.2 作者自绘

3.2　研究方法与论述结构

3.2.1　研究方法

（1）研究属性及方法

本研究基本可归为理论指导下的经验研究(informed empirical research)。主要为基于一定的理论概念及判断，对 2000 年以来的东北地区经济社会空间结构及其演化机制进行实证研究。具体采用了主因子分析、聚类分析、空间相关性分析、网络分析等计量分析和图形分析方法，并综合运用了 SPSS、GIS、UCINET 等软件进行了数据处理和分析。

此外，根据研究的目的，书中还运用了定性分析方法对计量和图形分析结果进行解释，以说明事实之间的联系。

（2）技术路线和准则

本书采用因果分析的常规技术路线。首先对作为"果"的东北地区空间"核心-边缘"结构的时空演化进行描述，然后从产业经济角度判断其"因"，最后作为结论部分在相关理论的指导下解析两者之间的因果作用机制。在研究过程中体现以下准则。

●　理论研究和经验研究相结合

首先辨识有关产业与区域空间的基本理论概念，提出本书的理论假说；在此基础上以东北地区为实证研究对象,由此因循理论假说到实证检验的研究路线,进而再将实证研究的发现运用至对空间结构演化机制的理论解释。

• 定量研究和定性研究相结合

本书在分析工具方面采用定量和定性相结合的研究手段。尽管本书在各个部分都采用一定的定量数据分析方法,但定量分析的目的是为了检验定性分析提出的因果假说,而非将定量分析本身作为研究的目的和最终价值。一般而言,定量与定性相结合能够更为全面而明晰地解释区域空间演化的复杂现象。

• 时间维度和空间维度相结合

由于本书的研究目的是揭示振兴战略以来东北地区的空间演化机制,因此分析内容将在具一定跨度的时间和不同尺度的空间层面展开。具体而言,在研究设计和具体的数据与资料收集方面,首先查阅不同年份、不同领域(综合性、人口、特定产业或行业)、不同尺度(全国、省、地市、县级等)的大量统计资料,从而得以建立了东北多尺度下的面板数据;其二,利用互联网(行业信息网、企业门户网站或区域门户网站等)、查阅相关的年度报告、企业名录数据获得尽可能多的企业数据;此外,结合相关课题调研,对城市进行实地走访和问卷调查,以获取第一手数据。

3.2.2　论述结构

第一部分(第1—3章),在文献研究基础上进行研究框架构建。

首先,重点分析了城市-区域空间组织的不同理论模型及其背后所代表的对于时空的认知,初步探索了相关理论的进展概况,以及理论研究的发展途径;其次,从产业与空间的关系角度切入,梳理不同研究视角下对空间结构形成机制的理论解释和研究方法。在此基础上,建构本书的研究框架,提出东北"核心-边缘"空间的机制解释框架。

第二部分(第4—5章),围绕"老工业基地"这一研究对象,首先回顾我国老工业基地振兴历程,并分析东北老工业城镇以及东北整体在振兴战略实施前后的经济社会变化;其次,对东北振兴以来区域空间结构的演变进行描述性分析,重点关注区域"核心-边缘"组织关系的变化。

第三部分(第6—8章),围绕"空间机制"这一视角,分别从产业分工及其场所空间布局、生产网络及其联系流的组织,以及产业的地域嵌入性三个角度切入,建构东北振兴以来空间结构演变机制的解释框架。其中,生产网络分别以高端生产性服务业网络和汽车产业网络为案例,分析了东北在全国产业网络中的

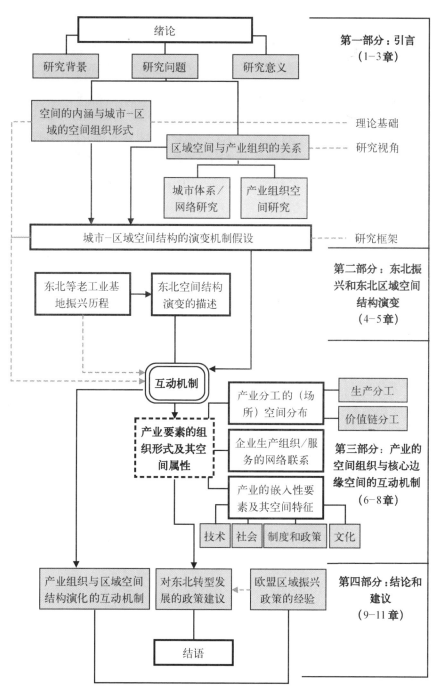

图 3‑2　本书内容组织构架

资料来源：作者自绘

地位以及东北内部网络的流量联系。而嵌入性则分别从技术和文化两个嵌入性因素分析东北空间结构演变的深层机制。

最后一部分(第 9—11 章)，首先介绍了欧盟(重点介绍英国和德国鲁尔地区)衰退地区和老工业地区转型发展的政策经验，以此为东北的区域发展及政策制定提供启示。第 10 章基于主体部分的研究内容，对产业发展与空间结构演变的关联性作出综合性解释：首先，呼应第 3 章的理论假设和研究框架，构建明确的解释框架；其次，运用该解释框架对第 6—8 章的研究内容和结论做出合乎逻辑的整体表达；最后，基于对东北地区的研究解释和对欧盟经验的借鉴，提出对东北地区未来发展的若干思考。

本书内容组织构架见图 3-2。

第4章
东北老工业基地的概念与振兴政策回顾

　　传统工业地区因经济结构调整、资源枯竭等原因而出现区域性衰退是一个全球性的问题。早在 20 世纪 60 年代中期,西方国家就由于经济社会的宏观环境变迁、产业结构调整、区域和城市发展政策导向变化等原因,出现了普遍的"去工业化(de-industrialization)"和区域性衰退现象,直接或间接导致了国家尺度的区域发展不平衡;一些地区人口外迁、城市经济低迷、失业率上升,由此还引发了内城衰退、社区衰败和社会排斥(social exclusion)等问题。

　　在我国,由于尚处在工业化、城市化的快速推进阶段,传统工业地区的衰退现象出现得较晚,且与我国整体经济体制转型和对外开放、逐步融入全球经济网络等宏观大背景交织在一起。复杂的背景使得我国的传统工业地区发展呈现出更多元和复杂的特点,且具有较强的地域特点。以东北地区为代表的一些区域,在传统工业转型过程中表现出了种种滞后和不适应现象,被统称为"老工业基地"。我国从国家层面出台了专门的振兴政策以解决这类城市和区域发展中所面临的突出问题。本章将围绕"老工业基地"这一范畴,通过界定这一概念,讨论其形成的背景,分析国家层面的政策构成与变化,并重点关注东北地区转型和振兴的历程,包括对 2000—2011 年的经济社会数据分析,总结东北地区,尤其是哈长沈大四大中心城市在转型发展过程中的特征。

4.1　我国老工业基地的概念与界定

　　虽然"老工业基地"这个概念在我国学术界早已形成,但迄今尚没有形成统一定义(费洪平、李淑华,2000)。迄今,相关的研究和文件大体上都是通过地域单元(即地级市或区县城市)、形成时间①、产业结构、投资主体、产业规模和历史贡献等角度描述这一概念。随着我国老工业基地改造和东北振兴战略的逐步推进，"老工业基地"这一概念正在逐步明确，目前较权威的是指"'一五'、'二五'和'三线'建设时期国家布局建设、以重工业骨干企业为依托聚集形成的工业城市"(国家发改委等，2013:2)，本书采用这一概念定义。

4.2 老工业基地衰退的背景与机制

老工业基地发展衰退是世界各国推进工业化进程中普遍存在的共性问题(李诚固，1996)，因此关于老工业基地衰退背景与机制的研究已有一定历史。20世纪50年代末至60年代，英国、德国、美国等发达国家的老工业基地相继出现了发展迟缓，增长乏力甚至严重衰退的问题，引发了相关领域学者对于该问题的关注和研究；而我国的相关研究则始于20世纪90年代末，当时随着我国经济发展和体制改革进程的推进，尤其是随着东南部地区的外向经济快速发展，一些传统的工业城市尤其是东北地区因缺乏竞争力而开始出现明显衰退。对于老工业基地衰退背景及机制的探讨有助于理解这些地区的发展规律，找出衰退症结，并针对问题提出振兴策略。

(1) 体制改革和国家区域战略重点的调整

在新中国建立初期，为了尽快建立完整的工业体系，老工业基地在资金、原材料、基础设施、人才等各方面受到国家政策的重点支持，从而迅速进入工业化阶段；一些老工业基地还逐渐成长为区域中心或增长极。也正因如此特殊的历史轨迹，东北等老工业基地的经济社会体制与计划经济的匹配度相当之高。

而自20世纪80年代以来，我国开展了以国有企业改革为中心的全方位经济体制改革，顺应改革开放需要，我国的区域发展战略重点也逐渐向东南沿海倾斜。在此背景下，东北等计划经济时期形成并成熟的老工业基地在发展和转型过程中一方面面临着更多的体制性矛盾；另一方面，从中央所获得的资金、政策支持等也相对变少。以国家在东北三省的基本建设投资变化为例，根据董志凯

---

① 有部分学者(如戴伯勋等，1997；费洪平、李淑华，2000等)认为老工业基地应是新中国建立前及建国初期，即"一五"时期建成；还有部分学者(如振兴老工业基地研究课题组，2000等)认为是从建国初期到"三线"建设结束这一时期；还有部分学者(如王青云，2007等)则认为是计划经济时期。

(2004)研究,20 世纪 50—70 年代,在全国基本建设投资总额中,东北三省投资额始终保持相当高的比重,并一度接近 20%;而进入 80 年代后,国家对东北三省的基本建设投资总额缩减至不到全国总投资的 10%。国家宏观战略的转向带来老工业基地发展外部环境的改变,使得改革开放以来的 30 余年间,东北的经济市场化程度虽有所提升,但相比沿海地区,仍存在所有制结构较为单一、国有经济比重偏高等体制性问题(国务院,2009)。可以说体制制约是东北等老工业基地衰退的深层次背景。

（2）全球化经济影响

2001 年我国加入世贸组织（WTO）,这标志着中国经济开始全面融入世界经济体系。一方面,一些被计划经济体制所"圈养"的老工业城市无法及时融入全球经济网络,逐步被边缘化;另一方面,随着全球化的不断推进,"后福特制"和"柔性生产"逐步取代了传统的"福特制",成为跨国企业的生产组织模式。这意味着劳动过程的分离及其生产区段组织过程的空间分离——"生产价值区段被分解为不同的组块,各自寻求最佳区位,而不用被其他工作单元束缚"(李健,2011:41)。这种新的组织模式重构了全球经济空间,并对基于邻近空间规模集聚的传统产业布局形成冲击。尤其对于东北等本已丧失原材料或需求市场的计划保护的老工业基地,其传统优势产业转移到更具有竞争力的地区,或是被替代的可能性必定大大增加。

（3）老工业基地自身产业的结构性调整和区位优势丧失

20 世纪 30 年代起,一些经济学者(罗斯托,1963;如钱纳里等,1986;西蒙·库兹涅茨,1966 等)提出产业结构与经济增长之间存在相互联系,并形成了产业结构理论。

从产业结构的角度来解释老工业基地的衰退原因,以东北一些城市为代表的老工业基地由于发展较早,多以资源型产业和重型产业为主,结构层次较低、产业构成单一;且由于老工业基地在计划经济时期所形成的产业基础较为雄厚,原有产业关联性大,容易形成路径依赖,导致产业退出成本高,所以转型困难、产业结构演进停滞不前。在传统产业失去优势时,新兴产业却发展缓慢,出现产业更替断层(杨振凯,2008)。总的来说,即产业层次偏低、产业结构相对单一或比例失调、结构升级滞缓等产业结构问题难免会成为老工业基地发展的障碍(徐传谌、杨圣奎,2006),东北的事例印证了这一点。

而从区域角度来看,东北等老工业基地由于工业化和与之配套的城镇化进程较早,面临区位优势的丧失。区位优势理论源于英国古典经济学家亚当·斯密的地域分工理论(绝对优势)和大卫·李嘉图的国际分工理论(相对优势)。该理论认为，每个地区具有生产某一特定产品的绝对有利或相对有利的条件，即区域生产优势(李诚固，1996)。然而，区域优势是一个动态系统，随着区域社会环境的改变，其构成要素及其优势度在不断发生变化。我国的老工业基地历经几十年的发展后已经进入衰退的周期，面临地区生产优势丧失的困境，表现为设备老化、资源枯竭、知识创新能力和管理效率低下等，产品逐步被进口和合资品牌所替代，市场竞争力大幅下降，企业历史包袱较重等。加之东北地理位置偏于一隅，远离主要的市场区，其在计划经济时期依赖国家政策支持的优势已不复存在，在找到可替代的区位优势之前，面临着更加严峻的转型和发展问题。

4.3 东北老工业基地发展和振兴的历程回顾

4.3.1 东北的区域发展历程及振兴战略的出台背景

东北的发展有其特殊的历史背景。不同于中东部，在清朝中期之前，东北的大部分区域都在"柳条边"之外，是封禁之地，几乎没有大的城市和产业发展。东北现代意义上的城市化历史开始于清末，大约于 19 世纪 60 年代(王士君、宋飏，2006)。这一期间，由于清政府后期推行的移民实边政策、19 世纪末 20 世纪初中东铁路(之后的满洲铁路)的修建、外国势力入侵等原因，加之铁路、港口等近代交通设施进一步发展，相继出现一批重要的工业、交通和军事城镇，并初步形成了东北以煤炭、钢铁、机械、化工为主的重化工业发展格局。"九一八"事变后，日本全面占领东北，将东北作为其战略后方加以经营，东北的整体工业化程度又有了新的提高。

新中国成立初期，鉴于东北的发展基础，党中央作出在东北建立工业化基地的战略决策，并将"一五"、"二五"计划的 156 个大项目中的 57 项布局在东北，总投资占当时全国总投资的 44.3%(李诚固、李振泉，1996)。该战略，在东北地域内相当程度上延续并强化了解放前东北产业主要依托自然、矿产等资源布局的特点；另一方面，在全国范围内奠定了东北能源工业、装备工业、化学工业等产业的支柱和战略产业地位，也确立了东北以"重工业"和"大工业"为主的产业结构；因此，到 1978 年，东北工业总产值占全国的百分比为16.56%，全民所有制独立核算工业企业固定资产原值占全国20.45%；主要工业品如原煤、原油、钢、水泥占全国同类产品比重分别为 16.29％、53.83％、29.06％、13.84％(地方财政研究编辑部,2005)。大规模的工业化建设有力地推动了东北地区城市化进程:既有城市进一步扩大,大庆、抚顺、鸡西等一批矿业城镇崛起;伊春、漠河等林业城市得以发展;同时一批农垦小城镇从无到有,从小到大,东北地区的现代城市地理格局逐步形成(王士君、宋飏,2006)。

然而,进入 20 世纪 80 年代,随着改革开放的不断深入,老工业基地的体制性、结构性矛盾日益凸显。归纳起来,主要面临市场化程度低,经济发展活力不足;所有制结构较为单一,国有经济比重偏高;产业结构调整缓慢,企业设备和技术老化;企业办社会等历史包袱沉重,社会保障和就业压力大;资源型城市主导产业衰退,接续产业亟待发展等问题(国家发改委,2003)。1978—2003 年,东北地区生产总值占全国的比重从 14％下降到 9.6％,工业总产值占全国的比重由 17.1％下降到 8.2％,降幅达 51.9％;工业增加值占全国的比重由 18.2％下降到 10.1％,降幅为 44.6％(刘通,2006:18)。

4.3.2　东北振兴政策的提出及历程回顾

东北地区的振兴和转型对于我国区域的整体协调发展具有战略意义。基于这一认识,2002 年党的十六大提出了"支持东北地区等老工业基地的调整与改造,支持资源开采型城市发展接续产业"的政治宣言。同年,党和国家领导人相继赴东北老工业基地深入调查研究和考察指导。2003 年 3 月,国务院《政府工作报告》提出要落实十六大的这一精神。当年 9 月,国务院常务会议讨论和原则同意《关于实施东北地区老工业基地振兴战略的若干意见》(中发[2003]11 号,以下简称 11 号文件),并于 10 月以中央名义向全国下发,这标志着中央振兴东北等老工业基地战略的正式实施(中科院地理所,2011)。需要指出的是,11 号文件的重点"是要做好东北地区老工业基地的调整改造工作",但却并不局限于东北;文件中明确指出,其他地区老工业基地在"条件成熟时比照东北老工业基地有关政策给予适当支持"(国家发改委,2003)。

2007 年 8 月,由国家发改委、国务院"振兴东北办"组织编制,经国务院批复的《东北地区振兴规划》(以下简称"振兴规划")正式公布,标志着东北地区的发展将进入一个全新的阶段(中科院地理所,2011)。该规划提出"经过 10 年到 15 年的努力……实现东北地区的全面振兴"的目标,未来要将东北地区建设成为"综合经济发展水平较高的重要经济增长区域;形成具有国际竞争力的装备制造业基地,国家新型原材料和能源保障基地,国家重要商品粮和农牧业生产基地,国家重要的技术研发与创新基地,国家生态安全的重要保障区"(发改委、振兴东北办公室,2007)。

2009年9月,国务院下发《关于进一步实施东北地区等老工业基地振兴战略的若干意见》(国发[2009]33号,以下简称33号文件)。33号文件是继11号文件后,国家出台的又一个指导东北地区等老工业基地振兴的综合性政策文件。虽然该意见仍然沿用11号文件中"东北地区等老工业基地"的概念,但实质上更加聚焦东北地区,明确提出要把东北地区老工业基地培育成为具有独特优势和竞争力的新的增长极;并针对该区域提出"扶持重点产业集聚区加快发展"、"深化省区协作,推动区域经济一体化发展"等空间发展框架(国务院,2009)。

2013年,国务院正式批复了国家发展改革委会同科技部、工业和信息化部、财政部编制的《全国老工业基地调整改造规划(2013—2022年)》(以下简称"改造规划")。该规划不同于针对东北地区的"振兴规划",它是一个涉及"全国27个省、自治区、直辖市⋯⋯指导全国老工业基地调整改造的行动纲领。"(表4-1)改造规划的出台标志着我国老工业基地振兴工作"由前期以东北地区为主向巩固深化东北、统筹推进全国老工业基地振兴转变,把工作重点放在老工业城市调整改造上"(国家发改委政策研究室,2013)。虽然该规划充分肯定了东北振兴十年的成就,并建构了老工业基地改造的全国性工作框架,但对于区域性或特定老工业城市的议题较少涉及。由此可以理解为,该规划旨在成为全国纲领性文件,并指导不同地域在此框架下结合自身特点制定规划,从而进一步推进各个老工业基地的转型和振兴。

表4-1 全国老工业基地城市名单列表

省	城市/区个数	直辖市、计划单列市、省会城市的市辖区	地 级 城 市
安徽	7	合肥瑶海区	淮北、蚌埠、淮南、芜湖、马鞍山、安庆
北京	1	石景山区	
甘肃	5	兰州七里河区	天水、嘉峪关、金昌、白银
广西	2		柳州、桂林
广东	2		韶关、茂名
贵州	4	贵阳小河区	六盘水、遵义、安顺

续 表

省	城市/区个数	直辖市、计划单列市、省会城市的市辖区	地 级 城 市
河北	7	石家庄长安区	张家口、唐山、保定、邢台、邯郸、承德
河南	9	郑州中原区	开封、洛阳、平顶山、安阳、鹤壁、新乡、焦作、南阳
黑龙江	7	哈尔滨香坊区	齐齐哈尔、牡丹江、佳木斯、大庆、鸡西、伊春
湖北	7	武汉硚口区	黄石、襄阳、荆州、宜昌、十堰、荆门
湖南	7	长沙开福区	株洲、湘潭、衡阳、岳阳、邵阳、娄底
吉林	7	长春宽城区	吉林、四平、辽源、通化、白山、白城
江苏	4	南京原大厂区	徐州、常州、镇江
江西	4	南昌青云谱区	九江、景德镇、萍乡
辽宁	13	沈阳大东区、大连瓦房店	鞍山、抚顺、本溪、锦州、营口、阜新、辽阳、铁岭、朝阳、盘锦、葫芦岛
内蒙古	2		包头、赤峰
宁夏	2	银川西夏区	石嘴山
青海	1	西宁城中区	
山东	3	济南历城区	淄博、枣庄
山西	6	太原万柏林区	大同、阳泉、长治、晋中、临汾
陕西	5	西安灞桥区	宝鸡、咸阳、铜川、汉中
上海	1	闵行区	
四川	9	成都青白江区	自贡、攀枝花、泸州、德阳、绵阳、内江、乐山、宜宾
天津	1	原塘沽区	
新疆	2	乌鲁木齐头屯河区	克拉玛依
云南	1	昆明五华区	
重庆	1	大渡口区	
合计	120	25 个	95 个

资料来源：整理自《全国老工业基地调整改造规划(2013—2022 年)》

4.4 东北振兴国家层面的政策分析

4.4.1 国家层面振兴政策的分析

自 2003 年东北振兴战略实施以来，在上文所列举的纲领性文件和战略框架之下，从国家层面还出台或批复了一系列东北区域发展的配套政策。整理 2004—2013 年的主要政策，共 54 项①（参见附录 C）。

（1）政策类型分析

借鉴金凤君、陈明星（2010）的研究，将 2004 年以来的区域政策分为综合政策、农业发展政策、非农产业/企业政策、社会保障政策、教育和科技政策、财税金融政策、资源型城市转型政策、环境和资源保护政策、开放政策、空间政策等 10 种类型。这 10 个重点领域的政策相互联系、相互交叠，共同构成了国家关于东北地区发展的政策框架。

观察不同类型的区域政策（图 4-1），可以发现，自 2003 年以来，在数量最多的前 4 项政策中，产业发展和企业改革是政策的主体和关键，而财税和金融的政策支持可看成是东北振兴的重大机遇条件和主要外力。资源型城市转型是东北

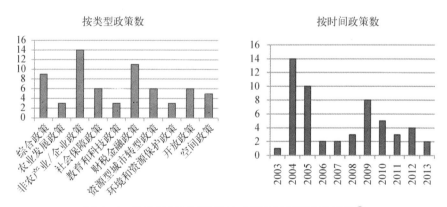

图 4-1 东北地区区域政策按类型和时间划分政策数②

资料来源：整理自振兴东北网

---

① 政策选择主要参考了新华网的振兴东北专题板块，http://chinaeast.xinhuanet.com。
② 其中，部分政策涉及多个类型。如《关于支持中国图们江区域（珲春）国际合作示范区建设的若干意见》即是"开放政策"，又是"空间布局政策"，也是"产业发展政策"。

的代表性和突出问题,也是政策的重点领域之一;此外,社会保障关系到东北改革的平稳和社会安定,是政策制定必须关注的一个基础问题(金凤君、陈明星,2010)。

(2) 时序分析

通过对已有政策的梳理和分析,这些政策在时间上的分布差异较大,呈波动式变化。2004 年出台的政策高达 14 项,此后逐渐减少;以 2007 年为时间节点(该年东北振兴的总体规划和战略纲领“振兴规划”出台),区域政策又逐渐增加,直至 2009 年形成第二个高峰,之后回落,维持在每年 3—4 个政策的水平(图 4 - 1)。

金凤君、陈明星(2010)认为,在 2007 年以前,东北的区域政策主要强调“输血”功能,大部分政策直接针对东北地区发展中亟待解决的问题,给予直接的帮扶和补助;而在 2007 年以后,虽然也有直接扶助政策的出台和实施,但是关注重点已经从“直接输血”向“提升造血能力”转变。比照每年出台政策类型(图 4 - 3),这一变化趋势很明显:即政策重点领域从扶持农业、非农产业/企业发展、社会保障、财税支持等领域,逐步向空间发展、沿边开放、教育水平和技术提升、资源型城市转型、区域可持续发展等领域过渡;非农产业/企业发展政策的侧重也从 2007 年之前的扶持传统产业/老工业企业转向引入和培植第三产业及高新技术产业。

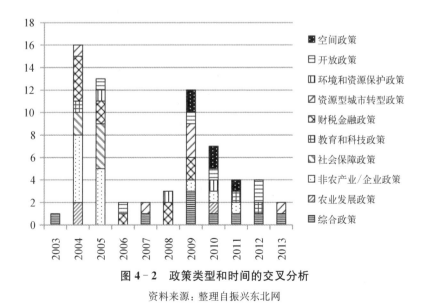

图 4 - 2　政策类型和时间的交叉分析

资料来源: 整理自振兴东北网

（3）政策覆盖空间分析

回顾东北振兴的政策涵盖空间范围,仍然存在 2007 年这个相对明确的时间节点。在 2007 年之前,基本上是全域性/省域政策为主,以空间针对性的政策为辅。但 2007 年之后,随着"振兴规划"这一东北的区域性发展纲领的发布,以及东北本身空间的差异化发展,一些更具有地域针对性的城市/节点政策、次区域（sub-region）政策出台（如"辽宁沿海经济带""沈阳经济区""长吉图开发开放先导区"等城市群/城市集聚区的空间发展规划等）（图 4-3）。可见,随着振兴进程的不断推进,东北区域政策已经由侧重全域/省域的纲领性政策向强调次区域的特殊政策转变。总体而言,国家对东北地区的区域政策正逐步完善,变得全面、深入和细化,并开始在空间层面形成分重点的发展战略和空间政策体系。需要指出的是,2013 年《全国老工业基地调整改造规划》和《全国资源型城市可持续发展规划》的出台具有重要意义——不仅标志着我国老工业基地和资源城市将进入全面转型阶段,也是对东北 10 年振兴政策的回顾、总结和调整。在这两部纲领性规划的指引下,新时期的"东北振兴"战略的内涵尚有待重新界定。

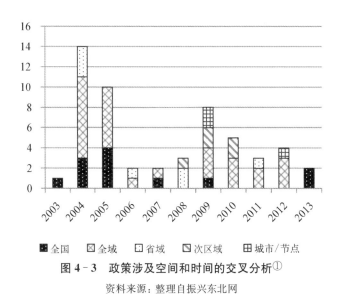

图 4-3　政策涉及空间和时间的交叉分析①

资料来源：整理自振兴东北网

---

① 其中,政策空间中的"次区域"是指流域、城市群等比东北全域范围小,但又不同于省、市等行政辖区的空间范畴;"城市/节点"是指地级市行政辖区及其以下的空间范畴。

4.4.2 国家层面振兴政策的演变趋势

（1）区域振兴与区域转型

正如"东北老工业基地振兴战略"的名称及源起过程，"振兴（regeneration）"的主要目的在于解决老工业基地的衰退问题，并使之取得一定的再发展。这也是为什么振兴初期（2003—2007年）的区域政策集中在企业扶持、社会保障和金融税收优惠等"输血"政策方面。

然而现在看来，东北振兴的实质"既不是一般的欠发达地区的开发活动，也不是按原有的工业化道路进一步提高工业化的程度，而是……对原有的发展思路、发展方向、经济结构等进行重大调整，并在此基础上充实产业基础和提高产业素质，推进更高水平的工业化的过程"（东北亚研究中心东北老工业基地振兴课题组，2004）。换言之，当2000年前后东北全域的普遍性衰退得到遏制时，对所谓的"东北振兴"更为准确的定义应该为"区域转型（regional transformation）"。与之相应，引入和培植新产业（尤其是第三产业和高科技产业）、重组地域空间等势必成为政策的主要方向。

（2）类型议题与地域议题

虽然"东北"是一个相对完整和边界清晰的地域，但在东北振兴初期，对于"东北问题"的地域性得到充分重视；事实上，多数政策所针对的并非"东北"这一区域板块，而是（全国）"老工业基地"这一具有共性的城市/地区。因此，大部分的国家层面政策旨在解决老工业基地的普遍性问题，属于"类型"政策，"地域"或空间内涵并不突出。

随着振兴进程的不断推进以及"振兴规划"等总体框架的研究和出台，国家对东北地区的空间战略布局也逐步清晰，空间政策的比重逐步增加，其他政策也具有更加明晰的地域指向性。一方面，这是东北区域发展到一定阶段的必然选择——区域政策的实施结果必然会有空间偏向性（skewness）。即使政策设计的初衷并没有地域偏好，但仍无法保证政策的空间"中立"（Morgan，1985）。经过一段时间的区域振兴发展，东北内部地区间的差异逐步拉大，其全域的"类型"共性实际上在逐步降低，因此必要的政策空间指向及区隔是符合实际需求的。另一方面，近年来针对主要城市群/集聚区的区域政策也反映出东北振兴的一个新趋势，即通过培育区域增长极和核心城市-区域，既是为了参与全球竞争，也是为了带动全东北的发展。

（3）地域的重新划分

在东北的区域政策经历了从侧重全域政策向局部政策转变的过程中，"次区域"空间格局也逐步清晰。可以说，东北区域振兴的 10 年是一个地域分化和重组的过程。

自 2009 年起，"次区域"的再划分成为东北振兴政策的重点方向之一，包括辽宁沿海经济带、沈阳经济区、长吉图开发开放先导区等次区域的综合发展政策纷纷出台。一方面，这是"振兴规划"中"两带四群（区）"①城市体系空间布局战略的落实；更为重要的，这些政策实际强调的是区域中心城市或核心城市-区域在东北振兴过程中的关键引领作用，鼓励这些城市和城市-区域成为区域发展中更为积极活跃的主体，并且引导城市之间通过次区域规划搭建合作平台，形成多层次的区域空间发展框架。

（4）独立板块与开放网络

在东北振兴的初期，虽然多数政策没有明确的地域指向，但其往往针对整个东北区域，其背后暗含了东北是一个相对均质、完整、独立或封闭的区域板块这一判断。但事实上，在市场经济的开放环境下，东北并非是一个封闭的区域，解决该区域的问题不能够仅仅依靠区域自身发展，而是要打破区域边界，引入外部发展动力——这在经济全球化的现时背景下尤为重要。

鉴于此，对外开放政策逐渐成为国家层面东北振兴政策的重要组成部分之一。2008 年以来，分别针对沿边开放和沿海开放，有一系列的次区域或示范区规划上升至国家层面。2012 年，《中国东北地区面向东北亚区域开放规划纲要（2012—2020 年）》出台，该纲要将东北定位为"新时期我国对外开放的战略重点"和"面向东北亚开放的重要枢纽"。值得注意的是，尤其在沿边地区，由于受到地理条件限制，沿边城市往往发展水平较低，与区域中心城市距离较远，是传统的"边缘"地区。因此，有别于沿海开放，东北的开放是以内陆区域中心城市为引领，沿边口岸节点作为支撑（国家发展和改革委员会，2012），形成"中心城市-区域—口岸节点"的开放模式。

（5）政策空间的倾斜性（skewness）

西方一些学者认为，地方制度成为一种关系型资产（relational assets）（Storper，1997），对于地方有效捕获全球化机遇，促进区域经济发展具有重要意

---

① 《东北地区振兴规划》中提出，东北地区的"一级结构"，即东北地区城市体系全局性的基本格局，是：两带——哈-大城市带和沿海城市带；四群（区）——辽中、吉中、哈-大-齐城市群、大连都市经济区。

义(Amin，Thrift，1995b)。从这一角度,外部政策的空间属性对于东北地域的空间组织演变具有重要的影响。

　　从国家层面振兴政策的空间分布上看,东北的政策空间具有一定倾向,即与社会空间、经济空间发展有着互相增效的作用(Martin,2000)——区域性的制度建设和创新往往选择经济相对发达的城市进行"先行先试",因而这些城市取得制度红利的机会也相对更大;在次区域的划定和政策制定方面,各级政府也倾向于重点支持已具备一定发展水平的城市-区域。

　　分析上文54项振兴政策中各地市(区)出现的词频见图4-4,基本与东北各市2010年的经济总量水平相对应——反过来,政策的倾斜又促进了这些城市-区域的经济社会发展。即,相比引导区域的整体均衡发展,东北的制度创新和政策供给似乎将以哈长沈大及其为中心的城镇群为更优先目标。可以预判,东北的产业和空间发展在一定程度上也会对这一政策空间的倾斜做出"响应"。

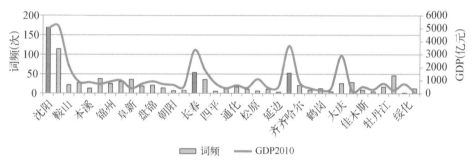

图 4-4　2003—2013 年国家层面东北振兴政策文件中不同地级市
出现频率与该地市 2010 年地区生产总值的关系

资料来源:作者自绘

4.5　东北振兴以来的经济社会绩效分析

(1) 东北地区在我国区域板块中的地位变化

　　虽然参照表4-1对于我国老工业基地的范围界定,分析 2000—2011 年这些城市的经济社会指标变化①。东北老工业基地城市整体转型发展明显,经济

―――――――――――

　　①　由于数据限制,无法获取直辖市、省会城市和计划单列市的老工业基地所属"区"的数据,因此以全地级市数据取代。

总量等指标较其他区域板块的老工业基地增长更快,尤以"哈-长-沈-大"在全国老工业基地城市中的位次列于前段(分析结果见附录B);然而,如果将分析对象拓展至东北的全部城市,则如图4-5,从经济总量及其构成来看,东北振兴战略全面实施以来(即2007—2011年),东北地区在全国经济中的份额确有所上升,但上升幅度极其有限。虽然2003年以来,东北地区经济总体增速和二、三产业增加值增速都显著加快,但必须看到,这一趋势是全国性的总体趋势;甚至相比

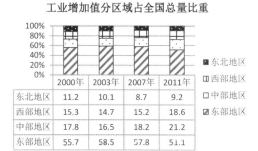
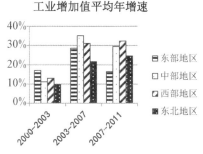

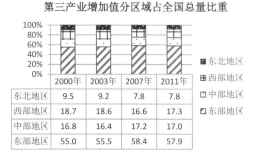
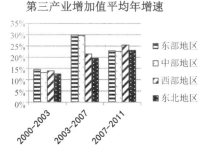

图4-5　我国四大经济板块各指标占全国总量的
比例及其平均年增速(2000—2011年)

资料来源：整理自中国统计年鉴2001、2004、2008、2012

其他经济板块,东北多年来经济增速较低,尤其相比中西部,东北发展堪称相对滞缓。

(2) 从业人员结构变化

分析 2000、2010 年两次人口普查全国分县市从业人员数据,东北的制造业从业人员无论从绝对数量还是占总从业人员的比重都经历了区域性的调整——绝大多数东北县市的制造业从业人数下降或增长缓慢,只有辽宁沿海有所上升;相对的,东南沿海和中部地区的制造业从业人员迅速增加。这反映出即使在国家政策支持的背景下,东北作为全国重要的制造业基地的优势地位仍在逐渐被中东部所取代。

进一步考察,制造业从业人员的数量下降或增长缓慢并没有伴随着生产性服务业①从业人员规模的显著增长,表明东北多数地区制造业从业人员的数量下降并非源于这些地区的产业结构转型,而是由于其制造业的衰退。虽然东北在哈大轴线以及辽宁沿海地区的生产性服务人员数也有所增长,但相比以环渤海、长三角、珠三角、中部(由武汉、长株潭、南昌等城市共同构成)和成渝等城市群为依托的生产性服务业集聚式发展,东北的生产性服务业布局仍然相对分散,在空间结构上呈现以省会及地级市辖区为中心,其行政区为腹地的传统中心地模式。

(3) 振兴的阶段性特征

以东北三省县市(区)为基本单元,将 4 个时间节点的经济社会数据输入GIS 平台(具体分析结果见附录 B),可以大致将 2000 年以来东北的地域空间结构演进划分为三个阶段。

● 东北振兴战略实施之前(2000—2003)

在振兴战略实施之前,由于东北老工业基地的历史包袱沉重,改革开放相对滞后,就区域整体而言处在衰退之中,其中"哈-长-沈-大"等区域中心城市外的地级市辖区的尤为严重。比较 2003 年、2000 年两年的数据,如地区生产总值、人均地区生产总值等指标增长幅度十分有限,甚至在一些地区出现了负增长;同时,部分地区还出现了二、三次产业增加值比重减小的"逆城镇化"现象。这都反映出 2003 年之前由于老工业基地和资源型城市转型给这些地区经济发展所带

---

① 根据参考赵渺希(2010)、林秀梅和臧霄鹏(2012)、刘曙华(2012)等学者的相关研究,将第三产业划分为"生产性服务业"和除此之外的"一般服务业"。其中,按一般统计年鉴对于第三产业的行业细分,将其中的交通运输、仓储、邮电通信业,金融业,租赁和商业服务业,科学研究、技术服务和地质勘察业,商务信息咨询业,信息传输、计算机服务和软件业等行业划分为生产性服务业。

来的冲击。相对地,辽宁沿海和沈阳,以及"长(春)吉(林)哈(尔滨)"两个地区虽然也在内外因素影响下出现发展困境,但总体上仍是大区域中发展相对较快的地区;此外,黑龙江的绥芬河、黑河、漠河等边境城市,由于本身经济总量不大,工业基础薄弱,主要以林业、农业、边境贸易等产业为主,相比区域内的工业城市和资源型城市发展反而较快(主要反映在人均GDP的变化上)。

• 东北振兴战略实施初期(2003—2007)

这一阶段是振兴战略的酝酿、提出和实施初期。这一阶段的政策主要是解决老工业基地及国有企业的遗留问题。期间,虽然区域衰退有所缓解,但除了哈-大沿线、辽中南地区和一些市辖区外,多数地区老工业基地改造的任务艰巨,衰退的惯性还在延续,经济普遍发展较慢。与之相应,发展较快的辽中南地区其优势进一步凸显,"哈-大"轴作为区域发展轴的能量开始在辽宁省境内显现;而在"长-吉-哈"地区,除了长春、吉林、哈尔滨、大庆等地级市的辖区外,多数城镇的经济社会数据都显现出了不同程度的负增长或停滞增长,这也导致了"长-吉-哈"地区由原来的连片发展变为两个分离的板块。因此,在一定程度上,这一阶段成为东三省全域空间结构开始重构的重要转折阶段。

•《东北振兴规划》出台至2011年(2007—2011)

以"振兴规划"这一纲领性文件的发布为起点,进入了振兴战略全面实施的阶段。相比前两个阶段,东北地区总体发展加快,新的空间结构得以确立并持续强化。透过2007—2011年的指标变化可以看出,东北地区经济指标上的普遍性负增长现象已经改变,总体上可认为区域发展已从衰退转变为增长;其中,辽宁全省,尤其是辽中南城镇群发展较快,这使得整个东北地区呈现南强北弱的发展格局。此外,在这一阶段,随着吉林省西南部、"哈-大-齐"工业走廊的发展,"哈-大(在哈尔滨一段西向延伸至大庆/齐齐哈尔)"轴线作为区域主轴的地位得到了确立。

4.6 本章小结

本章围绕"老工业基地"这一概念,回顾了我国"振兴东北等老工业基地"的政策出台背景、历程以及东北老工业基地的发展与振兴过程,并分析了东北自2000年以来的经济社会变化,以此作为判断振兴战略及其配套政策对于东北地区发展的影响的依据。

　　回顾整个东北振兴历程,随着东北地区发展阶段的不同,相应政策的政策重点也不断调整。从经济社会指标的变化中可以观察到,2003 年以来,尤其是 2006 年"振兴规划"出台以来,国家的政策和资金支持使得东北老工业基地缓解了 20 世纪 90 年代至 21 世纪初的衰退困境;然而,从全国范围来看,政策性的干预仍然有限,市场化的改革和全球化的影响力有着更深刻的基础作用。从全局看,2000 年以来东北作为国家层面工业基地的重要性持续下降,东中部若干城镇群已经崛起成为我国产业发展的重要板块。

　　至于在东北地区内部,各地区的转型则呈现出不同的速度和路径,这改变了区域内部的空间格局,对此将在后续章节中详细分析。

第5章

东北的空间组织与核心-边缘结构时空演化

在东北的振兴过程中,其内部发展出现分化,一些城市或城市-区域发展得相对较快,而一些则基本发展停滞,这无疑会反映在东北的区域空间结构中。本章以经济增长为主要视角,分析 2000 年以来东北地域的空间组织结构问题,主要是核心与边缘格局的演化。

5.1 分 析 方 法

5.1.1 既有分析方法的评述

总结相关研究对于核心-边缘空间的分析方法,大致有三类:其一是在克里斯塔勒的中心地模型或克鲁格曼的核心-边缘模型等理论模型基础上加以扩充,并进行模型的实证验证(如刘颖,2009;王茂军等,2005)。这一类研究的优点在于有相对成熟的理论框架;但也往往因此而局限于抽象化的模型,多为中心地/核心-边缘形成机制的理论研究,而在实证研究上难以全面准确地反映区域空间结构演变的态势和特征(张燕文,2006)。其二是采用指标体系,即采集空间单元(如街道/县市/地级市等)的经济社会数据,通过制定指标体系(例如权重打分体系),代入数据,计算各个空间单元的"中心度"(如沈惊宏,2013)。这种方法由于采用了经济社会的多项数据,因此可以较为全面地反映城市在区域中的定位,且由于最终"中心度"计算结果与空间单元一一对应,因此容易实现空间化;但其缺点在于指标体系的建立、数据的选择以及各数据的权重设定偏于主观性,可能导致分析结果的偏差和不准确。第三类的研究与第二类相似,是基于空间单元多项指标,但运用统计方法将这些指标进行提取主成分、聚类之后再空间化(于涛方,吴志强,2006;赵群毅,周一星,2007)。这一类方法在保持后者指标反映内容较全面、空间可视化程度高的优点的同时,由于利用统计方法提取主因子,因而很大程度上克服了第二类方法受主观影响较大的缺点;但在主成分以及聚类等数据处理过程中,分析方法的选择和分析结果的解读(尤其是主成分的解释)等环节需要反复试验,以获得具有较强解释力的结果。因此,该类方法必须结合对于空间关系的初步认识和判断,或是辅以其他分析方法,才能较好地描述一个地区的空间组织关系。

5.1.2　本书的分析方法

(1) 空间单元的选择

本书的空间分析单元为东北 184 个县、县级市和地级市市辖区。做此选择是基于东北多数地级市市辖区与其所辖县市往往存在较大发展差异,所以以县级作为分析单元应能够更为全面和细致地反映东北地域的实际空间结构。

(2) 指标的选择和数据来源

正如前文中所阐述,本书认为,“核心-边缘”的空间分析,实质上即界定区域内城镇组织关系中的“支配者”和“被支配者”。因此,本章的分析研究和具体指标选择取决于对“支配力”来源的认知。一些学者认为,由于前向和后向联系,“发展是一种不平衡的连锁演变过程”,核心区经济发展水平越高或经济规模越高,极化效应就越明显(Krugman,1991;艾伯特·赫希曼,1958:58)。而另一些学者则认为,地区间的从属关系源于产业差异化,即结构上的分化和等级化产生了某些区域对另一些区域的依赖(多琳·马西,1984);而弗里德曼、沙森、泰勒等世界/全球城市的研究学者则尤为强调特定行业/功能(生产性服务业)对城市等级的决定性作用。此外,在以克里斯塔勒等人为代表的研究中,核心与边缘的界定在相当程度上是依据城镇化水平以及城市的服务能力(如城市商业零售额等)。

基于以上对于核心-边缘的认知,本书选择了反映包括经济和人口规模、产业的产值和就业结构等指标来分析东北的核心-边缘空间演变。数据的主要来源包括 2001、2004、2008 年和 2012 年的中国区域经济统计年鉴、中国县市经济社会统计年鉴、中国城市统计年鉴以及黑龙江、吉林、辽宁三省的统计年鉴,以及 2000、2010 年两次全国人口普查分县资料等。

(3) 位序-规模分析

位序-规模分析旨在从城市的规模和城市规模位序的关系来考察一个城市体系的规模分布。即区域城市体系的人口规模与城市位序符合如下公式:

$$P_i = P_1 \times R_i^{-q}$$

式中，P_i是i城市的人口规模，P_1是首位城市的人口规模，R_i是i城市的人口规模排序，q是测度区域离散/集聚水平的主要指标。当$|q|>1$，表明区域人口分布不均衡，核心城市占绝对优势，当$|q|<1$，表明区域内人口向中小城市分散，空间趋于均衡发展；此外，如若q的绝对值变大，则说明较大城市的增长快于较小城市的增长，城市体系呈现集聚趋势，反之则说明总体上小城市的增长快于大城市，扩散趋势占优（王颖等，2011）。

（4）空间自相关分析

位序-规模指标可以简单直观地反映出城市体系中人口规模的集聚或离散程度，但是却无法反映出相邻地区经济活动互相影响的关系，因此也就难以从根本上概括出区域经济空间集聚与分散的结构模式。而空间自相关分析方法却可以弥补传统方法中空间邻近概念缺失的遗憾（赵群毅、周一星，2007）。空间自相关反映的是一个区域单元上的某一空间事物或属性值与邻近单元上同一事物或属性值的相关程度，如果空间事物之间具有高的自相关性，则可以用来代表空间事物之间具有密切的相互作用关系，即具有集聚性的存在（陈斐、杜道生，2002）。

空间自相关指数又分为全局自相关（Global Moran's I）和局部自相关（Local Moran's I）两种指数，前者能够反映研究区内相似属性的平均集聚程度，而后者则描述的是各个空间单元分别与其邻近单元的相似程度（陈斐、杜道生，2002）。常用的 Moran's I 指数计算公式如下：

$$I = \frac{\sum\limits_{i}^{n} \sum\limits_{j}^{n} W_{ij}(X_i - \overline{X})(X_j - \overline{X})}{S^2 \sum\limits_{i}^{n} \sum\limits_{j}^{n} W_{ij}}$$

$$S^2 = \sum_{j} \frac{(X_j - X)^2}{(n-1)}, j \neq i$$

式中，n 为参与分析的空间单元数，此处为 184（县市）。X_i 和 X_j 分别代表某属性特征 X 值在空间单元 i 和 j 的观测值，本章采用 2000、2011 两年的 GDP、全社会固定资产投资，和 2000、2010 两年的制造业从业人员数、生产性服务业从业人员数[①]。W_{ij} 是空间权重矩阵，运用 GIS 软件通过插值算法获得。

根据计算结果，全局 Moran's I 指数（简称 GI）越趋近 1 则表示空间要素呈集聚分布，GI 越趋近 −1 则表示空间要素呈离散分布，趋近于 0 则表示分布随机

---

① 生产性服务业定义见上一章。

或均质;而根据局部 Moran's I 指数(简称 LI),核心区与邻近区域之间可能存在的以下几种空间经济关联:① 扩散效应(高-高):经济核心区的快速增长带动周边地区的增长;② 离心效应(低-高):经济核心区和周边地区的增长皆缓慢增长;③ 极化效应(高-低):经济核心区增长迅速,而其周边地区则缓慢增长或衰退;④ 无关性/低水平均质(低-低):周围地区的增长与经济核心区的经济活动变化没有紧密的关联,呈现同质性的低水平分布(陈斐、杜道生,2002)。

(5)主因子分析与聚类分析

空间自相关分析可以清晰地反映出单一指标在区域内的集聚/离散趋势,但在通过多指标反映区域多领域空间要素的整体分布上存在缺陷。因此,本章还借助统计分析手段,运用主因子分析和聚类分析方法将相对庞杂的空间变量提炼为更加清晰和有指向性的区域指标,并基于数据的分级地图在抽象数据与实体空间之间建立起直观的联系,反过来为检验和解读数据分析结果,并以此来认知东北地区的空间结构提供有效的支撑。

首先,将 2000、2003、2007 和 2011 四年作为时间截面,选择涵盖与经济增长密切相关的人口、就业、经济总量、三次产业、财政收入、固定资产投资、社会消费等领域的 13 个变量(参见附录 C)。利用 SPSS 基于这些变量可建立 13×4 年× 184(县市数)的数据矩阵。

其次,利用主因子分析方法,以减少数据集的维数,同时保持数据集的对方差贡献最大的特征。将多个变量通过线性变换以转换为较少个数重要变量,通过解读因子提取结果以及空间单元各因子得分,并在此基础上通过分配各因子得分计算综合得分。

主因子分析往往并非区域类型研究的最终阶段,而是为解读区域演变和区域类型提供精炼和具有明确指向的因子指标。区域类型研究常常需要运用聚类分析方法,把相似的对象通过静态分类的方法分成不同的组别或子集,以使得同一个组别/子集中的成员对象都有相似的若干属性。

5.2 分析过程与结果

5.2.1 位序规模分析

从东北三省 2000、2011 两年的城镇人口位序规模来看,整体上,东北的城镇人口呈现集聚趋势,且省内集聚趋势较整个区域的集聚趋势更为显著(q 值增长幅度更大)。观察图5-1,2000年的位序-规模散点图绝大多数落在回归曲线附近,而2011年,散点图已经呈现出明显的多段式特点。借鉴刘继生、陈彦光(1999)的研究观点,这表明了东北城市体系规模结构的分化。其中,前四位城区、末段城镇分别与其他县市的差距正在拉大,表现为哈-长-沈-大市辖区为核心的地域对于人口的更强的吸聚能力(表征为散点连线接近平行于x轴),及一些边缘城镇的日趋式微——人口大量流失(表征为散点连线几乎平行于y轴)(图5-2)。

表5-1 东北2000—2011年城镇人口位序规模分析结果

城镇人口位序规模 q 值	2000年	2011年	趋 势	
			集 聚	离 散
东北三省	0.80	0.85	○	
辽 宁	1.08	1.20	●	
吉 林	0.85	1.03	●	
黑 龙 江	0.92	1.05	●	

注:● 强变化 ○ 弱变化

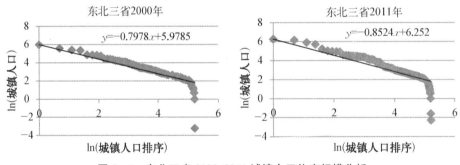

图5-1 东北三省 2000、2011 城镇人口位序规模分析

5.2.2 空间自相关分析

从全局自相关分析结果来看,东北的人均地区生产总值、工业从业人数在2000—2010年间呈现集聚态势,而生产性服务业从业人数则呈现离散趋势。其中,人均GDP的分布相对集中,且2000年以来集聚的趋势也较为显著;而工业和生产性服务业从业人员的分布则相对均质(GI指标接近0),且生产性服务业分布有离散的趋势(GI值减小),这在一定程度上反映出东北的服务业尚停留在服务城市内部需求的基本功能阶段,辐射区域的高端生产性服务业还不发育。

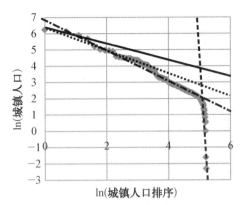

图 5-2　东北三省 2011 年城镇人口位序规模分形分析

表 5-2　东北 2000—2010 年全局经济发展的空间自相关分析结果

GI 指标	2000 年	2010 年	分布特征	集聚趋势	分散趋势
人均 GDP	0.189	0.252*	集聚	●	
工业从业人数ᵃ	0.052	0.094	均质	○	
生产性服务业从业人数ᵃ	0.010	0.006	均质		○

注：* 人均 GDP 的 GM 指标根据 2011 年的各县市数据计算

● 强变化　　○ 弱变化

　　进一步运用 GeoDA 软件进行局部空间自相关分析,取 p 值[①]<0.05 为显著,则这 3 个指标的分析结果呈显著性的样本数量都相对有限;而绝大多数县市之间都呈非显著关系,即区域整体的集聚或离散特征都不明显,大部分地区呈现随机分布。将所有空间单元的局部空间自相关分析结果按相关关系、显著与非显著输入 GIS 数据平台,结果见图 5-3。总体上,高-高集聚(即以中心城市为核心的城市-区域扩散效应)都发生在以沈、大为核心的辽中南地区;而高-低的异质分布则多发生在长-吉或哈-大-齐等城市-区域,即核心城市指标高于周围,表现为极化发展。从趋势变化来看,人均 GDP 的集聚趋势最为显著,这印证了全局相关分析的结果:辽中南形成了高-高集聚,且显著性不断提升、集聚范围也逐渐扩大;与之形成鲜明对比的是黑龙江除哈-大-齐和少数沿边城镇外,低-低集聚越来越显著,范围也越来越大;吉林则介于两者之间,逐渐形成了以长-吉-图为高、周边为低的高-低格局。

———————————

① 　p 值为自相关分析显著性检验系数。

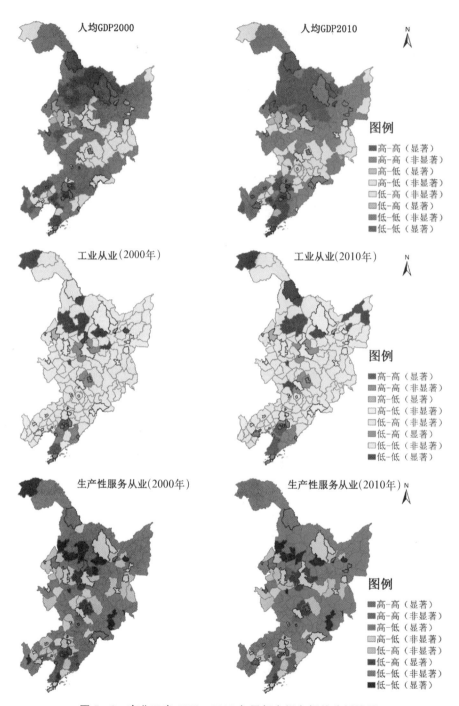

图 5-3　东北三省 2000—2010 年局部空间自相关分析结果

　　进一步根据自相关结果按城镇类型和按省绘制人均 GDP 的散点图[①],其中,横坐标代表标准化后的人均 GDP,纵轴则为标准化后的 Moran'sI 指数,代表空间相关关系(同质或异质)及其相关程度(值越大说明城市对其周边影响力越强),从第一至第四象限分别代表高-高、低-高、低-低和高-低分布。根据图 5-4 第一行,2000—2010 年间大连和沈阳与其所在的城市-区域保持高-高集聚的关系,

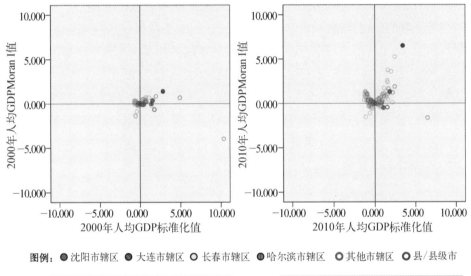

图例：●沈阳市辖区 ●大连市辖区 ○长春市辖区 ●哈尔滨市辖区 ○其他市辖区 ○县/县级市

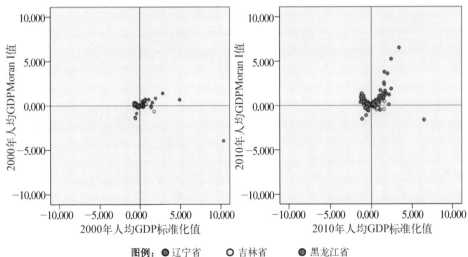

图例：●辽宁省 ○吉林省 ●黑龙江省

图 5-4　东北三省 2000—2010 年人均 GDP 局部空间自相关分城镇类型、分省散点图

　　① 由于工业从业和生产性从业的自相关分析中呈显著关系的空间单元数量少,且两年份的散点图基本一致,因此不再进一步进行散点图分析。

且两者对于周边城镇的带动作用趋于增强（大连尤其显著），而哈尔滨、长春二市与其周边区域则处于高-低的"孤岛"关系（位于第四象限），且相关性/影响力几乎没有变化。此外，与市辖区的相关分析结果没有太大变化而形成对比的是，一些县级市/县落入第一象限，且较 2000 年，2010 年的 Moran'sI 指数值大幅上升，即与周边区域形成集聚关系，且联系日益紧密。仔细分析这些城镇，大多位于辽中南（尤其是大连和沈阳市辖），反映出次区域板块和区域发展轴对于城镇发展与区域集聚的推动作用。

而图 5-4 的第二行散点图表明，城镇的空间自相关性与其所在省的关联性也较大。总体上，辽宁省落在第一象限的城镇数量最多，且这些城镇的 Moran'sI 指数平均增幅明显，即辽宁省的城镇已经形成高-高集聚，且集聚程度趋于强化；而黑龙江省的城镇则基本落在第二、三象限，即低-高和低-低分布，而吉林省则多数分布在原点附近，即城镇之间没有形成明显的集聚或离散，人均 GDP 空间分布无规律。

5.2.3 主因子分析

借助 SPSS 等数据统计软件，对 4 个时间截面的数据按特征值（Eigenvalue）大于 1、累计方差贡献率达到 70% 为标准，抽取主因子，并采用等方差极大正交法（equamax）进行因子旋转。则各年份的主因子提取结果都分别为 3 个因子，2000—2011 四个时间截面的累计方差贡献率分别达到 81%、84%、82% 和 72%（参见附录 D）。不同年份的主因子所反映的内容基本相似——第一个因子反映了东三省县市层面的综合发展水平，尤其集中反映了经济水平；成分旋转荷载矩阵（Rotated Component Matrix）中 GDP、地均 GDP、总人口、地方财政收入、规模以上工业总产值、全社会固定资产投资以及社会消费品零售总额[1]等变量呈显著正相关。第二个因子则主要反映城镇化水平，与城镇人口比重[2]、年末单位从业人员中从事二、三产业的人员比重、非农产业增加值比重、人口密度等呈显著正相关，而第一产业增加值比重则呈显著负相关。第三个因子主要与第三产业的增加值比重正相关，反映了该产业的发展水平。

进而将主因子分析结果空间化，通过主因子得分的空间分布图更清晰地反映出区域空间结构的演变（图 5-5、图 5-6、图 5-7）。

---

① 2000 年的社会消费品零售总额数值缺失。
② 根据《中国区域经济统计年鉴》中（年末总人口－乡村人口）/年末总人口计算得出。

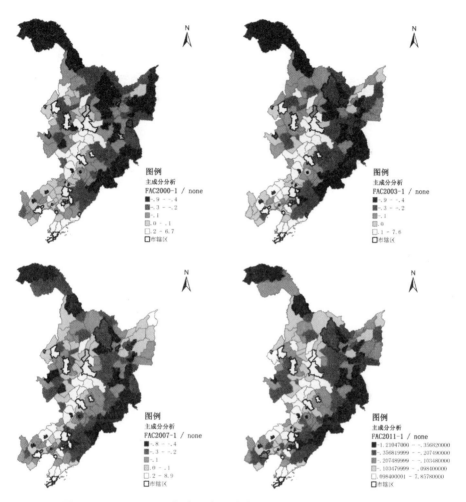

图 5‑5 2000—2011 年东三省经济发展水平主因子的空间分布图

在单项因子得分基础上采取加权求和法获得综合权重,即根据各主成分所解释的方差占原始指标变量方差的比重来确定各自的权重。公式如下:

$$F_j = \sum_i S_{ij}\, \mu_i$$

$$\mu_i = \frac{\sigma_i}{\sum_i \sigma_i}$$

$$F_j^{'} = \frac{F_j - F_{\min}}{F_{\max} - F_{\min}}$$

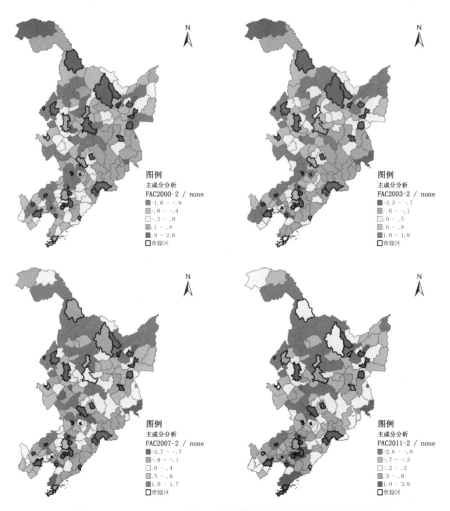

图 5‐6 2000—2011 年东三省城镇化水平主因子的空间分布图

式中，σ_i 是主因子 i 的方差贡献率，μ_i 为主因子 i 的权重，S_{ij} 为 j 城市在因子 i 上的得分，F_j 为 j 城市的综合得分。但这样计算出的综合得分结果有正有负，负值即表示低于平均水平以下，但并非为综合评价为负。因此为了避免误解，将 F 值进一步标准化处理获得 F'。该值可代表城镇的综合发展水平，并在一定程度上反映出对应城镇在区域中的中心度，结果如图 5‐8 显示。

5.2.4 聚类分析

为了更加准确地认知不同类型地区的发展特征，以各时间截面的 3 个主因

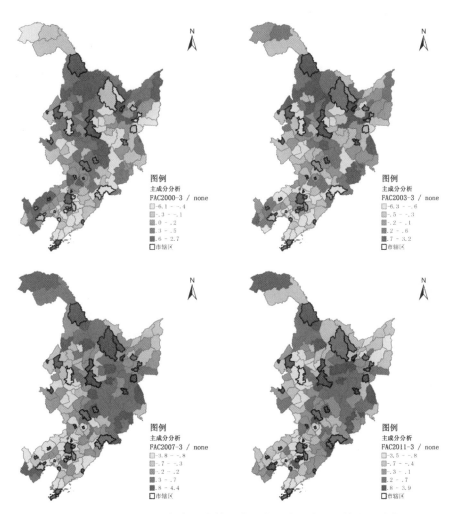

图 5 - 7　2000—2011 年东三省第三产业发展水平主因子的空间分布图

子分别在各自的统计单元上的得分作为基本数据矩阵,运用 SPSS 中的 K-means Cluster Analysis 方法对东三省 182 个县市①按年份进行聚类分析;以该聚类分析所产生的群组为分类,得出各类县市在主因子上得分的平均值、中位数和标准差等统计指标。结合各组县市空间区位和主因子得分,进一步解读聚类分析结果,最终判断 6 类分组较为适宜,可对这 6 组城镇解释如下。

——————————————

　　①　各年份的聚类分析结果都显示,大庆市辖区和盘锦市辖区的经济社会指标极其特殊,分别单独成一类。因此,在此处的城镇分组讨论中,暂不讨论二者。

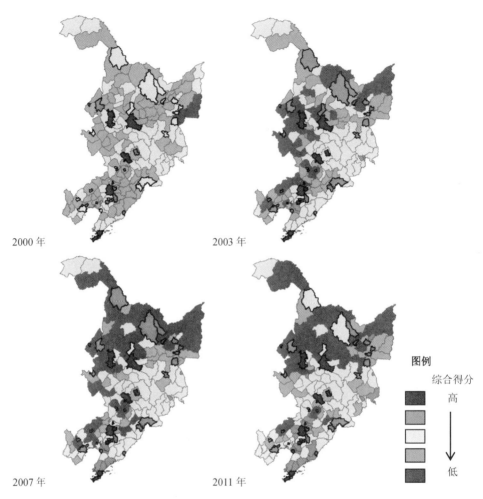

图 5 - 8   2000 年、2003 年、2007 年、2011 年东北县市区标准化得分分布(按几何间距分类)

• 哈-长-沈-大市辖区

根据分类结果,该组城市一方面与其他城镇有着显著的不同;而另一方面,四市辖区彼此也存在极大差异性,是各分组组内标准差值较高的一组①(参见附录 E,图 5 - 9);其中,沈阳、大连与长春、哈尔滨之间的差异尤其大。

• 其他地级市辖区

这一组绝大多数的县市区级单元都为地级市辖区②。如图 5 - 9 显示,在

---

① 根据实际聚类结果,沈阳、大连市辖区为一组,而长春、哈尔滨市辖区各独立成组。如若四市分为一组,则标准差根据不同年份,不同主成分在 0.3—1.7 区间内。

② 图们、延吉和绥芬河三(县级)市例外,但考虑到这三个城市由于地处沿边重要位置,且延吉实际担当了部分延边朝鲜自治州的经济、行政中心职能,因此,属于误差范围之内。

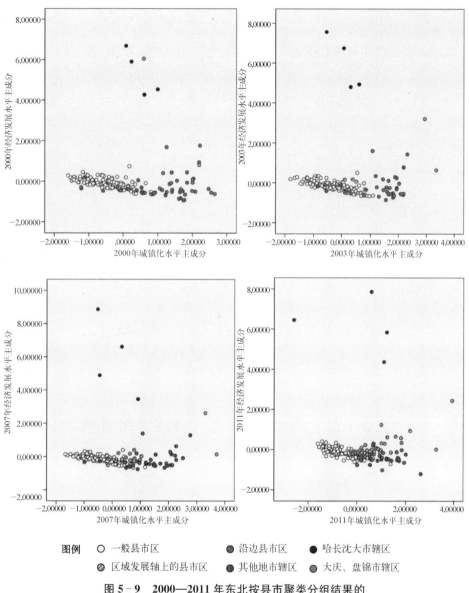

**图 5-9　2000—2011 年东北按县市聚类分组结果的
经济水平和城镇化水平主因子得分散点图**

2003 年甚至 2007 年之前，该组城镇的经济发展水平和城镇化水平主因子得分仍仅次于区域中心城市分组。但随着 2007 年之后区域发展轴线上的县市区级单元分组发展增速，至 2011 年，地市辖区分组在经济发展水平主因子的得分上已经落后于大部分发展轴上的县市区，城镇化水平主因子得分相比后者也不占优势。

- 区域发展轴线上的县市区

这一组的县市区多数位于哈大轴沿线、辽宁沿海经济带、哈-大-齐等区域发展轴线上。该分类在 2000 年并不显著存在，之后该组城镇占县市区总数的比重逐年增加，且各项主因子得分的均值都增加快速；至 2011 年已经占 184 个县市区的 20.7%，并在空间上形成了围绕哈-长-沈-大四市的城市-区域（参见附录 E、图 5-9）。

- 沿边县市区

这一组的县市区，基本位于沿边地区，多是沿边口岸或是沿边开放城市。与上一分组的发展趋势恰好相反，虽然 2000 年时沿边县市区的数量较多，且与其他一般县市区有着相对明显的区别；但随着时间推移，该组城镇逐步与一般县市区同化；至 2011 年，该类城镇已不构成显著分组（参见附录 E、图 5-9）。

- 其他一般县市区

这一组分类的县市区数量最多，占历年所有县市区中的 70% 左右。根据统计结果，这一组的历年、各项主因子得分都较低，且标准差较小，即组内城镇的因子得分最为接近的一类城镇（参见附录 E、图 5-9）。

5.3 东北的多维"核心-边缘"空间演变

解读数据分析结果，虽然 2000 年以来，东三省经历了空间结构调整和呈现出差异化发展；但对比京津冀、长三角、珠三角等城镇体系发育更为成熟地区的相关研究成果（如孙贵艳等，2011；王世福等，2014；赵群毅、周一星，2007），东北区域内大多数城镇之间的联系相对松散，经济和产业集聚进程相对缓慢。本章的位序规模分析和空间自相关分析结果都证明了这一判断。

但分析研究结果同时也表明，经过十多年的转型与发展，东北已经从 2000 年的相对均质、"哈长沈大-地市辖区-县市"所形成的地域等级结构，逐步演变为 2010 年时的以哈-长-沈-大市辖区为核心，哈-大轴沿线辽中南、长-吉、哈-大-齐等城市-区域共同构成发展高地的整体空间格局，呈现出不同维度的"核心-边缘"嵌套空间结构。

(1) 哈-长-沈-大是东北的发展极核

哈-长-沈-大四城市作为东北区域性的中心城市已经为诸多相关研究所证明。本书中的分析显示,哈-长-沈-大的经济活动高度集聚于市辖区。以经济水平主因子得分为衡量,在其他各组城市该项得分为负或者 1 左右时,哈-长-沈-大市辖区各年的得分平均值皆在 5 以上,反映出其高度集聚的特征。在对于其周边区域经济带动方面,四大城市则表现出不同特点——从空间自相关的分析结果看,沈阳和大连往往是高-高集聚,即核心城市的发展带动了周边半边缘地区、边缘地区,呈现扩散发展趋势;而长春和哈尔滨则往往是高-低离散,即核心城市市辖区呈孤岛式发展,与邻近县市的发展差距较大,呈集聚发展态势。这与沈阳、大连和长春、哈尔滨的综合竞争力有关,多项指标分析显示,前两个城市的发展水平显著高于后两个城市;此外,哈-长-沈-大各自所在的城市-区域的整体发展水平也决定了前两者为高-低离散,而后两者为高-高集聚的特点。总的来说,哈-长-沈-大作为区域发展极核,仍存在较大的发展水平上的差异。

(2) 发展重心整体南移,辽中南城镇群逐步成形

从整个东三省的经济社会空间格局来看,由南至北经济发展和城镇化水平逐渐降低的趋势已经较为显著;相较而言,以大连、沈阳为南、北两个核心,周边县市为腹地的辽中南已经成为东北发展最成熟和增长最快的城镇群。且局部空间自相关性指数、经济发展水平因子得分①、GDP、人均 GDP、非农产业增加值比重等经济指标的分布(图 5 - 10)显示,辽中南城镇群与东北其他地区(包括长吉、哈-大-齐等其他城市-区域)的优势正在持续扩大。

根据藤田昌久等人的研究(Fujita, Mori, 1997),核心-边缘格局一旦形成,则具有很强的锁定效应(lock-in effect),并在核心地区及其周边不断积累与强化,吸引地域内部各种物质、人才、知识、技术等的集聚。通过分析第六次人口普查的数据,可以从人口角度证实这一判断:在省内人口流动中,哈-长-沈-大分别成为各自所在省人口迁徙的主要目的地(图 5 - 11 中图 1.2.3 的曲线部分),而该市周边的其他城市(如吉林省的吉林市、四平,黑龙江省的绥化、大庆等),以及辽宁省的沿海城市也承载了较多的省内人口迁徙。

至于三省之间的省际人口流动的数据(图 5 - 11 中图 1.2.3 的柱状图部分),总体而言,呈现人口向南迁徙的趋势。哈-长-沈-大成为跨省人口的主要迁入

---

① 由于不同年份主因子中各指标的构成和荷载系数有所不同,因此不宜将不同年份的主因子空间分布图的横向比较。但每一时间截面的区域内部主因子得分的比较是有意义的。其他主因子的分析同理。

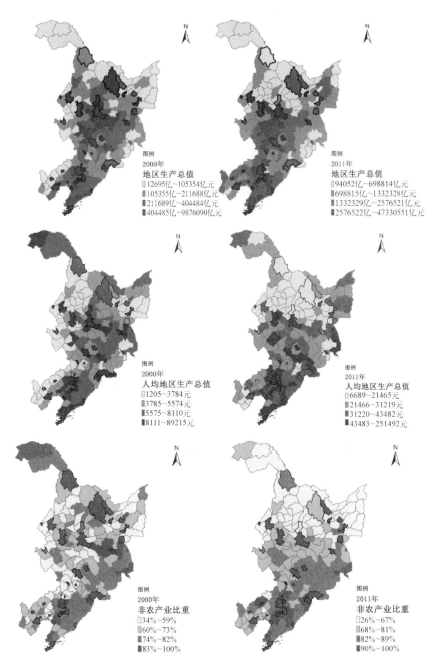

图 5 - 10　2000 年、2011 年东北三省分县市 GDP、人均 GDP、二三
产业增加值比重分布（按分位数分类）

资料来源：中国城市统计年鉴 2001 年、2004 年、2007 年、2012 年，中国区域经济统计年鉴 2001 年、2004 年、2007 年、2012 年。

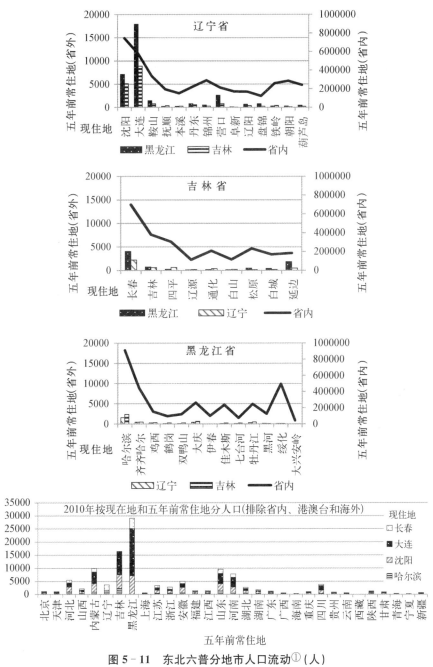

图 5-11　东北六普分地市人口流动①（人）

资料来源：根据黑龙江、吉林、辽宁三省 2010 年人口普查资料整理

---

① 由于数据资源限制，只能获得东北以外省份迁入东北的人口数据，而无法分析东北人口迁出的趋势。

地。尤其是处在最南端的大连,2010年居住在该市且5年前常住地在黑龙江省(即从黑龙江省迁入大连)的人口达17 985人,从吉林省迁入人口达8 921人,远远高于包括沈阳在内的其他3个城市,表明大连对于东北三省迁徙人口的吸引力;长春对于北向黑龙江人口的吸引力几乎是其对南向辽宁人口吸引力的两倍;而相形之下,位于北部的哈尔滨对于其他两省人口的吸引力是最弱的。

单独分析现住地为哈-长-沈-大四市的人口五年前常住地(图5-11中图4),显然东北三省之间的人口流动联系较与其他省份的人口流动联系要紧密得多(但主要是从黑龙江和吉林两省向大连和沈阳两地的单向流动),东北以外才是内蒙古、山东、河南、河北——这或许可以解释为地缘的邻近和文化的相似影响着东北三省以外人口的迁入。与省内和东北内部跨省人口流动趋势相似,大连和沈阳仍然是东北三省以外跨省流动人口的主要迁入地,且两市的差异不大;长春次之,哈尔滨的吸引力则相对最弱。

进一步分析全国六普跨省人口流动数据,按前五年常住地和现住地计算,各省的人口流入流出数据如图5-12。相比中部省份,东北三省的人口流动量较小。其中吉林、黑龙江两省为人口净流出省份,辽宁则为净流入省份。这进一步证实了人口流动对于东北地区南高北低的动态发展格局的判断。

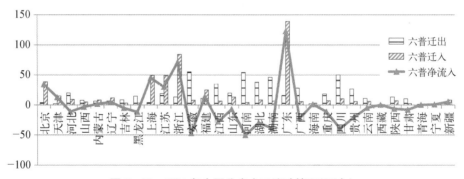

图5-12 2001年全国分省人口流动情况(万人)

资料来源:根据全国2010年人口普查资料整理

(3) 哈-大轴是区域的主要发展轴

分析的结果显示,哈-大已经成为东北的区域性发展轴,并持续保持优势。主因子和聚类分析结果中的"区域发展轴上的县市区"分组在2000年与一般县市区没有显著区别,不构成独立分组;即使在2007年已成为一类分组后,其多项主因子平均得分仍都低于"其他地市辖区"组;但自2007年以来,该组县市区的发展指标迅速改观,到 2011 年其经济水平主因子得分已经高于多数地级市辖区(附录 D)。

　　需要特别指出的是,哈-大轴并非均质的发展轴线。正如主因子得分所显示的(附录 D):哈-长-沈-大市辖区与哈-大沿线的地市辖区及其他县市区的经济水平差距正在逐步拉大,而哈-大轴南段(辽宁境内)在发展水平和轴的辐射范围(轴的宽度)上又要强于中段和北段(吉林、黑龙江两省境内)——哈-大轴与辽中南分别作为不同维度的区域“核心”,相互叠加和嵌套。

　　此外,省际交界处往往是哈-大轴的相对发展“低谷”(图 5 - 13),即“省”这一行政边界的影响力对于东北整体发展的阻碍较为明显,在一些指标上,哈-大轴由于“低谷”的存在已经断裂;对其更为准确的描述是三省以各自省会城市为“引擎”(辽宁则以沈阳和大连为双中心),以各省核心城市所在城市-区域为“繁荣的腹地”并向外辐射,所形成的“块状”串联但非连续的发展高地。

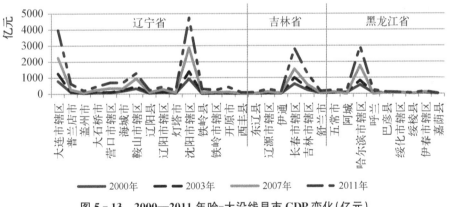

图 5 - 13　2000—2011 年哈-大沿线县市 GDP 变化(亿元)

　　(4) 市域的经济空间重组

　　相比东南沿海发达地区的乡镇、县市经济,东北的经济社会活动高度集中于市辖区,县域经济不发达;城镇体系中的中小城镇发育不完全是东北地区长期以来的发展特征(王晓芳,2008)。虽然部分地级市市辖区的 GDP 占比较 2000 年有所下降,但 2011 年东北 34 个地级市中,仍有近 2/3 的市辖区地区生产总值占全市域比重高于 40%(图 5 - 14)。2000—2011 年不同时间阶段的分县市建设用地、资金的变化(图 5 - 15)也显示,除了哈-长-沈-大和区域发展轴上的城市-区域之外,其他地市辖区(图 5 - 15 中粗框部分)较周边县市的确具有发展优势。由此可

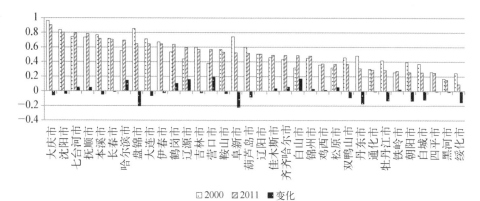

图 5 - 14　2000—2011 年地级市市辖区 GDP 占全市比重变化(按 2011 年占比排序)

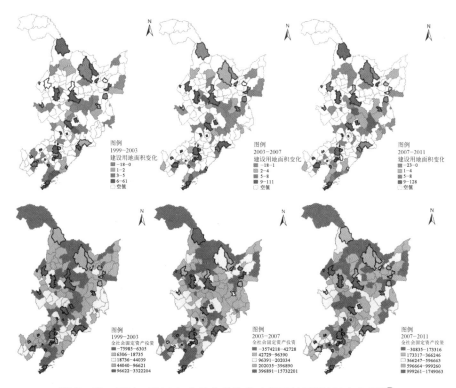

图 5 - 15　2001—2011 年分县市分阶段建设用地面积(平方公里)①、
全社会固定资产投资(万元)指标变化分布图

资料来源：根据 2001、2004、2008、2012 年中国县市经济社会统计年鉴、中国城市统计年鉴以
及城市建设统计年鉴数据整理

①　建设用地面积数据只有县级市和地级市市辖区的数据，另绿色区域代表该阶段建设用地面积变
化为负。

以归纳为,东北的地级市尺度下存在着以市辖区为核心,市域其他县市为半边缘、边缘地区的格局。

此外,市辖区与市域其他县市的核心-边缘关系还体现在产业结构的调整方面。以下采用区位熵[①] L 分析 2000、2010 年两次分县市人口普查的分行业从业人口,以描述这两个时间点东北的产业结构空间变化。L 指标计算如下:

$$L_{i,j} = \cfrac{\cfrac{E_{i,j}}{\sum\limits_{i} E_{i,j}}}{\cfrac{\sum\limits_{j} E_{i,j}}{\sum\limits_{j}\left(\sum\limits_{i} E_{i,j}\right)}}$$

式中,j 城市在 i 产业中的就业人数为 $E_{i,j}$,$L_{i,j}$ 为 j 城市 i 产业在全国/区域的区位熵。根据图 5 - 16,多数位于辽中南和区域发展轴(哈-大轴和哈-大-齐-牡)上的市辖区,其制造业区位熵都有所下降,而其周边县市的制造业区位熵却得到了较快增长;与之相伴随的是,这些市辖区的生产性服务业的区位熵增长幅度较大,且这一指标增长大多高度集中在市辖区范围内。基于这些数据基本可以判

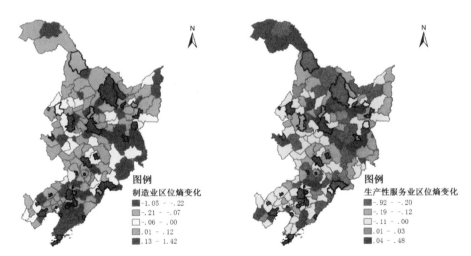

图 5 - 16　2000—2010 年东北分县市制造业、生产性服务业区位熵变化

资料来源:根据中国 2000、2010 年人口普查分县资料

---

①　区位熵又称专门化率,用于衡量某一城市特定产业部门要素的空间分布情况,在描述某产业部门的专业化程度,以及某一城市在更宏观区域的地位和职能上,很有意义,因而得到了广泛的运用。

断,以哈-长-沈-大及区域发展轴上的地级市市辖区为中心,经历了制造业向市辖区外围的半边缘地区扩散,而生产性服务业则向市辖区高度集中的市域产业空间重组过程。

(5) 边缘地区发展滞缓

与哈-长-沈-大及区域发展轴上的城镇以及一些地级市辖区形成鲜明反差的是,在聚类分析中占东北全部县市数量60%—70%的"一般县市"分组(较多分布在黑龙江中北部、沿边、吉林省西部等地区)的增长乏力,整体发展滞缓。这类县市既没有区位优势,也缺乏政策关注,无论是对资源的吸聚能力,还是在经济社会水平及其发展速度上,都在被逐步边缘化。表现为:各项主因子平均得分基本都为负值,排于各组末段;虽然聚类之后组内差异是各分类中较小的,但空间自相关分析结果显示,该类县市属于低水平均质分布,城镇之间相关性极低;而从各变量的阶段性变化来看,该组城镇自2000年以来的发展几乎停滞。由于自东北振兴计划起动以来其他各组(除沿边城镇组之外)都取得了不同程度的发展,相形之下,处在边缘地区的一般县市组的城镇与其他组的差距正在拉大(图5-9、图5-15、附录E)。

5.4 本章小结

本章以经济增长为主要视角,运用多种方法分析了2000年以来东北地区的经济社会空间演变以及在这一变化过程中区域内核心与边缘的关系重组。总体而言,与我国东中部地区的一些城镇群相比,东北的地域组织有着相对松散的特点;核心城市的集聚势能不强,核心城市的腹地/半边缘地区发展水平不高,制约了核心城市-区域的整体水平以及对边缘地区的辐射能力;大多数城镇呈低水平均质分布,城镇之间的联系较弱。

然而,从东北自身的纵向数据来看,2000—2011年间,尤其是2003年东北振兴政策出台之后,东北的区域空间组织的确经历了一些显著的变化。可用"多尺度的核心-边缘关系嵌套"来归纳这些变化,具体如下:

在宏观尺度(东北全域)上,以哈-大为轴、南高北低的区域结构已经形成,而这一结构实际可以理解为辽中南、长吉图、黑龙江南部等核心城市-区域共构形成的;在中观尺度(城市-区域)上,哈-长-沈-大作为核心城市,在其所在城市-区域中发挥着组织功能。其中,哈尔滨和长春对于区域的作用更多体现在集聚方面,而沈阳、大连的作用表现为对周边地区的带动和辐射。在微观尺度(市域)上,由于自身的发展轨迹特征,东北的大中城市市域往往以市辖区为核心,与市域其他县市所构成的边缘地区有着发展水平上的较大位差,即呈现出城市的孤岛式发展。虽然这一微观格局已经由于东北整体空间的重组而在一定程度上被突破,即南高北低、区域轴线等宏观尺度上的不均衡已经打破了原有基本以市辖区为中心地的均质分布,但在现阶段以及未来一段时间内,这一对"核心-边缘"关系似乎仍将延续甚至强化。其形成机制以及其对东北的整体经济社会的影响等有待深入探究。

此外,需要补充说明的是,东北的空间结构演变在相当程度上受到固有基础(如东北的地形地貌、中心城市和市辖区的既有人口与产业优势等因素)和外部国际环境(如建国前与俄罗斯、日本,建国初期与苏联,以及之后沿边开放等因素)的影响。根据相关学者研究(王荣成、卢艳丽,2009;任启平、陈才,2004),东北区域空间格局的形成具有显著的路径依赖和(东北亚)地缘环境特征。这在一定程度上补充解释了本章中的分析结论,即虽然历经社会经济变迁和区域空间重构,但整体而言,东北的核心-边缘仍在相当程度上保持了历史的连贯性;以哈-大连线为轴,哈长沈大为中心的格局自 19 世纪中期延续至今。

第6章

产业场所空间与区域核心−边缘结构的关联性

任何一种产业活动都是与空间概念联系在一起的,产业结构内部联系的紧密性对区域空间结构的形成和演进具有重要的意义(何奕,2005)。本章将分别从产业的行业分工和价值链分工两个角度切入,对产业(重点为制造业)进行不同方式的划分,并分析其场所空间的形制及变化,由此解读产业的场所空间属性对于区域"核心−边缘"结构形成与演变的作用机制。

6.1 产业分行业类型的空间布局与演变

6.1.1 产业集群概念与东北的相关研究

产业集群(cluster)是指存在竞争和合作关系,在特定领域内相互联系的公司、专业化供应商、服务供应商、相关产业的企业以及有关机构的地理集聚体(Porter,2000)。

一些学者认为,尽管东北作为我国传统的老工业基地,集聚了大量的制造业企业,但其选址是计划经济体制下行政指令的结果,而非产业分工与协作的产物。在计划经济生产资料及产出品统购统销的背景下,生产企业某种意义上仅充当"生产车间"职能,即只负责产品的生产,并不负责上下游原材料及产品的运输和销售;因而东北虽然居于一隅,远离主要的原材料产地和市场腹地,但仍能够成为全国性的产业基地。而在体制上,生产企业、科研院所都是对本系统的上级主管单位负责,各单位之间缺乏横向的联系和互动,更谈不上基于市场机制的合作与协调。因此严格意义上,计划经济时期东北地区的产业在空间上的集聚,并没有形成真正意义上相互联系的产业集群,所存在的仅仅是"产品集聚"(袁阡佑,2006)。

改革开放以来,虽然我国整体经济体制经历了从计划到市场的转型过程,但东北的产业体系在制度变迁中表现出"滞后性",制度惯性阻碍了东北真正意义上的产业集群的形成和发展。原有的产业集聚表现为依托城市,形成"以国有大型或特大型企业为核心,众多关联类、依附类企业集中分布……的地域生产综合体"(高斌,2005);虽然从形式上看,"综合体"及其周边集中了大量企业,但其专业化分工程度低,多限于产品之间的投入产出关系,表现为"企业集中区",产业的集聚与创新效应作用较微弱。

尽管如此,无论是"产品的集聚"(袁阡佑,2006)还是"企业的集中"(高斌,2005),产业布局必然与区域空间结构相互作用。表现为:通过企业数量的增长、分工体系的发展与完善、产业空间的扩张,以及从业人员社群的形成与分化,对区域经济社会空间产生直接影响;另一方面,区域经济社会空间通过资源与区位特点、空间结构与网络体系的变化、政策与环境的改变等既为产业集聚的形成与发展提供条件和空间载体,也对产业集聚的发展产生推动或约束作用(王琦,2008)。因此,关于产业集聚的研究与区域空间结构的解释具有相关性。

6.1.2　研究方法

(1) 数据的获得与处理

为了研究东北的产业集聚,笔者收集了 2004、2008 年东北三省的经济普查年鉴以及 2010 年三省的人口统计年鉴中分地区分行业从业人员数据。由于年鉴中行业的分类较多,适度的筛选、合并有利于更清晰地反映出东北的产业空间特点。本书根据东北分行业产业在全国的从业人员区位熵(附录 F),筛选优势产业及其相关产业,最终得出农产品加工和食品饮料制造(以下简称农产品和食品业)、纺织服装、化工、医药、钢铁和有色金属、装备制造等 6 个优势行业类别[①](表 6-1)。

表 6-1　东北优势产业行业类别列表

行 业 类 别	具体包括行业(大类)
农产品加工、食品饮料制造	农副食品加工业,食品制造业,饮料制造业
纺织和服装制造	纺织业,服装及其他纤维制品制造业,皮革、毛皮、羽毛及其制品和制鞋业
化工产业	石油加工及炼焦业,化学原料及化学制品制造业,化学纤维制造业,橡胶制品业,塑料制品业

① 采掘业由于其特殊性,空间布局与矿藏基本吻合,在地级市尺度下变化不大;而建筑业、非金属矿物制品业等产业的产值虽然在东北的多数城市中都占有一定比例,但考虑到其主要为低端建材产业,相对均布,并不存在显著的集聚,因此这些产业都不在本章的讨论范围内。此外,由于服务业将在下一章重点讨论,本章也不予讨论。

行 业 类 别	具体包括行业（大类）
医药产业	医药制造业
钢铁和有色金属产业	黑色金属矿采选业,有色金属矿采选业,黑色金属冶炼及延压加工业,有色金属冶炼及延压加工业
装备制造业	金属制品业,通用设备制造业,专用设备制造业,交通运输设备制造业,电气机械及器材制造业,计算机、通信和其他电子设备制造业,仪器仪表及文化、办公用机械制造业

（2）指标的选择

参考既有的产业集群研究方法,主要包括产业集聚度量指标分析、投入产出分析、主成分分析和多元聚类分析（以投入产出分析法中的直接消耗系数矩阵为基础）、创新程度分析、案例分析等方法（李春娟、尤振来,2008）。

考虑到数据的可获得性,本章采用产业集聚度量指标分析法。在指标的选择上,目前较为普遍采用的集聚度量指标包括赫芬达尔系数（H）、区位熵（L）、地理集中度系数（GC）、区位基尼系数（G）、Ellison-Glaeser 系数（γ_{EG}）等。经比较,本研究采用"区位基尼系数"（Locational Gini Cofficient）。该指标由克鲁格曼（1991）所提出,其计算简单、解释清晰,因而被广泛运用。一些研究显示,区位基尼系数在描述地域内产业布局的不均衡性方面较 GC 等指数更加准确（Spiezia,2004）。但其也存在无法反映企业规模大小和企业之间溢出效应的问题（Ellison,Glaeser,1997）,即无法通过 G 系数判断产业的集聚程度较高是由于少数企业集聚了该产业绝大多数的就业人口,还是由于大量的中小企业集聚于某一区域。虽然 γ_{EG} 可以在相当程度上克服这一缺陷,但限于数据资源,本章将以区位基尼系数分析为主,并辅以空间计量分析（空间自相关分析）和定性判断,以弥补 G 系数的这一缺陷。G 系数的计算公式如下:

$$G = \sum_i (S_i - X_i)^2$$

式中,S_i 为 i 地区某产业从业人员数/产值占全国（本章为东北三省）该产业总就业人数/产值的比重,X_i 为该地区全部从业人员数/产值占全国（本章为东北三省）总从业人员数/总产值的比重。该系数介于 0 至 1 之间,G 越大说明产业在地理上的集聚度越高。

6.1.3　东北的产业集聚及其空间变化

（1）总体特征

在产业的从业结构上（图 6-1 左图），东北几大行业类别中，装备制造业占据全部工业从业人员的 20% 左右，位居第一；医药较小，约占 2%；其他各个类别约占 5%～10%。2004—2010 年，除了钢铁和有色金属产业的从业人员占比略微下降外，其他产业类别的从业人员比重都有所上升，其中，农产品和食品业、装备制造业的增加幅度最为明显。

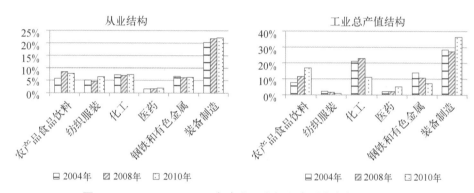

图 6-1　2004、2008、2010 年东北几大行业类别占全部工业从业人员数（左）和全部工业总产值（右）比重变化

资料来源：作者自绘

而从工业总产值的结构变化判断（图 6-1 右图），装备制造业的比重亦居首位，约 30%～40%，化工其次，农产品和食品业次之。值得注意的是，在产业的从业结构变化不大的前提下，工业总产值结构却发生了较为显著的变化。农产品和食品、医药、装备制造等产业的产值比重上升，而纺织服装、化工、钢铁和有色金属的产值比重则下降，其中化工产业的下降幅度尤其大。这说明了 2004—2010 年间，以化工、钢铁和有色金属产业等为代表的产业，其人均生产效率下降；以及以装备制造、农产品和食品产业等为代表的产业的人均生产效率相对上升。

（2）空间基尼指数变化

分析 2004—2010 年间东北不同行业类别的空间基尼指数，结果见图 6-2。数据分析显示，东北的产业分布整体上较为分散，最为集聚的钢铁和有色金属采掘和加工产业的基尼系数也低于 0.2。其次，除了装备制造和医药等少数几个产业，大多数产业类别都表现为在 2004—2008 年间有所集聚，而 2008 年之后则趋于分散。对于这一现象需要说明的是，由于 2010 年的统计口径（人口普查口径）与 2004、2008 年的统计口径（企业法人口径）存在差异，因此，必然存在一定误差①；且由于各项产业的 G 值绝对值不高，虽然如纺织服装、钢铁和有色金属等产业的相对变化幅度较大，但绝对值变化幅度十分有限（在 0.1 以内），基本可以忽略。即 2004—2010 年间，东北的若干优势产业显示出产业空间的"黏性"，空间集中度基本保持既有水平，但总体呈分散格局。

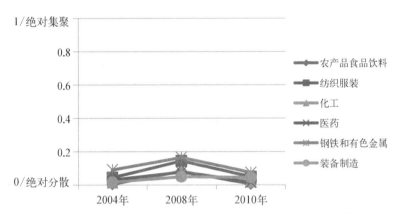

图6-2　2004—2010 年东北三省优势产业分行业的从业人员空间基尼指数变化

资料来源：作者自绘

（3）空间分布

将上文中所分析的 6 个行业类别在空间表达，见图 6-3。正如空间基尼指数分析结果所显示，几个主要产业类别在空间上相对分散，城市之间没有形成特色化

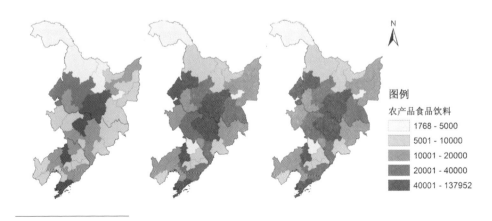

———————

① 考虑到工业以企业为单位的就业特征，人口普查和经济普查口径在工业部门的差距较农业或第三产业更小，因此本章关于工业产业类型的讨论仍采用 2010 年数据。

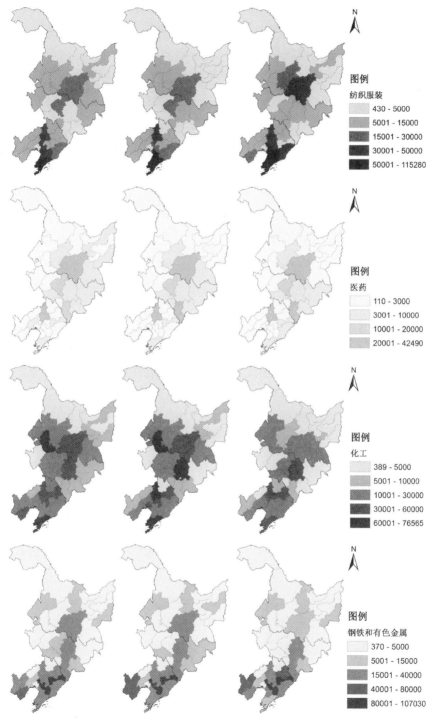

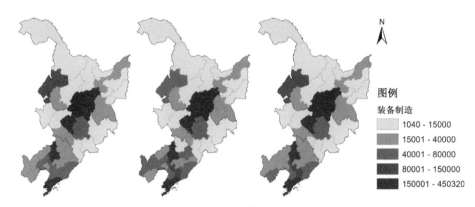

图 6-3　东北三省 2004(左)、2008(中)、2010(右)年产业分行业类别从业人员数的空间分布

资料来源：整理自 2004、2008 年东北三省的经济普查年鉴,东北三省 2010 年人口普查资料

产业分工,哈-长-沈-大等中心城市-区域的产业结构表现为"大而全",即除了钢铁和有色金属等对于原材料产地有较强区位依赖性的产业类别之外,多数产业空间都形成了"哈-长-沈-大—吉林市、齐齐哈尔等省域次中心城市(如农产品和食品、化工、装备制造等)—哈-大轴沿线(如钢铁和有色金属)或辽中南(如装备制造)"的产业集聚梯度。对于这一现象的解释是,哈-长-沈-大、省域次级中心城市或哈-大轴沿线、辽中南等地区,其原本的产业基础就相对较好,由于产业空间选择的"黏性"和"锁定效应",在中心城市-区域与边缘地区没有形成明确的产业分工和区隔,核心与边缘地区的产业准入门槛(政策限制、成本等)没有显著差异的条件下,既有产业扩张和新的产业进入倾向于布局在具更多资源的中心城市-区域。这里需要指出的是,海外学者曾论述过这一规律(Fujita, Mori, 1997)。

　　考虑到地级市的行政范围较大、在东北全域样本量有限,进一步利用 GIS 软件的多段线(spline)进行插值分析,结果如图 6-4。可以基本判断,2004—2010 年,东北的几大优势行业的空间结构变化有限,但高地与低谷的差距持续拉大,即强者更强、弱者更弱;亦即,既有的产业集聚表现出极强的区位"黏性"和"循环累积"效应(何雄浪,2013)。这一优势产业的布局特点使得核心与边缘的差距不断扩大,"核心-边缘"空间结构由此得到不断的因循强化。

　　此外,从具体的空间分布上,各行业类型呈现出一定的相似性,即多数优势产业在大连(-营口)-沈阳(-四平)-长春-哈尔滨(-齐齐哈尔)的弧形隆起,且综合来看南段强于北段——这一特征在装备制造业的空间布局上表现得最为完整,基本与东北哈-大为轴、南强北弱的格局相对应。

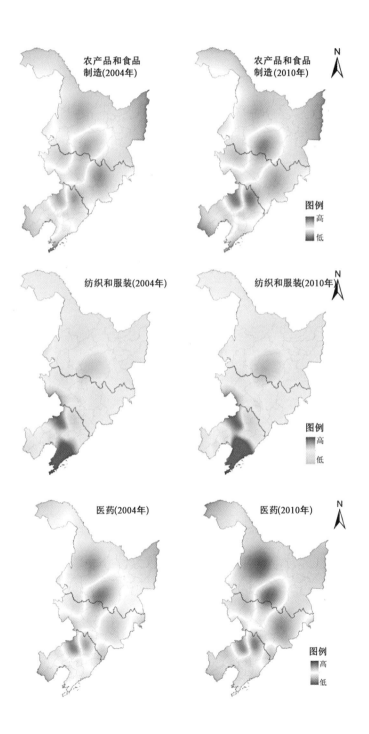

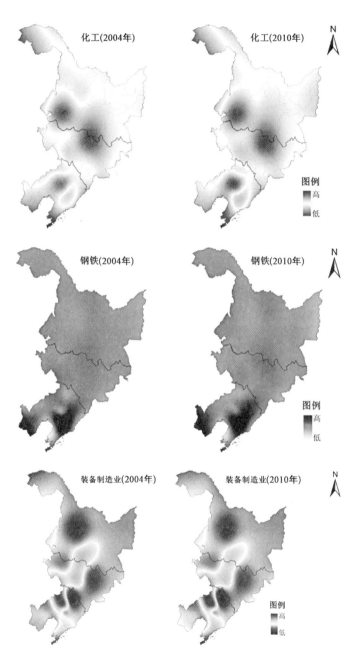

图6－4　东北三省2004年(左)、2010年(右)产业分行业类别从业人员分布插值图

资料来源：作者自绘

6.2　产业部类的空间布局与演变

6.2.1　产业部类的概念

1990 年,迈克尔·波特在《国家竞争优势》一书中提出"价值链(value chain)"概念,他强调价值链/价值区段而非产业链/生产环节对于全球产业分工的支配性作用,即全球化背景下的生产组织可以理解为"围绕特定产品和服务生产过程的不同价值区段以及相关的管理、研发活动,通过空间分散化形成跨region或跨国性的生产链条或网络体系"(李健,2011)。产业分工规则的变化也改变了区域中城市之间的分工关系,进而改变了城市体系的组织逻辑——城市体系逐步嵌入全球价值链中(赵渺希,2010)。由此,在上一节基于生产环节分工的产业及其场所空间布局的分析后,有必要围绕产业价值链/价值区段来讨论东北产业的场所空间特征。

归纳既有的产业价值区段研究,通常围绕案例企业或产业中的决策管理、设计研发、生产制造、销售及服务等价值区段环节在全球范围内或特定区域内的产业分工展开。集中体现在以全球价值链(GVCs)和全球生产网络(GPNs)为框架的研究中,如 Gereffi(1994)关于与美国大型零售商有关的零售商、贸易商、海外买家、制造工厂等价值区段的研究;Coe 等人(2004)对于宝马在德国的总部、研发和生产与在泰国的制造工厂的全球生产网络研究;李健(2011)关于计算机产业的全球生产网络以及案例企业在国内的分布研究;Chiarvesio 等人(2010)关于意大利工业区的中小企业设计和研发、管理、生产和销售等链条环节及其上游供应商的全球化布局战略研究等。

然而,以企业或特定产业为案例的研究方法显然在区域经济和城市体系的研究中具有其局限性和片段性。借鉴英国商业、企业和制度改革部(Departmemt for Business, Enterprise & Regulatory Reform, BERR)以及创新、大学和技术部(Department for Innovation, Universities and Skills, DIUS)关于英国和欧洲 1 550 个企业增加值的年度报告(2008)中的思路[1],下文将围绕着与产业价值区段相关的东北产业部类的空间特点展开。主要选择东北的汽车产业为案例研究对象,讨论该产业的生产组织网络及其与城市体系的关系。

---

[1]　该报告虽然仍然沿用了传统的产业行业划分(如银行业、一般金融业、医药业、制药和生物科技产业、旅游和休闲产业、移动通信产业、电子制造业等),但在研究中采用了若干核心指标(如产品附加值等),以引入价值区段概念(BERR, DIUS, 2008)。

6.2.2 研究方法

(1) 产业部类的划分

联合国工业发展组织(United Nations Industrial Development Organization, UNIDO)发布的《2013年度工业发展报告》指出,技术含量、劳动和资本投入密度与产业增加值存在相关性(UNIDO,2013)。从这一角度出发,为了更清晰地了解东北产业及其空间布局的特征,参考若干既有研究方法,其中包括:王志华(2006)和赵渺希(2010)基于劳动、资本和技术投入密度对工业的划分法;牛小青和陈琳(2007)基于经济创造能力、经济创新能力、资源保护能力3个领域8项指标的因子分析,以及对制造业大类的聚类结果;江波和李江帆(2013)关于劳动密集型和资源密集型产业的界定等文献,将工业行业进一步合并划分为"劳动密集型工业""资源密集型工业""资本密集型工业"和"技术密集型工业"4个部类。同时还综合第4章关于第三产业的划分方法,本研究确定将三次产业划分为8个部类,见表6-2。其中,农业对区域空间结构的影响较小,而建筑业和一般服务业则基本满足城市本地需求,可大致预判其空间的离散性,故此处省略对这三个产业部类的讨论。

表6-2 产业部类划分列表

本研究对产业部类划分	具体包含行业(工业大类、第一产业、第三产业门类)
农 业	农业,林业,畜牧业,渔业和农、林、牧、副、渔服务业①
劳动密集型工业	农副食品加工业,食品制造业,饮料制造业,纺织业,服装及其他纤维制品制造业,皮革、毛皮、羽毛及其制品和制鞋业,木材加工及竹、藤、棕、草制品业,家具制造业,印刷业和记录媒介复制业,文教体育用品制造业,橡胶制品业,塑料制品业,非金属矿物制品业,金属制品业,工艺品及其他制造业,废弃资源和废旧材料回收加工业
资源密集型工业	煤炭开采和洗选业,石油和天然气开采业,黑色金属矿采选业,有色金属矿采选业,非金属矿采选业,其他采矿业采掘业,电力、燃气及水的生产和供应业
资本密集型工业	烟草加工业,造纸及纸制品业,石油加工及炼焦业,化学原料及化学制品制造业,化学纤维制造业,黑色金属冶炼及延压加工业,有色金属冶炼及延压加工业,通用设备制造业,专用设备制造业,交通运输设备制造业,电气机械及器材制造业

① 由于在统计年鉴中无法将农业服务业数据单独提取,因此归并为农业。

续　表

本研究对产业部类划分	具体包含行业(工业大类,第一产业、第三产业门类)
技术密集型工业	医药制造业,计算机、通信和其他电子设备制造业,仪器仪表及文化、办公用机械制造业
建筑业	建筑业
生产性服务业	交通运输、仓储、邮电通信业,金融业,租赁和商业服务业,科学研究、技术服务和地质勘察业,商务信息咨询业,信息传输、计算机服务和软件业
一般服务业	房地产业,批发和零售业,住宿、餐饮业,水利、环境和公共设施管理业,居民服务和其他服务业,教育,卫生、社会保障和社会福利业,文化、体育和娱乐业,公共管理和社会组织

（2）产业分工及价值区段指标

总结 BERR 和 DIUS(2008)关于英国和欧洲企业增加值报告,以及 UNIDO 关于世界工业发展的年度报告,可看到从业人员人均产值/增加值(P_1)和财富创造效率(P_2)等描述和评价产业分工及价值区段的指标已被广泛采用。其计算公式如下：

$$P_1 = V_i/EM_i \tag{1}$$

$$P_2 = V_i/(EC_i + I_i) \tag{2}$$

其中,V_i 是指 i 产业的产值/增加值,EM_i 为该产业的从业人员数,EC_i、I_i 分别指为了实现 i 产业增加值所投入的劳动力成本和固定资产投资。鉴于数据限制,本研究以 P_1 为主,且使用总产值数据替代增加值,即人均产值。

（3）数据的获取和处理

本章的产业从业人员数据来自 2004、2008 年东北三省的经济普查年鉴以及 2010 年三省的人口统计年鉴;此外,为了分析价值区段,还相应收集了东北各地级市 2012 年的统计年鉴(对应 2011 年数据)中关于各工业行业从业人员数和总产值数据。

具体的数据处理过程包括,整理各地级市三次产业分行业的从业人员、增加值/(工业)总产值等数据;其次,讨论分析生产性服务业和制造业这两大产业门类的关系;再次,将数据整理归并为如表 6-2 中的产业部类,通过分析不同部类从业人员人均产值来分析不同产业部类对应的价值区段,并将该结果空间可视化;此外,通过运用区位熵和区位基尼系数等描述空间集中度的指标,来表征产业部类在空间布局上的特点。

6.2.3　生产性服务业与制造业的关系演变

分析 2000 年与 2010 年东北分县市和分地市生产性服务业从业人员数与制造业从业人员数的比值（以下简称"服务-制造比"），哈-长-沈-大（地市层面，图 6-5）和市辖区（县市层面，图 6-6）等经济水平较高的城市-区域反而"服务-制造比"更低（具体分析结果见附录 G）。这与长三角区域中心城市（上海）以及省会城市（南京、杭州）该指标值较高（赵渺希，2010）的研究结果存在差异。

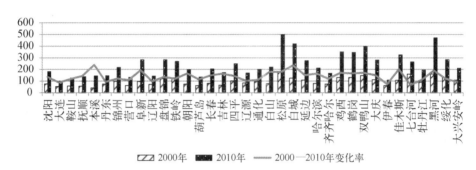

图 6-5　2000 年、2010 年东北按地市生产性服务业和工业从业人口比值分布

资料来源：整理自中国城市统计年鉴（2001、2011 年）

这一看似有悖常理的结论恰恰说明了，哈-长-沈-大以及部分市辖区在东北发展中所承担的双重责任，图 6-6 显示，哈-长-沈-大及其一些处在区域发展轴上的市辖区，其制造业和生产性服务业的区位熵系数都较其他城镇更高——这些城市既是区域制造业中心又是生产性服务业中心，只不过在目前发展阶段，产业结构中制造业仍较生产性服务业比重占优（从业人员数意义上）。这一特点符合东北的历史发展轨迹和所处发展阶段：一方面，东北长期以来都是我国重要的老工业基地之一，且由于历史原因，许多大型制造业企业选址布局在哈-长-沈-大等大中城市，因此制造业从业人数相对生产性服务业较高有着合理性；另一方面，东北仍处于工业化发展阶段，经济发展的主要动力源仍然以制造业为主，即使是哈-长-沈-大四个中心城市也不例外。而根据多数"服务-制造比"较高的城市地区往往位于边缘地区的判断，其比值较高源于制造业欠发达，工业从业人员较少，而并非是生产性服务业发达。

但正如图 5-16 所显示的，2000 年以来，以哈-长-沈-大及区域发展轴上的地市辖区为中心，经历了制造业向市辖区周边县市扩散，而生产性服务业向市辖

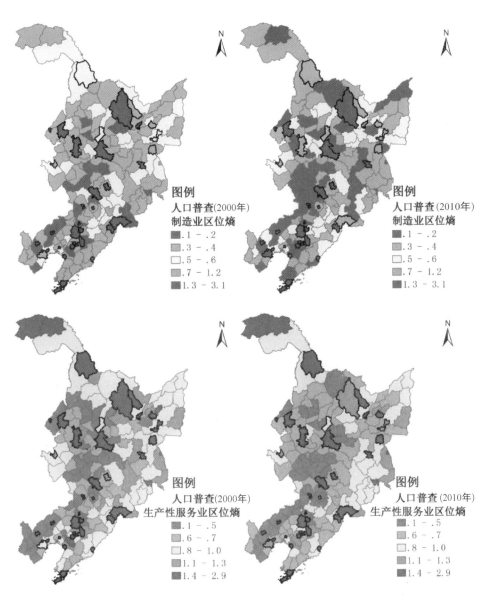

图 6-6　制造业(第 1 排)、生产性服务业(第 2 排)2000 年(左)、
2010 年(中)从业人员区位熵及其差值(右)分布图

资料来源：整理自中国 2000 年人口普查分县资料、中国 2010 年人口普查分县资料

区集中的过程。即东北地区正在发生制造业和服务业的产业结构调整及空间重构,且集中体现于地级市尺度下。对比 2000、2010 年东北各县市从业人员结构(图 6-7),大部分县市的"服务-制造比"都有所提升,除了一些边远地区(可以大

致判断其"服务-制造比"的增长源于制造业的继续衰退)，比值增幅最大的为沿边城镇，反映出国家沿边开放政策对于这些地区的产业结构影响。此外，黑龙江和吉林两省的大多数市辖区(图6-7加粗框部分)以及哈-大-齐城市-区域，也是"服务-制造比"提升较为明显的地区。

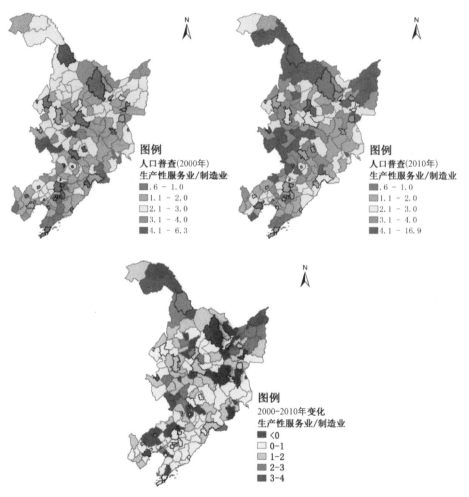

图6-7　2000年、2010年东北各县市生产性服务业和制造业从业人口比值分布

资料来源：整理自中国2000、2010年人口普查分县资料

6.2.4　产业部类的空间格局

（1）从业人员分布

就业人口分布可以更加准确地反映产业空间和结构(张庭伟，2014)。本书

将 2004、2008 年东北三省的经济普查年鉴和 2010 年人口普查资料中的各地市分行业年平均从业人员数按产业部类合并计算,并予以空间化,获得结果如图 6-8。总体上,不同产业部类的从业空间与上一章分析的产业行业类型空间变化基本相似,保持了较高的稳定性。具体而言,资源密集型产业总体从业人数降低,辽中南和长-吉-哈尔滨等经济水平较高地区尤为显著;劳动密集型的从业人口则向哈-长-沈-大等核心城市集聚,同样的趋势也表现在资本密集型产业的从业空间变化上;而总体上技术密集型产业的从业人员数较少,约为其他三类产业各自从业人员的 1/10。由于本研究将医药制造划入技术密集型产业,所以使得一些相对边远、以中草药加工为主要产业的城市在该类型产业空间中指标变得较高[1];若排除这一因素,仍可观察到该产业部类在哈-长-沈-大核心城市的集聚趋势。

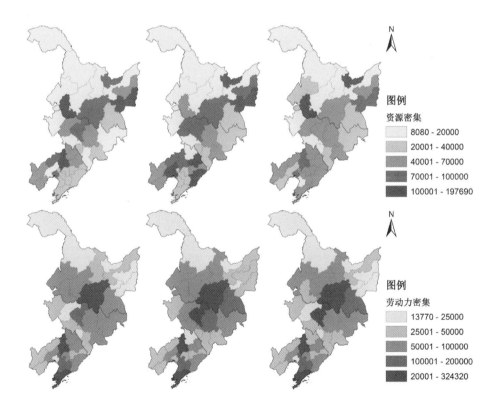

————————

[1]　因此,在一些研究中(刘霄泉等,2012;袁阡佑,2006),将"医药制造业"与"食品制造业"、"饮料制造业"合并为一类。但考虑到东北以通化、哈尔滨为代表的医药制造业已经发展至具有较高技术水平的阶段,因此,仍将医药制造业划为技术密集型产业。

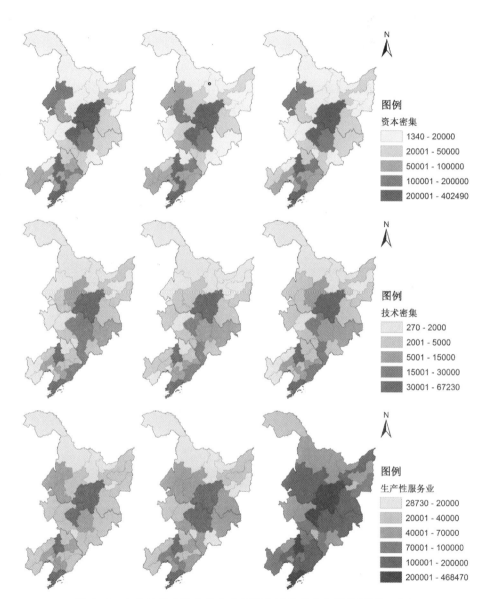

图6‐8　东北三省分地市按产业部类年平均从业人员数(单位：人)

资料来源：整理自2004年、2008年东北三省的经济普查年鉴,东北三省2010年人口普查资料

与工业各部类从业人员数绝对值区间相对稳定产生对比的是,2010年东北的生产性服务业从业人员数较2004年翻番;诚然,考虑到不同统计年鉴的口径差异,尤其是服务业相当一部分的从业形式为临时性质,很难通过单位法人口径准确统计,这一从业增长量有可能需打折扣,但仍在一定程度上反映出东北产业

结构的变化。在空间分布上,哈-长-沈-大仍然集聚了相当比例的生产性服务业就业,且一些省域重点发展区域,如辽中南、长-吉-图、哈-大-齐-牡-绥的服务业从业人员数也相对较高。

将 3 个时间点的各地市的农业、采掘业、劳动密集型产业、资源密集型产业、资本密集型产业、技术密集型产业、建筑业、生产性服务业和一般服务业的从业人员数按 K-means 方法分为 4 组(聚类结果见附录 H),获得结果如图 6-9。总结 2004、2008 与 2010 年的分类变化,首先,哈-长-沈-大从原来的哈-长-沈为一组,转变为哈-长与沈-大两组。这与前文中两组核心城市的发展差距逐渐拉大的分析结果相呼应;其次,以哈-长-沈-大为核心,从业类型从"块状"空间分异向"轴带"空间分异转变,"齐齐哈尔-哈尔滨-沈阳-辽宁沿海"这一"工"形区域性轴带逐步形成并确立。

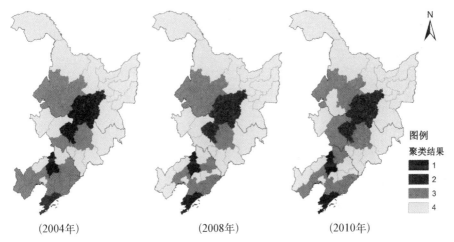

（2004年）　　　　　　　（2008年）　　　　　　　（2010年）

图 6-9　东北三省分地市按产业部类从业人员城市分组

资料来源:作者自绘

（2）人均产值

为了更深入地分析不同产业部类所处的价值区段特征,本书中还收集了东北多数地市的分行业工业从业与总产值数据,进而用人均产值指标来表征产业部类的人均产出效率,以此表征价值区段[①]。

总体上看,东北各工业部类的人均产值差异并不明显。当然,这与产业部类划分相对粗线条、因而无法进一步细化至行业中类有关。事实上,同一产业大类

---

① 由于第三产业分行业数据的缺失,此处仅讨论工业部类的人均产值特点。

下的不同中类,其在附加价值上可能存在较大差异(如前文注释中所提及的"医药制造业"中"中药饮片加工"、"兽用药品制造"与"生物、生化制品的制造"等);且所谓"价值区段"的差异更多地表现在同类产品的不同生产环节上(如管理、研发和设计、零部件生产、组装、运输、销售和服务等)。然而,从图6-10中仍能看出东北不同产业部类、不同地市的产出效率差别。

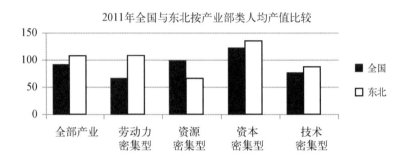

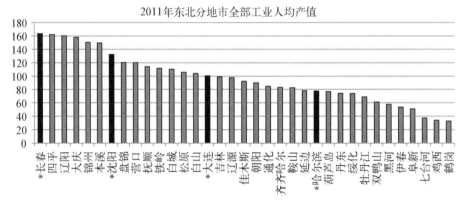

图 6-10 2011 年东北工业人均产值的部类差异和空间分异(万元/人)

资料来源:整理自中国城市统计年鉴 2012

总的来说,除资源密集型产业外,东北的各产业部类的人均产值均高于全国平均水平,劳动密集型产业尤其突出,反映出东北作为传统老工业基地有着较好的产业基础。比较不同部类的人均产值,东北的资本密集型(主要为装备制造)人均产值最高,劳动力密集型次之,技术密集型其次,资源密集型末位。这一现象一定程度上反映出装备制造业在东北所有工业中的优势;但需要注意,由于几乎与全国人均产值水平相同,因此该部类就产值效率而言并不具有明显的全国竞争优势;而作为我国主要的矿产、能源、木材等资源产地,东北的资源密集型产业部类人均产值却远低于全国水平。对于这一现象的解释是,东北的资源密集型产业主要是原材料的初级加工,附加值相对较低;相对地,劳动力密集型产业的人均产值优势主要集中在(高品质)农副产品加工和食品制造等行业。

就人均产值的空间分异(图6-10、图6-11)来看,全部工业[①]的人均产值呈现南高北低的格局,包括哈尔滨在内的大多数黑龙江城市,其全部工业的人均产

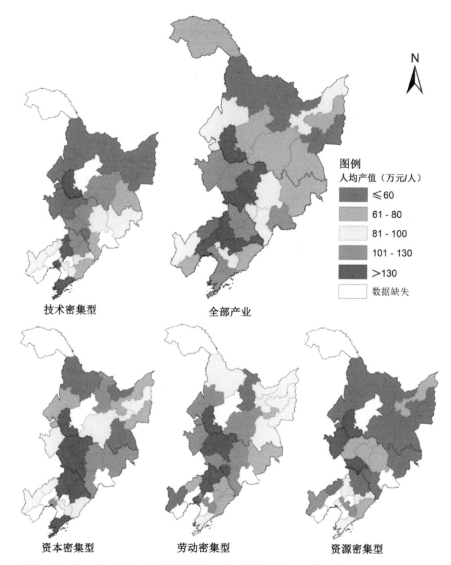

图6-11　2011年东北三省分地市按产业部类从业人员和人均产值分布(万元/人)

资料来源:作者自绘

---

① 全部产业的相关数据取自2012年的《中国区域经济统计年鉴》。

值都不高；与之相对的是大连-沈阳-四平-长春-大庆一线，尤其是沈阳及其周边、长春及其周边①的城市-区域，其人均产值较高，是最低地区的2倍多。

分部类来看人均产值指标分布（图6-10、图6-11），在指标相同分档情况下，资源密集型产业的人均产值明显低于其他部类，人均产值的高值基本分布在资源型城市；而劳动密集型产业的人均产值分布则相对分散，大致形成以沈阳及其周边、长春及其周边为核心的辽中-吉林（省）-黑龙江南部的人均产值高地；相类似地，辽中和吉林省的资本密集型产业人均产值也相对较高，且该部类指标与东北整体空间格局，即哈-大为轴、南高北低等，表现出更高的契合度；而由于技术密集型产业的进入门槛相对较高，与所在城市的综合竞争力相关，因此，该部类人均产值较高的地区基本集中在哈-长-沈-大及其周边，以及哈-大轴沿线城市。

6.3 产业分工链环的空间演变
——以汽车产业为例

上文已经提及，价值区段的分化在产业内部的分工上表现得更为显著。为了深化研究及验证，特选择在东北具有一定优势的汽车产业为产业研究案例，解析该产业的分工类别，并揭示其分工对应的价值区段及其在东北的空间分布。

6.3.1 数据的获取

根据2004年、2012年《中国汽车工业年鉴》中的"部分企业概况"篇章，可以获得汽车整车制造和零部件制造企业2003、2011两个年份的相关企业名录及其所在城市、主要产品、从业人员、营业收入②等数据；另外可从国家工商行政管理总局市场规范管理司官方网页（http：//www. saic. gov. cn）《关于公布品牌汽车销售企业名单的通知》中随机下载公布的856家主要汽车品牌经销商数据，此部分可作为汽车产业销售环节的企业样本。此外，根据2012年主要汽车品牌的4S服务店分布列表③，可以获得汽车产业服务环节的企业样本；另通过访问主要

---

① 作为石油城市，大庆的产业结构与产值效率可视为特例处理。
② 《中国汽车工业年鉴2004》中的数据为"产品销售收入"。
③ 资料来源：wenku. baidu. com/view/aec6bd2aaf45b307e87197bf. html.

汽车生产商的官方网站,配合使用网络搜索引擎,可以获得在东北的 8 家汽车研发企业和机构信息。

6.3.2　汽车产业的分工及其空间分布特征

（1）汽车制造业分工

根据《中国汽车工业年鉴》中的企业数据,可按横向链环将汽车制造及零部件生产企业分为整车制造、改装车、零件总成和零部件 4 个分工类别,并分析其人均销售收入（2003）/人均营业收入（2011）的标准化数据①（以下简称营收指标）。见图 6-12,就这 4 个类别的价值区段分布,整车制造的人均营收指标最高,零件总成区段其次,之后依次为零部件、改装车。且零件总成的人均营收指标在 2011 年较 2003 年有了明显的增长。

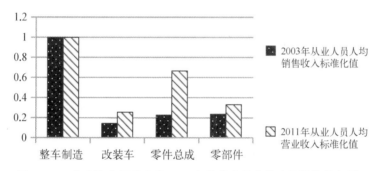

图 6-12　东北汽车相关企业 2003 年从业人员人均产品销售收入（标准化）和 2011 年从业人员人均主营业务收入（标准化）按企业类别分布

资料来源：整理自中国汽车工业年鉴 2004 年、2012 年

从不同分工类别的企业空间分布来看,2003 年,长春和沈阳构成东北汽车产业（包括各个链环）的中心,大连、吉林、哈尔滨次之。尤其是长春,虽然其整车企业数量占东北全部整车企业数的比重并不高②,但零件总成和零部件生产环节的企业占对应链环企业总数的比重非常之高,甚至在零部件生产环节超过了50%。相比之下,至 2011 年,虽然长春和沈阳在整车生产环节上仍占有优势,但在其他链环上,四平、锦州等城市发展迅速,甚至超过前二者（如四平的零件总成

---

①　由于统计口径问题,不同年份的企业数据无法直接进行比较,因而采用标准化处理方式。即将人均销售收入/营业收入值除以其最大值,获得 0—1 之间的标准化值。

②　考虑到整车企业总数较少（2003 年 15 个,2011 年 8 个）,因此任何微小的数量绝对值差异会在比值上被放大。

企业数量成为东北地市排序第一）。这一变化一定程度上反映了长春、沈阳等产业中心城市在一些生产环节上的对外扩散。尤其是长春，2003—2011年间，其除整车制造环节的其他环节企业数绝对值都有所下降；与之相对应的是四平、吉林等周边城市在这些环节上的企业数量增长（图6-13）。

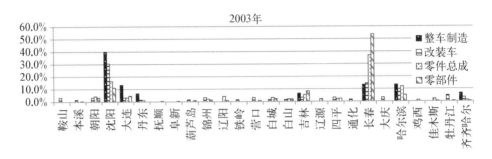

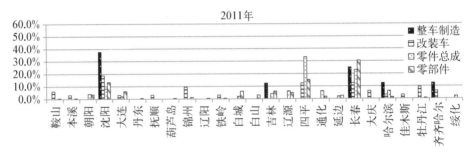

图6-13　东北分地市分生产环节汽车及零部件生产企业占对应生产环节企业总数比重

资料来源：整理自中国汽车工业年鉴2004、2012

　　需要补充说明的是，对于企业数量的变化还需考虑到年鉴中企业信息列举不全面导致的误差；此外，更重要的是需要认识到东北并非封闭单元，一些生产环节的企业数量变化可能与全国层面的产业格局变化有关（例如部分零部件转移至在长三角等地采购）。

　　按地市统计企业人均营收指标（图6-14），长春和沈阳仍然分别位于前两位，且两者的差距自2003年以来有所缩小；按人均营收指标大于和小于均值将其他城市划分为第二梯队和第三梯队，则这两个梯队的城市发生了较大变化（图6-15），吉林省的多数城市（尤其是位于长吉图次区域发展轴上的城市）从第三梯队上升至第二梯队，对此解读为以长春为中心，汽车产业扩散对周边城市产业发展水平的积极影响；而与之相对，辽宁和黑龙江的部分城市则从第二梯队降为第三梯队，这主要是因为黑龙江省缺乏骨干企业带动，而辽宁省的整车制造企业

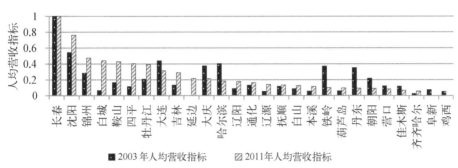

图 6‑14　2003、2011 年东北分地市汽车整车及零部件制造
企业人均营收指标变化（按 2011 年数据排序）

资料来源：整理自中国汽车工业年鉴 2004、2012

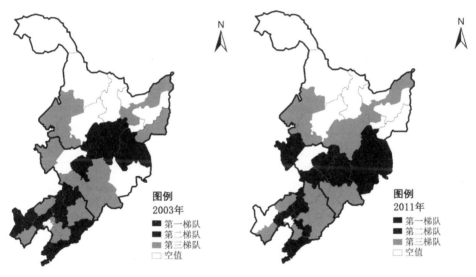

图 6‑15　2003、2011 年东北分地市汽车人均营收指标梯队变化

资料来源：整理自中国汽车工业年鉴 2004、2012

尚处于集聚发展阶段（表现为自身指标的上升，而多数周边城市指标则呈现下降
趋势）。

（2）全部产业分工的分析

再按纵向分工链环，将汽车制造（2011 年数据）、经销（2013 年数据）和服务
（2012 年数据）等环节①在各地市的数量占对应环节企业总数比重进行分析，如

---

①　由于汽车研发机构高度集中在沈阳和长春两市，因此不与其他环节一起讨论。

图6-16。在东北全域,制造企业高度集聚在长春、四平两市,其次依次为沈阳、吉林、大连、白城、辽源等。而在经销和服务链环,企业分布则较制造业的分布相对均衡,且这两个链环的空间布局基本类似(图6-17),哈-长-沈-大、鞍山、吉林、大庆等在区域发展轴上,经济水平相对较高(消费能力较强)的城市,销售和服务环节企业比重也就较高。

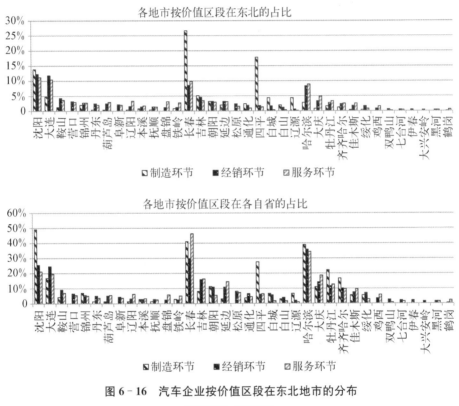

图6-16　汽车企业按价值区段在东北地市的分布

资料来源：作者自绘

从分省比值来看,哈-长-沈-大无论在制造、销售或是服务方面,企业数量都较高、占全省企业总数比重较大;而且,除了四平等城市较为特殊外(制造等单一环节企业数量远远高于其他环节),在其他城市这3个环节的分布存在相关性。这反映出东北城市兼具制造、消费和服务等多重功能的特点,即至少在地市尺度上,汽车产业的不同环节并没有表现出明显的空间分离(例如形成具有绝对主导功能的制造中心、市场中心等)。

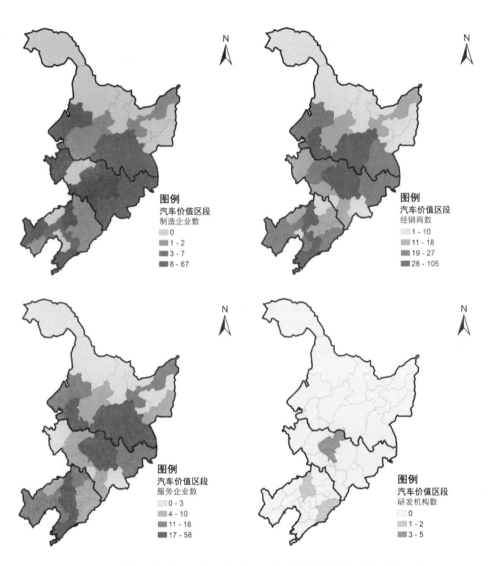

图 6-17　汽车产业各产业分工企业在东北三省的数量分布图(单位：个)

资料来源：作者自绘

6.4　本章小结

经济学认为产业集聚与空间分异存在外生(传统经济学)和内生(新经济地理学)两个过程,前者受外界因素(如物质和自然资源禀赋,称为"第一自然(the first nature)")"影响；而后者则为经济系统的内生力量，如专业化分工、规模报酬递增、消费多样化等作用，称为"第二自然因素(the second nature)"(Krugman，1993)。在第二自然因素的作用下，经济发展空间的不平衡存在时间上的持久性和自我增强特征，即虽然集聚最初形成的原因存在多种可能，然而"一旦一个地区集聚相关产业，这一产业分工的格局就会由于循环累积的自我实现机制而被锁定，从而导致产业空间差异的形成"(何雄浪，2013：19)。

虽然本章中关于东北若干优势产业的空间分析无法显示产业内部、企业之间的实际联系，以详细表征产业的集群特征；但分析结果已可表明，在研究时间段(2004—2010年)内，东北主要优势产业的空间格局相对稳定，多数产业形成了"哈-长-沈-大—吉林市、齐齐哈尔等省域次中心城市—哈-大轴沿线或辽中南地区"的集聚梯度。一方面，这一特征反映出东北城市之间明晰的产业分工尚未形成，包括核心城市在内的多数城市间产业存在重构；但同时，这一特点也使得不同产业的组织网络具有较高的空间相似性，并与区域整体的空间结构相耦合。这些产业空间相互嵌套的结果即强化甚至在一定程度上固化了东北的核心-边缘区域空间结构；某种程度上，由于产业的发展与集聚，进一步拉大了核心与边缘地区的差距。

而本章中关于以分工链环及价值区段为参考的产业部类分析结果显示，一方面，生产性服务业与制造业同步发展，表现为两者在各地市的区位熵呈显著正相关关系(附录G)。即哈-长-沈-大、辽中南和辽宁沿海城镇群以及位于哈-大发展轴上的城市在制造业发展的同时，也带动了生产性服务业的增长，部分印证了第3章中的"重构假设"；而从区域整体来看，在产业内生集聚效应和宏观网络的资源调配作用下，哈-长-沈-大及其所在城市-区域集中了大部分资本、劳动力和技术密集型产业，并在产业部类的从业结构上与其他城市表现出一定差异性。在产业的人均产值分布上，除对原材料产地相关性较高的资源密集型产业和准入门槛相对较低的劳动密集型产业外，其他部类或多或少呈现出南高北低的格局，形成了以沈阳、长春为核心的人均产值高地。简单来说，即核心城市-区域得益于其核心地位，优势不断被强化，而边缘城镇发展则越发被边缘化，与核心地区的差距不断拉大，这一现象又与"去地方化假设"相吻合。

此外，本章还选取了汽车产业作为案例产业，进一步具体至其生产的不同分工类别分析各环节的附加价值和空间分布特点。综合产业分行业类型、产业部类和(汽车)行业内产业横向和纵向分工链环的分析结果，大致可以判断东北地区的城市产业同构现象严重,尤其是哈-长-沈-大为中心的城市-区域的产业高度与其他地区并没有很显著的差异;但从产业的类型和总量来分析,哈-长-沈-大等城市-区域占据相当明显的优势,即产业的"大而全"以及"量"的落差支撑了东北地区的核心-边缘结构。

第7章

产业网络与区域核心-边缘空间的关联性

　　本章将基于对不同层次网络空间的分析来认识东北在全国的地位以及东北城市-区域之间的网络联系。正如本书 2.2 所论述的,基于服务企业机构布局的世界城市连锁网络(WCNs)的分析方法可以部分揭示城市网络的特征,即以跨地域的公司分支机构、办事处为分析对象来测定城市间的联系强度。尤其是在宏观尺度(全球或国家尺度),该研究方法具有合理性。但同时,对于不同产业和不同尺度的网络,连锁城市网络的分析方法也有其局限性。本书选取高级生产性服务产业和汽车产业两个行业,试图在 WCNs 的方法之上,通过建构企业总部与分支机构、领导企业与供应商、企业与客户、服务网点之间的关系,描绘不同层次(全国层面和区域层面)的嵌套网络,来勾勒出东北的城市-区域是如何连接入全国城市网络,及其内部是如何相互联系的。

　　在产业的选择方面,鉴于高等级生产性服务业(在下文中简称为 APS)和汽车制造业在一定程度上分别代表了两种布局原则:就 APS 而言,其布局往往呈现出市场导向原则,即根据市场的大小(往往与城市人口和经济规模成正比)布局;与之相对的,汽车产业则表现出生产导向的布局特点,即根据生产链上的专业化分工(或价值链分工),在空间上形成集聚或分散的"群岛式经济体(economies of archipelagos)"(Bohan,Gautier,2013;Gereffi,1994)。因此,选择这两个产业分别进行网络分析,一方面便于就不同产业网络对于城市-区域空间组织影响进行比较;另一方面,这两个产业对于东北的城市体系建构具有特殊意义——两者都在东北产业结构中占据重要比重及具有战略性地位,并在东北振兴以来起到了推动东北空间结构演变的作用。

7.1　东北地区的对外联系情况

虽然在以往的一些研究中(东北亚研究中心东北老工业基地振兴课题组,2004;刘洋、金凤君,2009;吴铮争等,2007;徐效坡,2004),运用定量和定性分析证明过东北是一个相对封闭的区域板块,但在经济全球化的今天,任何一个经济区域或市场经济板块都不可能孤立存在和发展。事实上,在国家振兴东北战略及其相关配套政策中多次提到了东北的开放问题,并于 2005 年、2012 年相继出台了《关于促进东北老工业基地进一步扩大对外开放的实施意见》《中国东北地区面向东北亚区域开放规划纲要》等针对东北地区对外开放的专项规划/政策意见。

分析 2000—2011 年东北分地市外商实际投资额(FDI)数据,无论是总量还是投资额增幅,大连和沈阳都位居前两位,其中大连 2007—2011 年的增幅尤其大(图 7-1(a))。而在吉林和黑龙江两省,长春和哈尔滨则分别占省内投资总额 50%～70%,但两者无论是 FDI 总额或是增幅都与大连和沈阳有着巨大的差距。而从人均 FDI 看(图 7-1(b)),辽宁各地市的指标明显高于吉林、黑龙江两省,且 2011 年该指标有了大幅增长;单独分析吉林、黑龙江 2 省,2007 年以前,吉林省的城市普遍高于黑龙江省的城市;而这一现象在 2007 年之后有了很大的变化,黑龙江省各地市的人均 FDI 值普遍增长迅速,2011 年多数城市已经高于除长春、辽源以及省域沿边城市之外的吉林省其他地市(图 7-1(a))。

单独分析哈-长-沈-大的进出口总额的区域构成,从绝对值看,大连的进出口总额在多数区域都要高于其他三个城市,而长春由于汽车产业的合作关系其从欧盟的进口额远高于其他城市(图 7-2 第 1 行);而从各市进出口总额的区域构成看,欧盟占沈阳、长春进口总额的 50% 左右,哈尔滨的进口总额约 40% 则来自北美,此外这三个城市的出口总额的区域分布基本均衡。与哈-长-沈三城市不同,大连与东北亚(包括俄罗斯)的进出口联系明显更加密切(图 7-2 第 2 行)。总的来说,即除了在专业领域沈阳、长春或哈尔滨与特定区域的联系相对紧密以外,大连在相当程度上承担着东北的对外联系职能,尤其是与东北亚联系的门户职能。

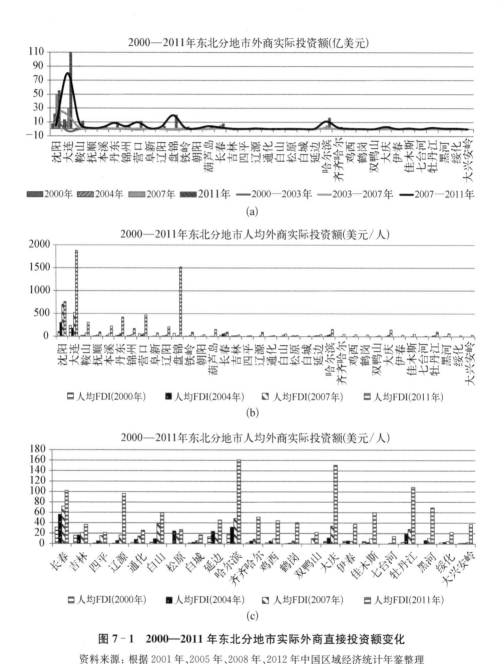

图 7‑1　2000—2011 年东北分地市实际外商直接投资额变化

资料来源：根据 2001 年、2005 年、2008 年、2012 年中国区域经济统计年鉴整理

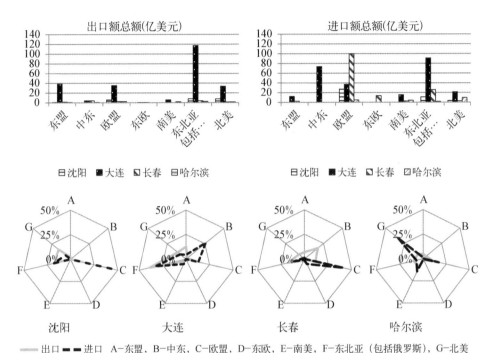

图 7－2　2011 年哈长沈大进出口总额的区域分布及构成

资料来源：根据 2012 年沈阳、大连、长春、哈尔滨统计年鉴 2012

7.2　基于 APS 企业布局的网络分析

　　东北的对外联系指标分析证明，虽然相比东南沿海，东北的经济外向性有所不足，但东北城市尤其是哈-长-沈-大和辽中南的一些城市仍然通过不同途径与外部宏观经济网络取得联系。因此，本章首先从宏观（主要是国家）尺度切入，讨论基于高等级生产服务业，即 APS 企业布局的城市网络联系，进而加深对东北区域空间结构演进的认知。

7.2.1　APS 网络分析方法

　　下文对 APS 网络的分析分为两个步骤：在全国层面，网络分析借鉴 WCNs 的分析方法，建构 APS 城市连锁网络模型。而在东北区域层面，则对主要 APS

企业的客户范围以及各城市从事 APS 的从业人员构成做分析[①]。

（1）数据的获取和处理

参照泰勒(2004)、沙森(1991)的研究，选择法律、会计、银行和证券、广告 4 个部门作为 APS 的代表。分别基于 2011 年全国 300 强律师事务所名单；2012 年会计师事务所综合评价前百家信息[②]、2012(第五届)大中华区 4A 广告公司 100 强排行榜[③]、2012 年钱伯斯中国区律师事务所排名(Chambers China Awards)[④]、2012 年 Vault 亚太管理咨询公司排名[⑤]和 2012 中国服务业企业 500 强中的银行和保险业部分[⑥]，筛选出排名靠前、公司网站稳定，且在中国分支机构达 3 个或 3 个以上的 20 个会计事务所、23 个法律事务所、10 个广告公司、20 个咨询与调查公司、10 个银行或保险公司，共计 83 个 APS 公司(公司名录见附录 I)。其次，通过访问各公司主页获得并整理其分支机构所在地[⑦]。然后，对样本公司在各个城市的分支机构或办事处依等级和规模赋以权重(总部权重为 3，区域性总部权重为 2，一般机构为 1)。之后，将数据整理成为一个 34 个城市×83 家公司的矩阵。

在此基础上，进一步以东北三省的 APS 为对象，根据各地会计师协会、律师协会等行业性组织的企业名单，搜索有总部、分支机构或办事处位于东北的企业，通过访问其网页，获取包括分支机构、主要客户等数据。

（2）基于 APS 的全国城市连锁模型

借鉴 WCNs 的分析模型(Taylor，2001)，假设有 m 个 APS 企业分布在 n 个城市中，服务值 V_{ij}(service value)表示母公司在 j 地的企业在城市 i 的分支机构数量；地区服务值 C_i(site service status)表示所有公司在城市 i 的服务值总和(式 7 - 1)；r_{ab} 表示城市 a 与城市 b 之间由于公司分部而产生的流量，即联系度(式 7 - 2)。

$$C_i = \sum_j V_{ij} \tag{7-1}$$

$$r_{ab} = \sum_j V_{aj} \times V_{bj} \tag{7-2}$$

---

① 本书最初的思路是在区域层面扩大样本企业范围，进行二次关联性网络的分析。但根据样本，东北的高级生产性服务业分支较少，主要分布在哈长沈大四市。如果仍照搬 WCNs 的网络分析模型，则在样本数量上不具有说服力，分析结果的科学性也相应下降。因此，此处采用一种更为灵活的分析方法。

② 参见 http://www.cicpa.org.cn/top100/top2012.html.

③ 参见 http://www.4aad.com/top100/2012.htm.

④ 参见 http://www.chambersandpartners.com/chambers -china -awards -for -excellence -2012 # boutique.

⑤ 参见 http://www.vault.com/company-rankings/consulting/.

⑥ 参见 http://www.cec-ceda.org.cn/view_new.php? id=10435.

⑦ 截止年份为 2014 年。

- 城市在网络中的区位计算

则对于每个城市而言，r_{ab} 之和即表示城市 a 在网络中的区位，称为节点联系度 Na(interlock or nodal connection)；所有城市的节点联系度之合即为连锁网络的总联系度 T(total network interlock linkage)(式 7-4)；一个城市的节点联系度可以进一步标准化为 0—100 之间的数据，即相对节点联系度(式 7-5)。

$$N_a = \sum_j r_{ai} \quad a \neq i \tag{7-3}$$

$$T = \sum_j N_i \tag{7-4}$$

$$L_a = (N_a/T) \times 100 \tag{7-5}$$

- 城市联系度的矩阵模型

将 r_{ab} 标准化为 p_{ab}($\max(r_{ab})$ 为所有城市之间联系度中的最大值)，其中 p_{ab} 为城市网络中任意一个城市的相对影响度，是介于 0—100 之间的数据(式 7-6)；其中城市 a、b 之间的社会距离 d_{ab} 可由式 7-7 计算得出。

$$p_{ab} = r_{ab}/\max(r_{ab}) \times 100 \tag{7-6}$$

$$d_{ab} = 1 - p_{ab} \quad a \neq b \tag{7-7}$$

7.2.2　全国 APS 网络中的东北城市-区域

根据上节中的计算模型，计算得出基于 APS 公司布局的各个城市的联系强度 Na(图 7-3)和 84×84 的城市联系矩阵及其网络图示化(图 7-4)。

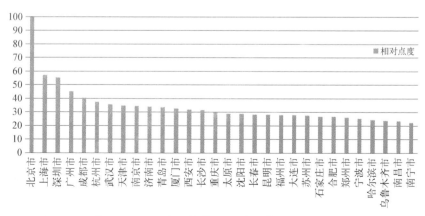

图 7-3　基于 APS 公司布局的前 30 位城市节点联系强度(2013 年)

资料来源：作者自绘

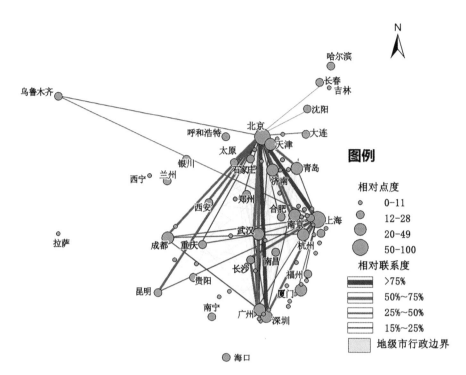

图7-4 基于APS公司布局的全国城市连锁网络

资料来源：作者自绘

　　在全国网络的尺度下，根据分析结果，东北地区只有六个城市联入全国城市网络（参见表7-1），且其中的吉林市和鸡西市的节点联系度较低；在哈-长-沈-大四市中，沈阳的联系度最高，长春其次，大连次之，最后是哈尔滨。

表7-1 东北城市在APS全国城市网络中的节点联系度

城　　市	节点联系度	排序	等级①
沈阳市	693	17	3
长春市	684	19	3
大连市	672	21	3
哈尔滨市	586	26	4
吉林市	54	56	5
鸡西市	21	76	5

　　① 分级方式是按照节点联系度的四分位数分级，但考虑到北京、上海、广州三市的节点联系度与其它城市存在数量级的差别，因此将三者单独成第一级。

如果按区域统计,如图 7-5 上图,直接联入全国 APS 的城市网络的城市数东部最多,中部次之,西部其次,东北最后[①];且区域节点联系度最大值的排序中,东北也列于末尾[②]。当然这也与区域本身的划分及城市数有关,但仍在一定程度上反映出东北城市-区域在全国网络中的相对边缘化。而从分省数据判断,辽宁、吉林两省的最大城市节点联系度位于全国中段,黑龙江则位于后段;此外,每个省都分别有两个城市联入全国网络(图 7-5)。

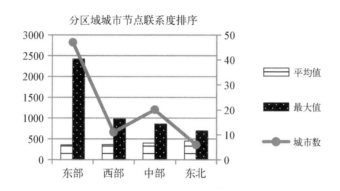

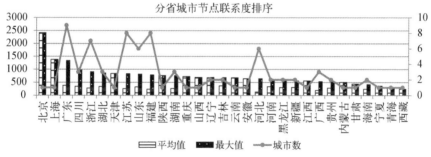

图 7-5　分区域、分省城市节点联系度的平均值、最大值和城市数

资料来源:作者自绘

　　分别分析所有城市的节点联系度与其人口规模、经济总量之间的关系。如图 7-6 所示,相当部分的城市落在图中的对角线附近,说明在 APS 城市网络中,节点联系度与城市的经济社会发展水平、人口和经济的集聚度,以及市场的

---

　　① 一般而言,一个区域/省连入 APS 全国城市网络中的城市数越多,则可间接反映出该区域/省与城市网络的关系越紧密。

　　② 根据分析结果,由于一个区域/省内城市的节点联系度离散程度较大,其平均值或中位数、众数等表示平均水平的统计指标无法较好地反映出区域/省在全国网络中的位置;相对地,最大值却能反映出这一区域/省联系度的峰值(对于没有连入全国网络的大多数城市而言,它们往往需要经由所在地域中与全国城网络联系最为紧密的城市连入网络)。

大小呈正相关关系，且与经济规模的相关性尤其高（表7-2）。这也印证了本章开始部分关于生产性服务业倾向于靠近市场布局的论点。

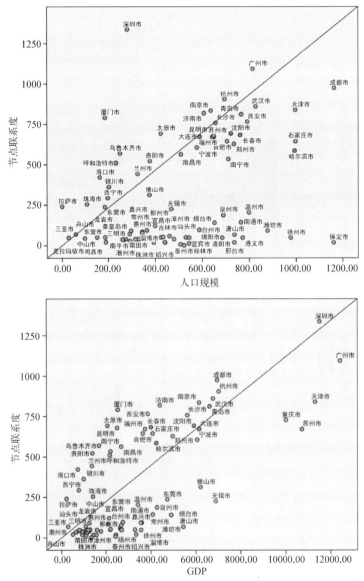

图7-6　城市节点联系度与城市人口规模、GDP总量的相关性分析①

资料来源：作者自绘

---

①　由于与其他城市相差较大，不适于在一张图表中显示，因此在节点联系度与人口规模分析中排除了重庆市、北京市和上海市，GDP总量和人均GDP分析则分别排除了北京市和上海市。

表 7 - 2　APS 城市节点联系度与人口规模、GDP
总量、人均 GDP 的相关性分析

		人口规模	GDP	人均 GDP
	Pearson 相关性	.411**	.781**	.375**
节点联系度	显著性(双侧)	.000	.000	.000
	N	84	84	84

＊＊在 0.01 水平(双侧)上显著相关①

　　从城市之间的联系流及其网络形式来看,比照 2010 年采用类似模型的其他研究结果(赵渺希、陈晨,2011)②,不难发现,全国城市之间主要的联系流已经形成了一个"京津-上海-广深-成渝"的菱形集中区。而作为菱形区域之外的地域,东北的城市-区域欲联入全国城市网络则必须透过与哈-长-沈-大链结③。在一定程度上,哈-长-沈-大成为东北城市-区域的"中继城市(relay-cities)",即这四个中心城市是全球、国家、东北与城市-区域等不同层面城市网络的"铰接点(articulation modes)"。如若删除这些"铰接点",则下一层面,即东北区域的城市网络将不复存在(Comin,2013)。

　　进一步提取连接哈-长-沈-大四市的城市联系流,并根据相对联系强度做排序,如图 7 - 7。其中,这四个城市首先是与北京相联系;其次是长春和大连分别有着与上海、深圳的关联;再次是大连、沈阳、长春三市分别与上海、武汉,以及沈阳与广州、深圳等城市的联系;之后则是这四个城市与其他区域性的中心城市、省会城市等的联系。需要特别指出的是,其一,哈-长-沈-大四市与北京的相对联系度要远高于与其他城市的联系度;其二,哈尔滨除了与北京联系相对显著之外,与其他城市的联系均较弱;其三,哈-长-沈-大四个城市之间的 APS 联系并不强,甚至它们与区域外部城市的 APS 联系要强于它们互相的联系(即东北区域内部的"空间隔离"和与区域外部的"空间压缩")。造成第三点的原因,一方面在于东北作为一个区域板块,APS 公司往往只选择一个城市作为其分支机构的选址;另一方面,这

---

　　①　由于资料来源的限制,城市人口规模、GDP 总量、人均 GDP 为《2012 年中国城市统计年鉴》数据(即 2011 年数据),因此在相关性分析上会有一定误差。下同。
　　②　由于选取的 APS 企业不同,不同研究中的城市网络分析结果不可直接比较,但由于采用的模型算法相似,筛选企业的标准基本一致,因此,其他研究的成果仍具有一定的参考性,可作为检验本书网络分析结果的辅助。
　　③　虽然哈尔滨与北京的联系位于 25 名之外,但与除哈长沈大的其他东北城市在全国城市网络中的联系流相比,该联系仍具显著性。

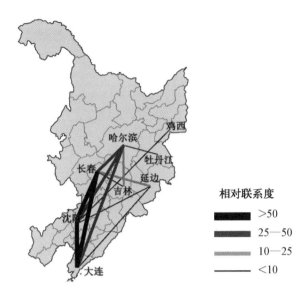

图 7-7　基于 APS 公司布局的东北城市连锁网络

资料来源：作者自绘

也与东北跨国/跨区域 APS 公司的数量较少、布局密度较低有关。

7.2.3　东北 APS 区域网络中的城市-区域

（1）区域层面 WCNs 分析模型的局限性

进一步分析东北区域内部的城市网络,如将上一节的 APS 网络聚焦至东北,即将东北城市数据提取出来单独分析,则可获得结果如图 7-7。与长三角、京津冀、珠三角、成渝城市群等(路旭等,2012;谭一洺等,2011;唐子来、赵渺希,2010)相比,东北三省的 APS 公司数量较少,且设分支机构的公司更加少,因此建构 APS 城市网络的样本量十分有限。如图 7-7 中的城市网络,主要联系仅限于哈-长-沈-大四市之间的相互关联;其他城市之间的联系度较低,几乎可以忽略。

但从经验判断,东北城市之间的联系显然并不只是图 7-7 中所示的那些。造成这一假象的原因在于 WCNs 模型的局限性。诚然公司内部网络(母公司与子公司、分支机构等)联系能够产生联系流量,但这仅是网络中流量的一小部分。事实上,流动空间更多地体现于公司之间、公司与客户之间的联系。因此,在下文中,对于东北层面 APS 网络的分析将采用公司与客户的数据来代替公司分支机构。

（2）基于企业客户分布的网路分析和就业人员数的分析

通过分别查阅辽宁、吉林、黑龙江三省的会计事务所、律师事务所和广告公司排名,作者选择了其中有官方网页并提供主要(企业和机构)客户名单的公司,分别统计和分析以哈-长-沈-大四市为总部的 APS 公司的主要客户空间分布(图 7-8)。

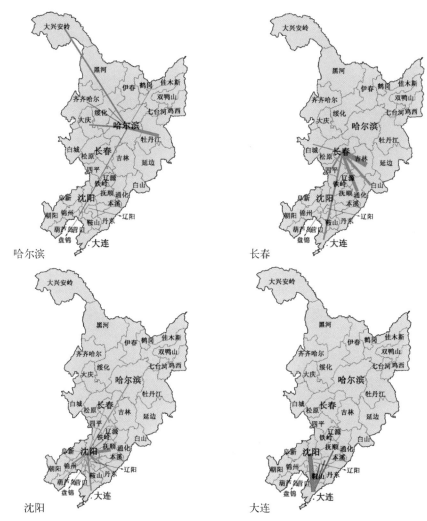

图 7-8　哈-长-沈-大四市样本 APS 公司的主要客户分布

资料来源:作者自绘

总的来说,哈-长-沈-大四城市的样本 APS 公司,其主要客户集中在本市;在跨市客户的空间分布上,本省的客户占较大比例,且跨省客户主要集中在四个中心城市之间的联系上。考虑到一方面,符合筛选条件的样本 APS 数量较少,另一方面所浏览网页上所列客户名单多是长期固定客户,因而公司与客户之间空间距离所产生的摩擦系数大大提升,因此进一步分析辽宁、吉林、黑龙江三省六普统计数据中的分职业(中类)就业人员数中的 APS 部分(参见图 7-9)，并与之前的客户网络相互叠合分析(图 7-10)。将 APS 从业人员数与当年 GDP 排序进行相关性分析(参见图 7-11)，二者呈近似幂函数的相关关系。这表明，在

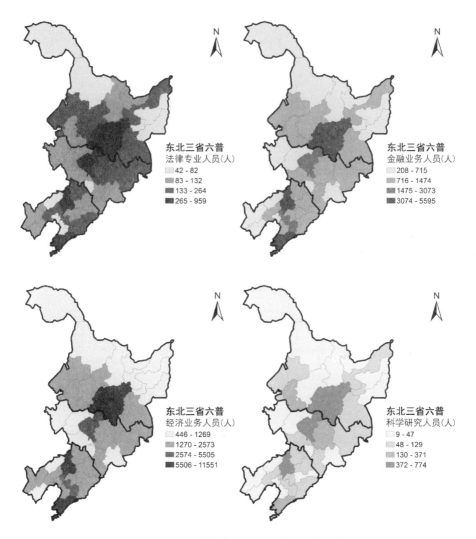

图 7-9　东北三省从事 APS 行业的人员数(六普)

资料来源：根据黑龙江、吉林、辽宁三省 2010 年人口普查资料"分性别、职业中类就业人口"表格整理，分类采用分位数法①

---

　　① 　分位数划分即将所有样本量指标值由大到小排序并按对应百分比的数字作为划分点，例如，四分位数则将第 25％、50％、75％的数字作为分类划分点；五分位数则将 20％、40％、60％、80％的数字作为划分点，下同。

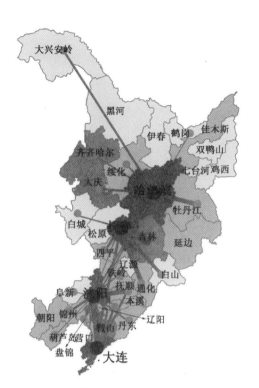

**图 7 - 10　基于 APS 从业人员分布和样本
APS 公司主要客户网络**

资料来源：APS 从业人员数根据东北三省 2010 年人
口普查"职业中类就业人口"表格整理

排序（必然）为整数的前提下，随着排序的提前，城市 APS 从业人员数将迅速上升。结果是少数核心城市集聚了绝大多数的 APS 从业人员，并相较其他城市具有着绝对的中心优势；因此可以推断在 APS 领域，哈-长-沈-大四市对省内其他城市起到一定的辐射作用，并具有联系不同尺度城市网络的"中继城市"这一重要地位。

　　在-哈-长-沈-大的彼此联系上，除了沈阳和大连的联系较为紧密之外，其他联系流都较弱，这一结论与全国 APS 城市网络的分析结果基本一致。因此，在一定程度上东北虽可称为一个区域板块，但在 APS 城市网络视角却并不构成一个具有内在紧密联系的"地域"；更准确而言，东北各个省级行政单元相对独立，因地域比邻而组成了一个较松散的区域。另一值得注意的特征是，东北四大中心城市的联系是双向且没有明显的主导方向；即四市中虽然 APS 从业人员数有所差异，但在实际的城市网络中，并没有哪一个城市具有明显优势或更高中心性

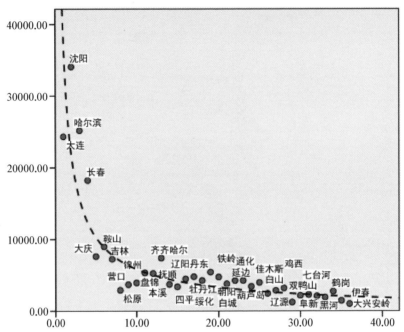

图 7 - 11　APS 从业人员数（Y 轴）与城市经济规模排序（X 轴）的幂函数分析结果

资料来源：作者自绘

以至于形成对其他三个城市的辐射效应。

而在省域内部，APS 客户分布显示，"哈-大-齐-牡""长-吉""沈-抚"等省内发展轴或双城一体化发展，确有一定的现实基础——相比其他城市间的相对联系度，这些城市之间的联系明显要更强一些。

7.3　基于汽车企业及其供应商布局的城市网络分析

7.3.1　AMS 网络分析方法

（1）模型建立的依据

著名的制度经济学家科斯（Ronald H. Coase）（Coase，1937）指出，资源配置存在经济体系/市场和企业内部两种方式，即或者通过市场中不同（独立）公司之间的外部交易，或者通过公司内部的交易，得以实现生产链的组织与协作。科斯提出这两种方式的意图在于界定企业存在原因或者企业的"边界"，但在全球化影响下,为了追求更加灵活的生产组织模式,企业的结构扁平化、内部关系外部化,企业-市场的"边界"越来越模糊(Dicken,Thrift,1992)。取而代之的是,由企业内部、企业间、企业外部(企业与机构/政府、政府机构之间)等多重关系所构成的复杂和相互联系的网络(表2-5)(Yeung,1994)。下面要讨论的"基于汽车企业及其供应商布局的城市网络(以下简称"AMS城市网络")"即是试图将企业内部组织(母-子公司关系)和企业外部组织(领导企业与供应商的关系)①统一起来,建立一个城市网络的分析模型——基于企业机构组织和供应商的嵌套城市网络模型。

(2)汽车产业的"模块化"组织

所谓"模块化(modulization)"简单的来说就是指将一个完整的系统分解为各个独立设计单位(或模块)的分工模式(青木昌彦、安藤晴彦,2003)。该概念由鲍德温和克拉克于1997年提出,他们认为模式化将带来电子、汽车、金融(服务业)等产业的生产重组(鲍德温、克拉克,1997)。

具体来说,在传统的集中式/统合型设计开发中,每个零部件的设计都要考虑到其他多个零部件的性能,形成"多对多"的网络型设计开发结构。而模块化的设计开发可以提高产品设计的相对独立性,在确保模块生产的可分割性的同时,处理好产品之间的界面(即模块的相互衔接关系)(白雪洁,2005:75)。模块化对于产品生产过程所包含的不同工序、区段和流程的拆解和片断化造成了产业空间"分散的集聚"(李健,2011;王凤彬等,2008)。一方面,模块化的应用使得生产环节可以被分解为不同组块,各自寻求最佳区位,而不必被其他生产单元束缚(李健,2011);若干专业化零部件产业集群从以往由组装企业和零部件企业共同集聚形成的庞大集群中脱离出来,不必要与后者在空间上邻近。但另一方面,尽管技术的进步大大降低了交通成本,但不可否认的是交通成本仍然以"机会成本"的形式存在,这又要求模块生产企业在空间上集聚(白雪洁,2005:76;李健,2011)。

在此背景下,为了获得竞争优势,企业的经营者必须对公司的内部组织进行再设计,即由"生产的模块化"实现"组织的模块化"(鲍德温、克拉克,1997)。就汽车产业而言,整车生产商和供应商之间形成了基于产品和价值模块化的生产网络。其中,核心企业的设计环节和整车厂是整个网络中的"舵手"。而各模块/

---

① 此处的企业内部网络和企业外部网络分别对应表2-5中的企业内部关系和企业间关系(Yeung,2004)。除特别说明外,下文凡涉及"企业外部关系/网络"皆指企业间的关系。在本章中暂不讨论企业与非市场机构(如政府、机构、社会团体等)之间的关系。

零部件供应商则根据系统规则独立开展本模块的设计和制造活动(柯颖、邬丽萍,2011)。

新的设计根据整车厂与零部件供应商之间的关系又可分为金字塔和信息同化型两种企业联系模式:前一模式中整车厂对于联系规则起着主导和决定权,是系统总设计师,负责确定各模块之间的结构、界面和标准①;而零部件供应商在整车厂搭建的框架下实现生产。通常,该系统存在多级分包商,各级分包商只对其上一级分包商负责,而处于顶端的整车厂则负责协调一级分包商,即通过层级制的分包系统,将汽车生产过程逐层分解(图7-12左图)。而第二种模式也称为"簇群化"网络模式(图7-12右图),即整车厂和大量零部件供应商在空间上集聚,共同从事模块产品或服务的设计、制造和整合。相比金字塔模式,在网络系统中,"舵手"与模块、模块与模块之间处于相对平等关系,系统规则由整车厂、零部件供应商、行业协会以及其他一些中介服务机构通过市场选择或共同协商来决定(柯颖、邬丽萍,2011;青木昌彦、安藤晴彦,2003)。

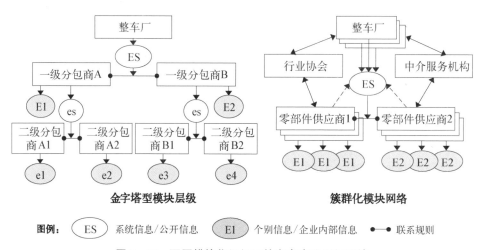

金字塔型模块层级　　　　　　　簇群化模块网络

图例: (ES) 系统信息/公开信息　(E1) 个别信息/企业内部信息　●━━● 联系规则

图7-12　不同模块化组织下的汽车产业组织系统

资料来源:根据柯颖、邬丽萍,2011:70,图4;青木昌彦、安藤晴彦,2003:16,图1-1整理

(3) AMS城市网络及其模型建构方法

汽车产业生产设计和组织的模块化以及由此带来的产业空间上的"分散的集聚"对于东北城市体系/网络的影响即是本章下文要重点讨论的内容。

正如前文,作者预判汽车企业的布局存在"生产导向"的特征。这意味着至

---

① 这3点被认为鲍德温和克拉克(1997)认为是模块化生产的3个基本要素。

少对于一部分的汽车生产环节,其选址可能具有历史偶然性(如"一五"、"二五"时期的项目布局等);而非如生产性服务业——企业倾向于依托市场布局,空间具有较高的相似度。简言之,即不同汽车企业及其模块供应商的布局可能无关联性或空间不重叠。因此,AMS城市网络不宜采用上一节中WCNs的模型方法。

借鉴GPNs的研究方法以及Coe等人(2004)、Rozenblat和Pumain(2007)、李健(2011)等人的实证研究成果,本书认为汽车产业网络是企业内部网络和企业外部网络的多重嵌套结构。根据模块组织理论,企业外部网络是围绕其不同生产模块的相关产业集群的组合;因此,对于每个企业而言,其外部网络不唯一(对应不同生产模块有不同的外部网络),且非专属(供应商除了为该企业提供模块产品外还可能为其他企业生产产品)。显然,企业内部网络与外部网络不存在清晰的边界,即一些企业内部节点必然参与到一个或多个外部网络中(或是整车企业作为模块组织的"舵手"发布规则(金字塔模式)/参与制定规则(簇群化模式),或是子公司本身即为模块的生产者)。由此则可以推论,不同的汽车骨干企业存在着通过外部网络产生联系的可能性,从而会形成不同骨干企业内部网络及其外部网络的复杂交织。

从生产网络到城市体系和区域空间,本研究认为,一方面,无论是企业的内部网络联系还是外部网络联系都是以城市为空间载体并会产生城市之间的联系流,因此生产网络的空间叠合在一定程度上反映出城市网络的形制;反过来,城市网络的地域要素使得汽车产业布局存在"黏性",这种黏性会影响企业内部网络的空间选择和外部网络的生成。

基于上述预判,在网络分析模型的建构上,首先基于我国主要汽车集团的总部与分公司、子公司和部分控股公司的布局,以及供应商的布局,建构起内外部网络并将其空间化;继而找到内、外部网络的空间关联性,并在空间上叠合不同企业的外部网络,最终建构起整个嵌套网络,从而使预判得以验证。

此外,本章除了与APS网络分析相类似引入全国和东北地区两个不同的分析尺度之外,还将比较2003、2011年的网络变化,以更加清晰地勾勒出产业网络与城市网络之间的互动关系。

(4)数据的获取和处理

汽车产业的资料源于2004和2012两年的《中国汽车工业年鉴》,具体包括第一汽车集团公司(简称"一汽")、东风汽车公司(简称"东风")、上海汽车集团股份有限公司(简称"上汽")、中国长安汽车集团股份有限公司(简称"长安")、北京汽车集团有限公司(简称"北汽")、广州汽车工业集团有限公司(简称"广汽")、华晨汽车集团控股有限公司(简称"华晨")、安徽江淮汽车集团有限公司(简称"江淮")、江铃汽车集团有公司(简称"江铃")、福建省汽车工业集团有限公司(为避免与省份名称重复产生歧义,简称"东南")、浙江吉利控股集团有限公司(简称"吉利")、奇瑞汽车股份有限公司(简称"奇瑞")12家全国主要商用车/乘用车整车生产厂商的资料,一并获得其下属子公司和部分股权公司的名单与地址。其次,根据上述年鉴中"中国2011年同类汽车产品主要企业产品产量及主要经济效益指标统计"表,筛选出一汽、东风、上汽、北汽、广汽、长安、华晨7个集团企业的供应商①,并通过网络查询获得其注册地点。

7.3.2 全国 AMS 网络中的东北城市-区域

(1) 我国汽车的产业空间概况

根据 2013 年全国前 100 名汽车相关企业和前 30 名整车生产企业的分布(图 7 - 13),可以大致判断目前我国的汽车产业集中在泛长三角(包括安徽的部分地区)、环渤海、成渝和东北三省以及湖北省等地区。采用区位熵作为分析汽车产业集中度和专业化程度的指标,比较五普(2000 年)、六普(2010 年)交通装备制造业的从业人员比重的分省数据(图 7 - 14),可知自 2000 年以来,我国的交

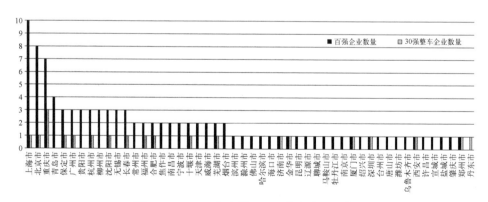

图 7 - 13　2013 年全国 100 强汽车企业分布

资料来源:排名名单引自中国排行榜网发布的"2013 年中国汽车工业综合实力 100 强"(http://www.phb168.com/list6/294746.htm),以及机经网发布的"2013 年中国汽车工业三十强企业"(http://top100.mei.net.cn/fbmd.asp)

---

① 供应商的数量是根据"生产同类汽车产品主要企业产品产量及主要经济效益指标统计表"中整理而成。其中,江淮、东南、奇瑞和吉利的供应商数量较少,因而排除在企业外部网络分析之外。

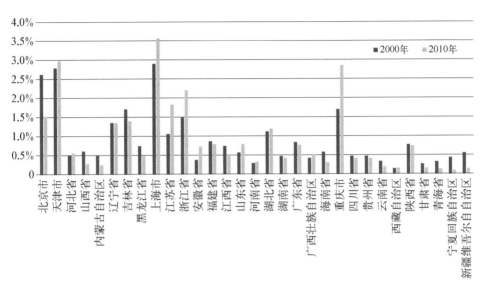

图 7‑14　2000 年、2010 年全国分省交通设备制造业从业人员比重及其变化

资料来源：根据五普和六普统计数据整理

通装备制造产业布局经历了结构性的调整。虽然交通装备制造并不能完全等同于汽车制造，但仍可从从业数据的变化判断出汽车企业向东南沿海和长江中下游地区集聚的总体趋势。而在此过程中，得益于少数骨干企业，辽宁、吉林两省的汽车产业整体呈现出上升发展态势；相较之下，黑龙江省的交通装备制造从业人员比重则有所下降。

（2）汽车企业内部网络的空间组织分析

从 2003、2011 两年的全国数据来看（图 7‑15），主要汽车集团下属企业数量增长最为显著的地区为东部，中、西部次之，东北的增长则相对缓慢；而从分省（地区）数据来看，企业数量增幅最大的前 5 个省份依次为山东、重庆、辽宁、上海和浙江，其中山东、重庆的增长尤其迅猛。相对的，吉林和黑龙江两省的下属企业数量则几乎没有变化。

将分析不同集团下属企业的空间分布地图化，见图 7‑16，显然变化相比2003 年，2011 年各个汽车集团的内部网络都在不同程度上有所扩张。与我国汽车产业集群的整体格局相呼应，扩张的主要方向为长三角、珠三角、成渝以及东北地区。但正如前文所预判的，与生产性服务业所不同，各样本汽车企业的总部布局皆不相同，且母-子公司的联系线也少有重叠。即企业的内部网络从不同点辐射向全国其他城市，鲜有交集。将所有企业的内部网络相叠合，所能获得的是

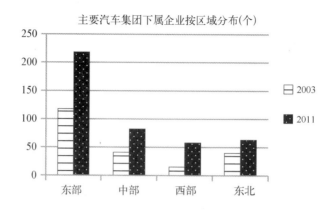

图 7-15 2003 年、2011 年主要汽车集团下属企业的
空间分布变化(按两年增加值降序排列)

资料来源：整理自中国汽车工业年鉴 2004、2012

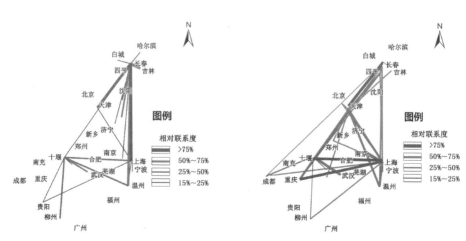

图 7-16 主要汽车集团下属企业的内部网络叠合结果(左图为 2003 年,右图为 2011 年)

资料来源：作者自绘

杂乱且没有明显规律的网络(图 7-16)。若将所有企业按照总部,子公司和生产基地,研发机构,销售、采购和物流机构 4 类划分,则多数的研发机构与总部布局一致,向北京、上海、广州等一些人才资源较为优越的城市集聚的趋势尚不明显;而销售、采购和物流机构则相对集中在上海等沿海发达城市,不过总体上仍与企业总部的布局具有高度的关联性。这反映出目前我国主要汽车企业生产组织体系的高度"中央集权",一些如研发、销售等与总部易于分离且适合选址在全球/国家中心城市的价值链环节,迄今尚没有实现空间分离和布局优化。

可进一步做抽象分析。如设定 A 集团下属公司所在城市 i 与其所属集团总部所在城市 h_a 的空间直线距离[①]为 d_{ai},而 i 城市有 A 集团下属公司的数量为 N_{ai},D_a 为 A 集团的下属公司空间距离系数,则:

$$D_a = \sum_i (N_{ai} \times d_{ai})$$

空间距离系数旨在表示某个企业在空间上的扩张程度。根据计算结果(图 7-17),2011 年的 D 值长安汽车最高、一汽次之、东风第三,这 3 个公司由于历史原因总部恰都位于内陆地区,客观上存在着区位条件不佳的问题,同时均存在扩张的动力。比较 2003、2011 两年的 D 值,则可反映出这一阶段不同的扩张速度。按照图 7-19 中的排序,华晨和上汽虽然 D 值的绝对值不高,但 2003—2011 年的扩张速度较快;而相对而言,一汽这一阶段的 D 值增幅

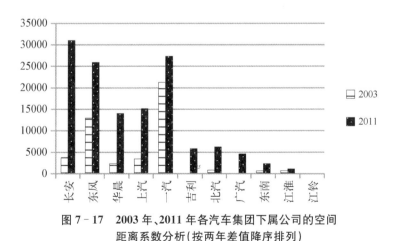

图 7-17　2003 年、2011 年各汽车集团下属公司的空间
距离系数分析(按两年差值降序排列)

资料来源: 作者自绘

---

① 本书的距离计算使用的是各个城市的经纬度坐标,因此,绝对值可能存在误差。

并不明显①。可以理解为,由于总部位于我国国土一隅,一汽较长安、东风、华晨、上汽等企业更早地选择了向外扩张,至研究时间段(2003—2011年),其在全国的分支布局已经基本告一段落,表现为高 D 值和小增幅的特点。

（3）汽车企业外部网络的空间组织分析

分析2003、2011两年全国主要汽车企业供应商的分布数据(图7-18),其增长主要集中在东、中部,而东北和西部则出现了负增长。从分省数据来看,主要呈现两个趋势：一方面,北京、上海、广东以及中部的一些省份呈现较快增长;另一方面,如吉林、辽宁、浙江、山东和重庆等原本供应商相对集中的省份则出现了负增长。

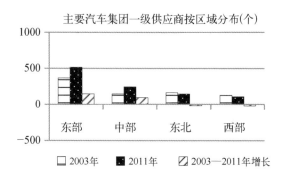

主要汽车集团一级供应商按区域分布(个)

□2003年　■2011年　▨2003—2011年增长

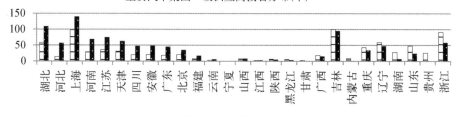

主要汽车集团一级供应商按省分布(个)

□2003年　■2011年

图7-18　主要汽车集团供应商的空间分布变化(按2003—2011年增加值排序)

资料来源：整理自中国汽车工业年鉴2004、2012

将供应商按地级市空间图示化如图7-18,较之2003年,2011年的供应商分布显然更为集中,主要集聚在长三角、京津冀、成渝-湖北、辽-吉等区域;此外,珠三角、福建沿海地区及豫北地区的供应商数量也有所增长。

---

① 需要认识到采用 D 值有其局限性：公司总部的位置对于 D 值影响较大,如一汽、华晨等总部位于东北,距离我国多数城市直线距离较长;相对地,如东风、长安等总部则位于国土中心,可以推算,即使两类企业的下属公司布局完全相同,后一类公司的 D 值仍小于前一类公司。

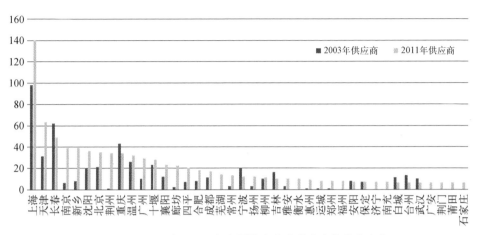

图 7-19　2003 年、2011 年主要汽车企业供应商的分布变化

资料来源：整理自中国汽车工业年鉴 2004、2012

通过 SPSS 软件分析 2003、2011 年全国供应商的空间数据相似性①，结果如图 7-20、表 7-3。分析结果表明，对于相同时间不同集团的供应商而言，虽然在空间上存在一定相似度，但都不显著。即不同汽车企业的相同/相近生产环节或价值链片段所对应的供应商共性较低，在布局上虽具一定集聚性，但总体仍呈相当分散。但比照表 7-3 的表 a 和表 b，虽然矩阵的变化有高有低，但整体趋势

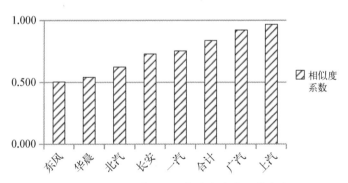

图 7-20　2003 年、2011 年分汽车企业供应商
网络的空间相似度分析

资料来源：作者自绘

---

①　以供应商供应集团为列、供应商所在地级市为行，采用 pearson correlation 系数分析不同列之间的相似度（组间距离），组间距离为 0—1 的数值，结果越接近 1 说明两组数据相似度越高，越接近 0 则说明两组数据的差异度越高。

呈现为相似度提升，即相比2003年，2011年不同企业的供应商在空间上更为集聚，存在从"金字塔"向"簇群化"转变的趋势。就单个的汽车集团2003、2011年的供应商区位变化而言，所有企业的相似度都大于0.5，即各汽车集团，尤其是上汽、广汽、一汽和长安的供应商区位相对稳定（相似度较高）。

表7-3　供应商空间分布的相似性分析
a　2003年供应商分集团的相似度矩阵

	一汽	东风	上汽	北汽	广汽	长安	华晨
一汽	1.000	0.230	0.346	0.184	0.049	0.091	0.466
东风	0.230	1.000	0.285	0.125	0.025	0.185	0.237
上汽	0.346	0.285	1.000	0.033	0.139	0.078	0.524
北汽	0.184	0.125	0.033	1.000	−0.021	0.249	0.263
广汽	0.049	0.025	0.139	−0.021	1.000	0.034	0.063
长安	0.091	0.185	0.078	0.249	0.034	1.000	0.074
华晨	0.466	0.237	0.524	0.263	0.063	0.074	1.000

b　2011年供应商分集团的相似度矩阵

	一汽	东风	上汽	北汽	广汽	长安	华晨
一汽	1.000	0.156	0.318	0.288	0.134	0.490	0.080
东风	0.156	1.000	0.073	0.201	0.286	0.147	0.032
上汽	0.318	0.073	1.000	0.224	−0.015	0.559	−0.005
北汽	0.288	0.201	0.224	1.000	0.042	0.151	0.108
广汽	0.134	0.286	−0.015	0.042	1.000	0.118	0.032
长安	0.490	0.147	0.559	0.151	0.118	1.000	−0.012
华晨	0.080	0.032	−0.005	0.108	0.032	−0.012	1.000

注：矩阵中的数据约接近1，说明对应集团供应商的空间相似度越高

（4）内-外部企业网络的关联分析

通过SPSS软件分析2011年同一汽车集团的内、外部网络空间数据的相似性[1]，结果如图7-21。总的来说，所有的企业内外部网络相似度都达到了0.6

---

[1]　分析方法同上。

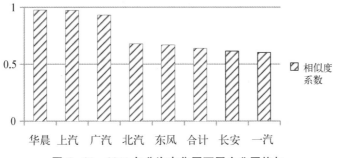

图 7-21　2011 年分汽车集团下属企业网络与
供应商网络的空间相似度分析

资料来源：作者自绘

以上,说明其空间格局具有较高的相似性。尤其是华晨、上汽、广汽的内外网络相似度高达 0.9 以上。但对于这一数据的解释需要很谨慎:一方面,华晨和广汽的下属企业和供应商数量较少,因此,分析结果可能存在较大误差;而上汽由于处在长三角这一我国汽车零部件供应商最为集中的区域,故此内外网络的空间相似度较高也存在合理性。结合其他企业的相似度,至少可以得出这样的结论,即我国主要汽车企业的供应商对于龙头企业存在相对较高的空间依赖性,抑或趋向于布局在其零部件供应对象/采购商的邻近区域;但同时,相比其他企业,诸如一汽这样的总部偏于一隅的企业,其内外部网络的相似度相对较低,从而可能导致较高的运输和交易成本。

（5）基于汽车企业及其供应商布局的城市网络分析

综合以上分析结论,我国主要汽车集团内外部生产网络的空间组织特征具有相当的"黏性",且对区位的要求并不如 APS 企业敏感。造成这一特征的原因包括:① 由于汽车集团仍在一定程度上延续了计划经济时期"中央集权"的管理体制,因而市场因素并不能完全决定生产环节或价值链区段的布局;② 一些传统汽车工业基地长期以来积累了丰富的地方产业文化和社会资本、拥有雄厚的技术人才储备和较强的研发能力,这些"地域嵌入性"使得汽车产业无法轻易地脱离既有空间格局;③ 尽管零部件供应商是独立的企业,但出于信息成本、交通成本和时间成本等因素考量,其选址仍倾向于围绕其供应的整车厂商。最终的结果是形成了整车企业占据相对主导地位、由整车企业与供应商共同构成的金字塔和簇群化模块网络的混合体——生产区段在不同汽车集团的空间分散,以及同一集团下属公司的空间分散基础上实现集聚。一定程度上,我国主要汽车企业外部网络的空间建构是依存在其内部网络的空间之上的。

基于上述特点，对我国尤其是东北地区 AMS 城市网络可以作出以下判断：

① 传统汽车制造业基地（城市）及其所在城市-区域甚至更大范围区域（如长春-吉林-四平、十堰-武汉-襄阳、重庆-成都-川东等区域）在 AMS 城市网络中的优势地位维系有其内在原因，并难以被完全替代。这解释了十堰、长春等在 APS 城市网络中相对边缘的城市由于核心企业的存在，不仅在企业内部网络中占据中心区位，而且吸引了大量的零部件供应商集聚在其周围，使得其在市场开放的条件下、在 AMS 城市网络中仍占据重要位置。

② 另一方面，根据 2003 年、2011 年的企业信息，市场空间的扩张并没有过多地威胁传统制造基地城市在 AMS 城市网络的中心节点地位，其成因可以被解释为由于存在增量发展——即在既有网络基础上拓展出了一些新的网络及其中心节点。例如，销售、研发等位于价值链高段的分工环节由于对区位较敏感，倾向于布局在北京、上海、广州等特大城市；但对样本企业的观察可发现，即使顺应这些功能的布局要求实现空间的拓展，布局于总部城市的既有销售、研发等机构并不会就此被取代——高附加值功能是"增量拓展"而非"转移和重构"。限于资料有限，本书无法准确判断既有功能与增量功能是并行、互补还是替代关系，但考虑到大多数样本集团在总部城市的既有研发、销售等功能也有所发展（机构数量增加或升级），则"替代关系"选项基本可以否定①。

③ 正如上文所指出的，汽车企业外部网络的空间组织是以内部网络的布局为基础的。反映在 AMS 城市网络上，即是以核心城市（总部所在地）为源点，外向辐射至有限的几个城市节点（下属整车制造厂所在地），以这些节点为"中继城市"或区域中心，进一步向外连接周边城市（围绕整车制造厂的零部件制造商、研发、销售、物流等功能所在地）形成次一级网络。从时间发展角度，即以核心城市为中心，蛙跳式发展出由若干核心城市为"簇心"的城市-区域。

④ 这些城市-区域可被理解为是以产业关系为空间逻辑、城市为载体的"群岛"空间。这些"岛屿"按产业发展类型从核心向外辐射，形成了整车制造-组装和制造基地-（集团下属）零部件制造厂商和（独立）零部件供应商等产业圈层。

⑤ 在网络的不同"岛屿"之间存在紧密的联系流，从核心城市所在的"岛屿"向其他"岛屿"输出管理、技术和物质流，而其他"岛屿"向核心"岛屿"、其他"岛屿"之间也存在物质和技术流的联系。其中，一些包含上海、北京、广州等沿海特

---

① 对于东风集团而言，由于总部城市十堰过于偏僻，因此，其将相当比重的研发和销售、管理功能转移至武汉、广州，且以武汉为主。但考虑到十堰和武汉的距离较近且位于同一省，从汽车产业的发展角度可以将十堰-武汉-襄阳视为一个区域，则其空间布局的"黏性"仍然存在。

大城市为节点的"岛屿"还担负着相当比重的贸易、物流和研发功能,成为整个 AMS 城市网络的门户。

基于上述分析可以建构汽车集团及其供应厂商的网络关系图。图 7 - 22 即是以一汽集团的外部联系网络示意图。需要特别说明的是,由于以产业关系的紧密程度为空间逻辑,因此图 7 - 22 的城市区位取决于其与产业核心城市或区域性中心城市的产业联系,而非地理意义的空间远近。这是一种基于大区域(如东北、长三角等区域板块)的相对空间概念。

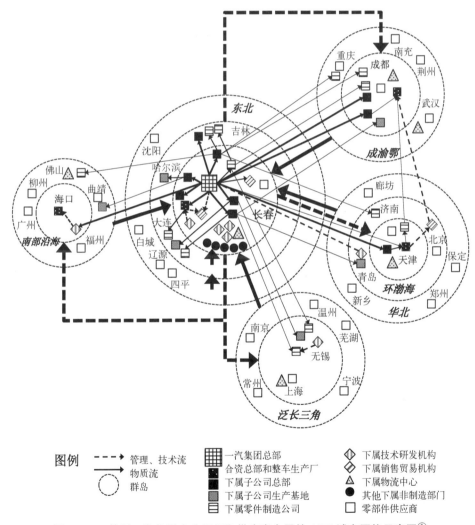

图 7 - 22 基于一汽集团企业组织和供应商布局的 AMS 城市网络示意图①

资料来源:作者自绘

⑥ 不同汽车集团 AMS 网络的叠合促生了汽车相关产业的高度集聚，不同集团、集团与供应商、供应商之间密切联系和交流的"地域"空间。虽然如上文所述，不同汽车集团内部流空间的联系方向鲜有交集，且供应商网络的空间相似度也并不高(参见表 7 - 3)；但在下属公司的选址时，受到地域嵌入性因素①影响，则倾向于选择环渤海、泛长三角、成渝-鄂、东北、珠三角等已有一定汽车产业基础的城市群。即在 AMS 城市网络意义上，由于产业空间拓展所产生的"群岛"空间具有相似性(不一定位于相同城市，但往往位于相同的城市-区域)。"群岛"叠合的结果产生了"地域"空间，在这些以城市-区域为载体的地域内，虽然不同整车厂商之间的直接交流可能较少，但由于空间的邻近和大量供应商的集聚，有可能存在频繁的信息技术、人才、资金和市场等社会资本之间的交流。即在网络空间的大格局之下，地域场所空间的重要性同时得以凸显和强化。

需要指出，这些判断仅是初步的，有待于进一步的实证支撑和推论。

7.3.3 东北区域尺度下的 AMS 城市网络

AMS 网络可以进一步抽象为图 7 - 23 中的簇状拓扑网络空间。在全国尺度下的拓扑网络中，若将东北地区的 AMS 网络提取出来，则如图 7 - 24 所示。

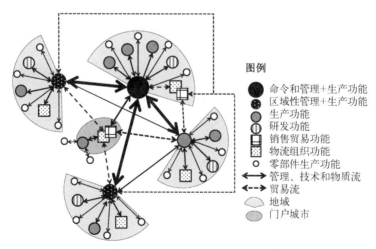

图 7 - 23　基于一汽集团 AMS 城市网络的简化示意图

资料来源：作者自绘

---

① "嵌入性"对于产业和区域空间的影响将在下文重点予以讨论。

② 图中的"零部件供应商"只列举了主要城市。

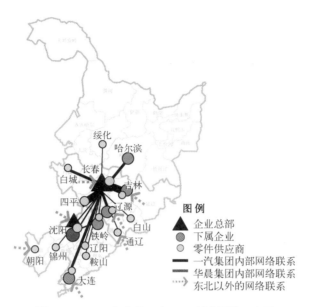

图 7‐24　2011 年东北三省 AMS 城市网络示意图

资料来源：作者自绘

　　虽然在东北地区存在两个集团的总部（一汽和华晨），但由于二者的发展水平差距较大，因此总体上，东北的 AMS 城市网络呈现出以长春为核心的特点，且一汽的企业组织网络对于东北整体的 AMS 网络结构有决定性影响。

　　从时间变化来看，位于哈-长-沈-大的汽车集团下属企业表现出不同程度的增长（图 7‐25）。其中，由于华晨集团的发展，沈阳的相对增速最为迅猛。借鉴 APS 网络中节点联系度的计算方法，可以得到相类似的结果，即哈-长-沈-大四

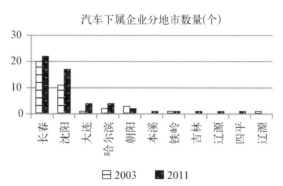

**图 7‐25　2003、2011 年东北地市汽车集团下属企业数
变化（按 2011 年企业数降序排列）**

资料来源：整理自中国汽车工业年鉴 2004、2012

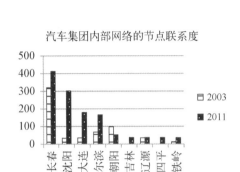

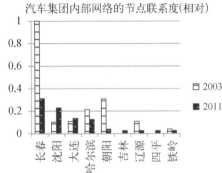

图 7 - 26 企业内部网络中东北城市的节点联系度（按 2011 年联系度绝对值降序排列）

资料来源：整理自中国汽车工业年鉴 2004、2012

市越来越紧密地联入整个 AMS 城市网络中；与之相对，东北地区的其他城市的联系度则无论下降或者增长其幅度均可以忽略（参见图7-26左图）。

需要特别注意的是，哈-长-沈-大四市节点联系度的增长是在我国整体汽车产业处于快速发展时期、网络中大多数城市联系度上升的背景下取得的。如图7-26右图所示，若将节点联系度除以对应年份全国所有城市联系度中的最大值以获得 0—1 之间的相对量，则除了沈阳之外，东北城市在网络中的位置整体下降；尤其是长春，由 2003 年网络中联系度最高的城市（相对联系度为 1），下降至 2011 年的 0.3（最高值为上海，其节点联系度约为长春的 3 倍）。

从供应商的时间变化来看，相比 2003 年，2011 年一汽的一部分供应商从长春转移了出去；与此同时，吉林、四平等长春的周边城市的一汽供应商数量则有所上升（图 7 - 27）。可以合理推测，一部分从长春转移出去的供应商选择就近搬迁至长春周边城市。此外，与华晨集团的发展相对应，其供应商数量也有所增

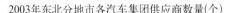

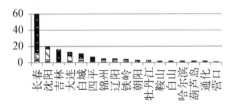

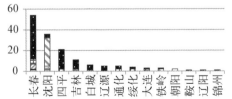

图 7 - 27 2003 年、2011 年东北分地市汽车集团供应商数量变化（按供应商总数降序排列）

资料来源：整理自中国汽车工业年鉴 2004、2012

长,但绝大多数仍集中在其集团总部所在的沈阳市。然而,就东北整体而言,无论是位于东北的一汽供应商还是所有在东北的供应商加合,都呈现出总体下降的态势,尤其是黑龙江省和辽宁、吉林两省除哈大轴和环渤海沿线以外的城市,供应商数量都出现了不同程度的下降,有的甚至下降为0。

结合东北城市在集团企业内部网络中节点联系度相对值的下降,可以推测,2003—2011年间,东北作为一个相对独立的地域,在全国AMS城市网络中的地位有所边缘化。除了哈-长-沈-大和少数几个城市之外,东北大多数城市的交通运输设备从业人员区位熵低于1。而在那些区位熵高于1的城市中,齐齐哈尔是轨道交通车辆制造基地,大连、丹东、葫芦岛有造船基地,哈尔滨、沈阳则有飞机制造企业,则东北城市实际从事汽车制造的人口区位熵将会更低。这显然与东北作为传统的汽车制造基地的地位不相符合,一定程度上反映出该地域在我国汽车产业及其对应的城市网络中的相对重要性的下降。

7.4　本章小结

(1) 基于生产/服务网络空间的国家城市体系

正如本书研究框架中指出,网络空间具有动态和开放特征,因此即使对于东北这样一个有着相对明确地域范畴的区域,对其的网络研究也必须放置在更大的尺度下,即本章所讨论的国家尺度。综合本章基于高级生产性服务业和汽车产业的城市网络分析结论,基本可认为在我国的城市网络建构过程中,"去地方化假设"和"重构假设"两种过程并存。

APS城市网络显示,北京、上海、广(州)-深(圳)集聚了大量的高级生产性服务业总部和分支机构,成为全国APS城市网络中的三个中心;而武汉、杭州、成渝等城市则扮演着区域性中心的角色。与之相并行的是,基于汽车产业等专业领域的城市网络则表现出一些不同的特点,大多数的汽车企业总部都位于传统的制造业基地,在其骨干制造企业实现空间拓展的同时,也成功地维系了其总部所在城市的网络中心地位,并围绕总部集聚了一批面向生产的服务功能,如管理、科研、销售、物流等。

对比欧洲大城市与制造业集聚区(如德国的鲁尔地区、法国的阿尔萨斯-洛林地区、英国的威尔士和英格兰东北部地区等)在空间上相对分离的情况,我国的多数大城市、特大城市在发展现代服务业的同时仍保有相当的制造业份额,例如上海、北京、广州等在 AMS 网络中占据重要地位的城市其制造业仍然占有相当高的比重。

在高级生产性服务业不断向这些中心城市聚集的同时，一部分低端制造业必然会向外转移。但正如 AMS 网络中供应商倾向于邻近整车制造厂布局一样，在中心城市产业转型的过程中，与中心城市空间邻近的半边缘地区（如上海与泛长三角、广深与粤桂、京津与冀晋、成渝与川东、武汉与鄂赣等），而非真正意义上的边缘地区，成了主要受益地区。即尽管在全国层面，网络联络形成了流的空间，超越了地理空间和绝对空间距离，实现了产业集群"岛屿"之间直接、频繁的交流；但在区域层面，绝对空间意义上的距离和尺度仍然是决定一个城市或地区在网络中处于何种位置的重要因素。

此外，我国城市网络与欧洲的另一主要差异在于，我国的多数地区仍处于工业化阶段或工业化与后工业化并行的阶段，而非如欧洲（尤其是上文引述研究中所关注的西欧地区）已经普遍地进入了后工业发展阶段。这意味着，我国的制造业网络，尤其如汽车等新兴产业的网络仍将在相当长一段时间经历快速的扩张和空间重构。即无论是服务业网络或是制造业网络，都处于一个动态和不稳定的阶段。虽然这并不一定意味着传统制造业中心在网络中的地位将受到挑战，但不可否认的是，这些城市一方面尚未彻底完成产业升级和转型，一方面在整体处于快速发展的宏观背景下，必然较欧洲的传统工业集聚区面临更多的挑战。可以预测的是，一些转型不成功的制造业中心即使拥有雄厚的产业基础和优越的社会资本，也仍将在网络中趋于"边缘化"。

计算五普和六普分地级市制造业与生产性服务业就业人员数区位熵，2000—2010 年，制造业从原本均布，东北和西北相对集聚的格局剧烈变化为高度集中在长三角-珠三角一线的沿海地区，环渤海、长江流域形成相对集聚，其余区域的区位熵都为负值的格局。而生产性服务业[1]的区位熵则呈现出向省会的特点。需要特别指出的是，与东南沿海、环渤海地区制造业的高区位熵相呼应，其生产性服务业的区位熵也相较周边区域较高。这在一定程度上证明了"重构假设"在我国的确存在。

（2）东北的城市-区域在全国网络中的区位变化

基于这两点关于全国城市网络的判断，东北由于地理位置相对偏于一隅，人

---

[1] 由于数据限制，无法从生产性服务业进一步细分出获得高级生产性服务业的数据。因此，在一些经济不发达的地市，当其第二产业从业比重较低时，也表现出较高的生产性服务业区位熵。但这应与东南沿海、各省会等经济发达地区/地市的高服务业区位熵的所反映出的高水平产业集聚区别开来。

口密度较低,远离主要的市场区(World Bank,2006),因而无论是在高级生产性服务业分支机构的布局还是在承接外部产业转移或扩散的过程中显然处于劣势。一方面,地区内部有哈-长-沈-大四个城市,形成了区域性的生产性服务集聚节点;同时,作为我国重要的老工业基地,一些东北城市,尤其是哈-长-沈-大具有较好的制造业基础和丰富的社会资本积淀,在全国的不同产业组织网络中仍占有较为重要的位置。然而另一方面,正如 AMS 网络分析所显示的,随着核心企业的功能增长和空间拓展,与长春相邻近的城市(如四平、吉林等)虽然也享受到了一汽集团产业扩散的好处,但更多的扩散是在东北以外,是那些在全国汽车产业网络中占据优势地位的城市和区域承载了增量功能。因此,对于东北的城市,甚至是总部所在地城市本身,在产业总量的绝对值增加的同时,其在网络中的相对区位(相对节点联系度)却表现出下降的态势。这一观点得到了其他相关研究的印证,如颜炳祥(2008)关于我国汽车产业集群集聚程度的定量分析结果同样表明,相比其他汽车产业集聚区域,东北作为一个区域板块的竞争力正在下降。

(3) 城市网络影响下的东北核心-边缘空间演变

正如赵渺希(2010)研究得出的,网络具有(空间)选择性和不平衡性两个基本特点。在全球化背景下,城市是否联入网络、联入哪一个层次的网络以及在网络中位于何种地位决定了城市的竞争力水平。本章基于这一视角的研究发现,无论是全国乃至全球性的宏观网络,或是区域层面的网络,都深刻地改变了东北"内部"①的空间结构与城市-地域之间的关系。分析证实,东北的区域空间结构演变一定程度上与网络分析结果相互支撑——哈-长-沈-大作为联系不同层面城市网络的"中继城市"成了东北不可或缺的核心城市,并带动了所在城市-区域的发展,逐步形成辽中南、长-吉、哈-大-齐等经济发展高地;而一些没有联入网络的地区(如黑龙江的北部等)则愈发地边缘化。

具体而言,首先是 APS 城市网络的分析显示,哈-长-沈-大成为国家和区域等不同层面网络的铰接点,这意味着这四个城市不仅是辐射所在省其他城市的省域中心,而且也是其他东北城市得以联入全国城市网络的必经节点/中继城市。换言之,在某些重要功能上,东北的其他城市须经由哈-长-沈-大与区域外部的城市和城市网络产生联系。由于这四个城市是联系外部的枢纽和门户,因

---

① 虽然从网络意义上,东北是否构成一个完整区域尚有待商榷。但作为研究对象,仍有必要区别区域"内-外"。

而在整个东北区域网络中起到了决定性的组织作用。

而就区域层面的网络而言，比照在长三角、京津冀、成渝、珠三角等区域采用类似分析方法的研究成果（路旭等，2012；谭一洺等，2011；赵渺希，2011），可认为东北的区域网络尚不成熟，是一个总体上组织松散的"地域"。首先，无论是APS网络还是AMS网络，联入网的城市数量都是有限的。一些城市（如抚顺、吉林、四平、牡丹江等）由于与四个中心城市空间邻近，从中心城市的功能辐射与扩散中获得了更多的资源。需要强调的是，这种辐射作用仍然是基于地理的邻近，而非网络的资源配置，即东北真正意义上联入区域乃至全国/全球城市网络的城市只有哈-长-沈-大四市。

此外，APS网络，尤其是基于生产性服务业客户的网络表明，东北三省的省际联系也需依靠哈-长-沈-大作为中继节点，且除了沈阳与大连之间的省内联系之外，四者相互的联系度并不高。这一特点不仅再次凸显了哈-长-沈-大作为中心城市的重要性，并且反映出东北的资源流通和分配仍以省为基本单位，即"行政区经济"仍很强烈，"省"的行政边界对于各种信息、物质联络和资源流动的区隔作用明显。

而在AMS网络中，随着核心制造企业的发展及其生产组织方式的改变，一部分计划经济时期在企业内部（同时也是在总部城市内部）的生产环节被解放出来，扩散至东北的其他城市，增强了城市间的联系。但同时也应该看到，这种扩散对于强化东北内部，尤其是跨省联系的作用是十分有限的——随着龙头企业集团的子公司蛙跳式的空间拓展，产业网络中东北城市之间的联系流及其重要性（相对联系强度指标）将趋于下降。

第8章

地域嵌入性要素与区域核心-边缘空间的关联性

20世纪90年代以来,在经济学、人文地理学(社会地理学和经济地理学)、社会学等领域,先后出现了以克鲁格曼为代表的"新经济地理学",以阿明等人为代表的"新区域主义",以格兰诺维特、曼彻斯特学派为代表的"经济社会学"等学派,虽然视角和研究范畴不同①,其理论观点一般都强调地域性要素和内生动力在区域经济发展和参与全球竞争中的决定性作用(A.阿明,2005)。

在前面的6—7章中,已经分别以产业的视角,从场所空间和网络空间角度切入讨论了产业的空间组织与东北区域空间结构的关联性。其中,无论是产业要素的场所空间,或是网络空间变化,都表现出不同程度的"黏性",并对于区域核心和边缘结构的形成与强化起着至关重要的作用。本章将通过研究与产业相关的"地域资本"及其"嵌入(embeddedness)"作用,主要从物质层面的既有"交通网络"和非物质层面的"地域文化"两个角度来解释地域嵌入性要素对区域空间结构演变的推动及固化作用。

8.1 相关概念和理论

8.1.1 "地域资本"概念

"地域(territory)"往往有着"领土"的意涵,与国家、政治等相关联,带有强烈的地方或本土性。因此,在经济全球化的背景下,当城市节点不再依赖地缘邻

---

① 例如,新经济地理学论证了区域经济的内生增长动力;新区域主义关注地方制度对区域发展的作用,经济社会学则侧重地方社会资源、文化等在区域发展中的影响。

近的腹地的支撑，而是通过各种"流"与城市网络中的其他节点跨越地域边界相互维系时，很多学者认为全球化和网络城市体系将颠覆地域边界，并带来多元和交叠的主权（sovereignty），即"去地域化（deterritorialization）"（Anderson，1996）。

然而，去地域化这一观点实际受到相当多学者的批判（如 Yeung，1998；Kelly，1999；MacLeod，2001；Elden，2005 等）；越来越多的学者（如 Dicken et al.，2001；Taylor，2004 等）认为，经济全球化发展到一定程度是"地域"概念演变并重新受到关注的重要原因之一（Sykes，Shaw，2011）。他们提出，全球化并不会使得地域消亡。相反，"地域"是全球网络的重要维度之一（Gereffi，1994）；是空间和网络叠合的产物，作为网络体系的节点，城市/区域的地方认同和城市地域（urban territory）都作为自然或文化资产整合入网络（Taylor，2004）。

2001 年，OECD 第一次提出"地域资本（territorial capital）"的概念，意指每个城市、地区和机构在内源性发展基础上产生的资产（OECD，2001）。这一资本源于"后现代空间的一个悖论"（大卫·哈维，1990），即空间障碍越不重要，资本对空间内部场所的多样性就越敏感，对各个场所通过不同方式吸引资本的刺激就越大。卡斯特尔也认为，在城市网络体系中起到至关重要的技术创新过程，其根本源泉源于"地方氛围（local milieu）"①，虽然该概念不一定包含空间的向度，但卡斯特尔认为空间的邻近性（proximity）是这种氛围存在的必要物质条件（曼纽尔·卡斯特尔，1996）。Camagni（2008）则指出，氛围是真正的地域资本，确保了长期有效率地利用地方资源发展经济。而所谓的氛围并不单纯是空间上/地理上的邻近，更是一种社会-文化上的相近（socio-cultural proximity）——共同的行为模式、相互信赖、共同的语言和表达方式、共同的道德和认知符号等。

8.1.2　地域资本的"嵌入性"理论

地域要素对于地方发展的根植性影响可以用"嵌入性（embeddedness）"这一概念来描述，具体是指所空间所拥有的社会、文化、历史、共同认知（common cognition）、制度等因素，这些嵌入因素成为维持场所空间，并约束场所空间内行动者行为选择、决定地方经济社会发展轨迹的"结构性要素"。1944 年，匈牙利

---

①　此处，milieu 有多种译法，包括"氛围"（如曼纽尔·卡斯特尔，1996）、"环境"（如王缉慈，1999）、"基础"（如马丽、刘毅，2003）、"背景"（如叶普万，2002）。本书认为"氛围"的译法较为准确，并便于与环境（environment）、背景（context）相区别，故此采用。

经济历史学、人类学家卡尔·波兰尼(Karl Polanyi)在其著作《大转折：我们时代的政治与经济起源》中首次提出嵌入性概念，用来表明嵌入社会群体或多重社会关系网络的行动者较之未嵌入如此社会网络的行动者所面临的不同资源和制约(Moody，White，2003)。这一概念在 1985 年美国社会学家格兰诺维特(Granovetter，1985)发表的论文《经济行为和社会结构：一个嵌入性的问题》中被继承和发展。格兰诺维特首先批评波兰尼将前现代/工业化之前、现代/工业化时代的经济社会关系简单归为嵌入与脱嵌的二元观点，同时，他试图将其理论建立在三个基本命题之上，即：① 经济行为是社会行动的一种；② 经济行为是被社会定位的(socially situated)，个人动机无法解释；③ 经济制度(economic institution)并非自发形成，而是在社会、政治、市场经济和技术发展的约束下，通过社会网络的资源流动而形成的，是一种社会建构(socially constructed)(Granovetter，1990：95-96；Granovetter，Richard，1992：6，18)。格兰诺维特认为，嵌入性可分为关系嵌入(relational embeddedness)和结构嵌入(structural embeddedness)两种，前者是指行动者嵌于其所在关系网络并受其直接影响；而后者则部分继承了帕森斯的"结构-功能"学说(Parsons，1940)，旨在描述宏观层面上，行为者们所构成的关系网络嵌于社会结构之中，从而社会结构得以间接但深层次地影响或决定经济行为(Granovetter，1990；易法敏、文晓巍，2009)。

嵌入性理论的意义在于，通过建立"行动者-组织(关系)网络-空间"的研究框架(Dicken，Thrift，1992)，来思考和认知全球化和地方化的关系以及全球化背景下地方/地域的组织形式和空间形态(Dicken，Thrift，1992)。另一方面，由于嵌入理论本身也存在一定局限性①，在应用中必须持辩证态度，切不可极端化。

8.2 东北的地域嵌入性要素分析——交通

8.2.1 交通要素对于区域空间发展的影响

交通这一技术性要素对于区域空间格局的影响早在克里斯塔勒关于德国南

---

① 由于嵌入理论本身的局限性和部分学者对其的误解，嵌入性研究一度陷入"过度地域化(overterritorialized)"，或"空间拜物教(spatial fetishization)"的困境，不仅未完全摆脱客观空间的限制，而且由于过分强调特定地域的结构性要素，使得其理论框架的解释力和普遍意义受到了限制(Hess，2004)。

部中心地的研究中就已经有明确阐述："较好的交通条件缩短经济距离……这意味着中心地的重要性增强"(沃尔特·克里斯塔勒,1933：59 - 61)。克鲁格曼(1991)也通过模型证明,运输成本(可以认为与交通技术和交通设施水平有直接联系)与规模经济和区域国民收入中的制造业份额共同影响了区域经济空间的向心力和离心力,其中运输成本越低则区域空间越趋于集聚,进而形成"核心-边缘"结构。事实上,20 世纪 90 年代以来有关于经济全球化以及关于网络空间的认知和讨论也都有赖于交通和计算机、通信等技术领域的革命性创新(曼纽尔·卡斯特尔,1996)。汤放华、陈修颖(2010)则认为,交通方式与区域空间结构有着直接的对应关系(表 8 - 1)。

表 8 - 1　交通方式与区域空间结构的联系

交通方式	节点类型	区域空间结构特征
水运、铁路、公路时代	干线城市	区域城市分布分散、联系少,城市规模不大,城市之间的联系依靠单一的交通线
高速公路时代	廊道城市	指状扩展或郊区化蔓延的空间形态,中心城市的卫星城开始出现,初步形成区域交通走廊
快速铁路、城际轨道时代	通道城市	大城市开始发展成为区域的重要节点,集中交通线复合成为区域联系的通道
航空时代	枢纽城市	大城市已经发展为区域甚至是国际联系的枢纽城市,以城际快速交通和航空为特征
复合交通时代	城市群	以城际快速轨道交通为特征,空间形态成为由一条或多条复合交通走廊串联的城市群或大都市圈

资料来源：汤放华,陈修颖,2010

8.2.2　东北的交通网络与区域空间组织

东北的区域空间结构和城市体系一直与铁路等交通基础设施密切相关。东北是我国最早形成铁路网络的区域之一。在铁路网络形成之前,尤其在吉林、黑龙江两省范围内,县城、村镇几乎没有什么发展;城镇体系不完整、规模较小、呈稀疏点状分布(王士君、宋飏,2006)。东北的城市化起步与铁路、港口等现代化基础设施建设密切相关,两者的同步发展使得东北的城镇体系与铁路等现代大容量交通相匹配,即形成了以原满洲铁路为"脊"的城市框架;城市往往依托铁路站点选址建设,而非依托农村集镇逐步发展。由此也导致了城镇空间距离大,二三级城市尤其是小城镇发展严重不足,难以形成如我国中东部地区的那种密集城镇网络(Yasutomi,2002;引自 Duara,2004:45-46)。而在建国初期直至市场经济时期,多数重点项目也倾向于依托大中城市布局,发展大型重工业企业,强化了清末所形成的以哈-大铁路(原满洲铁路)为南北向的区域主轴,以哈尔滨、长春、沈阳为中心的若干东西向拓展,以及以港口城市为对外联系门户的东北区域空间框架。

交通影响下的区域发展格局似具有延续性。可以运用 GeoDA 软件对新型大容量轨道交通影响下的东北区域空间做分析。首先是 GeoDA 根据东北所有地级市辖区、县级市辖区和县城点坐标①的平面直线距离自动生成空间权重基础图,然后从中国铁路官网上搜集 2014 年 7 月 15—21 日东北高速铁路的班次信息,并以此为依据按前后站点的最短运行时间修改或增补空间权重信息②。由新的空间权重生成 2010 年高铁影响下的人均 GDP、工业从业和生产性服务业从业的空间自相关分析结果见图 8-1。

总体而言,加入高铁因素后东北的整体空间结构并没有发生太大变化,当然这与自相关分析的指标仍为 2010 年的指标有很大的关系。但从图 8-1 中仍可观察到高铁对于哈-大发展轴沿线城市群落以及以哈-长-沈-大为核心的城市-区域的强化。尤其是哈-大-齐、长-吉以及这两个城市-区域的空间联系明显得到加强:其中一些地区的自相关性从非显著变为显著,而一些地区则由高-低异质分布变为高-高集聚分布。如若考虑到高铁通车后对于经济社会发展水平的影响以及在指标上的反映,则可以合理推测随着交通设施水平的提升,以及技术嵌入因素的改变,东北既有的哈-大发展主轴、以哈-长-沈-大为核心的中心城市-区域的空间结构将得到进一步强化。其表征为哈大轴"更宽"和"更连续"(尤其在哈-大-齐至长-吉段);其二,由于吉林、黑龙江两省核心区域的实际交通时间大大缩短,则东北南高北低的发展格局似乎能够得到局部平衡,即一些东北中北部的高铁设站城市(往往是在省内发展水平较好的城市)与辽中南城市的发展差距或许会有所缩减;其三,由于哈-大轴的连续性得到了提升,则沿线东北城市的省际联系也有可能会相应增强,但这一点还取决于制度、政策、社会等复杂的因

①　坐标资料由国家基础地理信息系统数据库提供,http://ngcc.sbsm.gov.cn/.
②　如果 A、B 城市有站点且两站点为前后站,则认为 A、B 城市有直接联系,由于不同班次列车的运行速度不同,A、B 城市之间的列车运行时间可能不同,因此取最短时间,并根据 GeoDA 自动生成的空间权重和距离之比将时间距离转换为空间权重。如若原空间权重文件中有 A、B 两点权重,则修改为高铁影响下的权重;如若没有,则补充入权重文件。

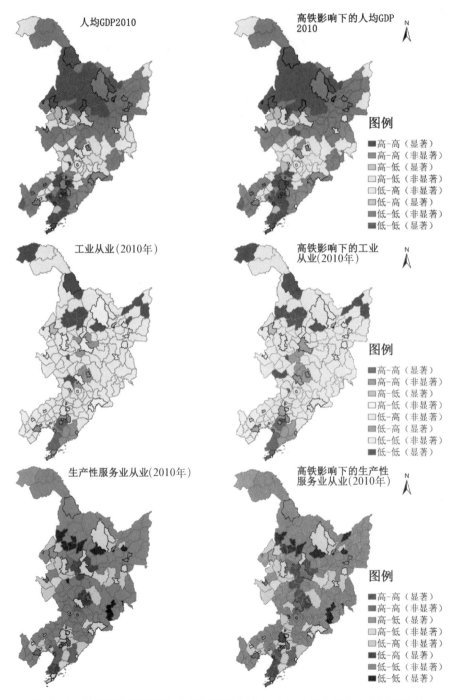

图 8 - 1　以平面直线距离和考虑高铁因素的 2010 年空间自相关分析结果比较

资料来源：作者自绘

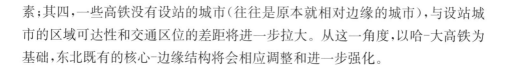

素;其四,一些高铁没有设站的城市(往往是原本就相对边缘的城市),与设站城市的区域可达性和交通区位的差距将进一步拉大。从这一角度,以哈-大高铁为基础,东北既有的核心-边缘结构将会相应调整和进一步强化。

8.3　东北的地域嵌入性要素分析——文化

8.3.1　地域文化在区域发展中的作用

地域文化是一定地理空间范围内的文化,一般由物质文化、精神文化、制度文化三部分组成(殷晓峰等,2010)。"嵌入性"理论认为"文化嵌入"在区域发展中起到制约和规范作用(Zukin,DiMaggio,1990),对于提升区域竞争力、决定区域发展水平起到直接和至关重要的作用(Amin,1999)。而布迪厄则更进了一步,在其《资本的形式》一文中完整阐述了"文化资本(cultural capital)"概念。布迪厄认为,文化本身即构成一种资本形式,且可以被估量、可再生产、可以与经济资本实现转换(Bourdieu,1986)。

8.3.2　东北转型发展中的文化要素制约

正如本书所多次强调的,东北转型发展的宏观背景之一即是我国经济从计划向市场体制的转变。不同的经济体制需要有不同的社会文化基础;然而一些学者指出,东北的地域文化并没有随着改革开放和经济体制改革而及时转变(刘少杰,2004)。"在地域观念文化与制度文化的共同作用影响下,东北老工业基地逐渐表现出衰退趋势……区域经济增长受到限制"(王星,2007:69),尤其是"自下而上"的工业化和城镇化必定难以形成气候。东北地域文化要素的制约性体现在以下几方面:

(1)较缺乏商品意识和"企业家精神"

由于历史上如"闯关东"等大规模的人口迁徙,东北的文化深受山东儒家和"重农抑商"思想的影响;加之长期以来处于粗放农业社会的状态,小农意识对于地域文化影响深刻。特殊的自然地理环境和经济社会条件,导致东北地域文化中商品意识不足,缺乏趋利和敢于冒险进取的"企业家精神"。因此,在东北从计划经济向市场经济转轨过程中,其地域文化条件显得不成熟和难以适应(邵学峰,2006;殷晓峰,2011)。

(2)"小富即安"的社会心态

东北地广人稀,形成了以家庭成员和家族成员为特征的社会交际关系;人均占有自然资源丰富，农民较容易获得生活资料，因而形成了以家庭为单位的小农生产模式。特有的农耕方式塑造了东北自给自足、"小富即安"的封闭社会文化心态，导致民众大多安于现状（李克，2010），相对缺乏进一步追求发展空间的动力。

根据笔者所参加的 2012 年《长春城市空间发展战略规划》研究中发放的5 000 份长春居民问卷①的分析，答卷人对于选择长春作为居住地的满意度总体评价很高。最满意（最浅色扇形）比例高达 21%，正面评价（颜色越深代表评价越高，颜色越浅代表评价越低）的群体占 71%。幸福感整体评价与满意度评价相似，非常幸福（最浅色扇形）占 25%，正面评价（颜色越深代表幸福感越弱，颜色越浅代表幸福感越高）占 73%；认为自己不够幸福的仅为 15%。这一调查结果一定程度反映了东北人易于满足、安于现状的文化心态。

进一步交叉分析满意度和人群构成：总体上，不同年龄、收入阶层、教育程度的人群对于城市的满意度都基本接近，且都为正面评价（高于 5.5 分）。其中，年龄分组中只有 60 岁以上的满意度明显较低；不同收入阶层对于城市的满意程度随着收入的增加而有略微增加；而满意度较高的教育分组是研究生及以上学历，反映了体制内的层级特征。

虽然在一个城市的调查结果远远不能代表东北全域，但长春的问卷调查结果仍从一个侧面反映出东北人易于满足的地域文化心态。在一些条件下，这一文化特征对于构建和谐社会有着积极作用；但不可否认的是，它与现代的开发经济和竞争社会的发展环境并不相适应。

（3）"典型单位制"背景下文化的计划经济色彩

一些学者认为，东北地域文化深受"单位文化"的影响，且东北地域中的单位制度除了具有全国单位社会的一般"共性"外，还具有特殊性，即所谓的"典型单位制"。主要表现为较短时间和相对集中空间内，自上而下由国家推动形成；社会群体在一个相对封闭的环境中开展互动；企业不仅扮演社会管理者的职能，还扮演着行政区的角色（田毅鹏，2004）。受这一特殊制度影响，东北地域文化具有浓厚的计划色彩、很强的权威等级观念和官本位等特点（王星，2007），从文化深层次阻碍了东北老工业基地经济体制从计划经济向市场经济转变的进程。

---

① 居民调查问卷调查由长春市规划院和教育部协助，总问卷发放数量为 5 000 份，根据各区学校学生数占全市比例、学校规模、中学和小学、重点学校和非重点学校的代表性等选取样本数。居民调查问卷共回收 4 446 份，其中有效问卷总数 4 356 份，有效率达 98%。从答卷人的人口统计情况看，基本反映了长春城市人口的性别比、年龄结构、教育程度、家庭收入等情况。由于主要发放人群为中小学生家长，因此相对城区总人口，答卷人更多地代表核心家庭、中青年以上人群，以及在长春居住时间相对比较长的人群。

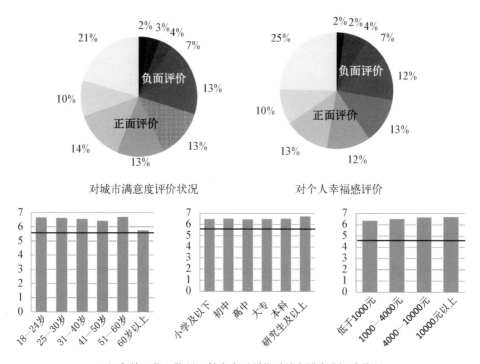

对城市满意度评价状况　　　　　　对个人幸福感评价

不同年龄、收入阶层、教育水平群体对城市满意度评价状况

图 8 - 2　长春居民对于城市满意度和个人幸福感的评价

资料来源：《长春城市空间发展战略规划》社会人文专题研究

（4）被动性与"等、靠、要"文化

与中东部人口稠密区的精耕细作的农业耕作方式不同,东北资源型农业对于自然气候的依赖性大,形成了"靠天吃饭"、被动闲散的文化特征和行为习惯;在农闲期间,大量农民都是留守家中等待下一年的春耕,而不会选择参与任何其他生产性劳动,即东北特有的"猫冬文化"(李克,2010;王星,2007)。

与此同时,国有企业及其社会组织和生产安排模式进一步固化了东北人被动接受"自上而下的统一管理……'等、靠、要'的行为习惯"(李克,2010:113),并不断强化、逐渐成为东北地域文化中的一个重要特征。

文化的被动性使得东北在转型过程中,仍然希冀于国家自上而下的"给政策",通过财政减免、税收优惠、项目指定等方式来推动东北振兴。这在一定程度上解释了为何相比其他区域板块,东北老工业基地的转型过程相对缓慢和难以有大的突破。

（5）人情社会,缺乏法治精神和契约精神

"闯关东"及严寒地区的聚居模式等塑造了东北地区以血缘、亲缘、地缘为纽带的人情交际网络。而计划经济时期实行的"单位制"制度则进一步强化了这种特征——单位交际人群多为熟人,职工的生老病死全由单位统一安排,找单位解决问题成为单位制度安排下东北社会的普遍行为习惯。

农村聚居方式、农场和城镇的单位制度逐渐形成和强化了东北以人情社会的文化特征,表现为"正常的人际关系变成了一种含糊的义气,造成以'关系'为主的社会交往规则盛行;压抑了人才自由成长的空间,剥夺了公平竞争的机会"(殷晓峰,2011:107)。在向市场经济体制转型的过程中,如果各种规则被感性所取代,必定是缺乏法制和契约精神。人治代替了法治,就会阻碍市场经济在东北地区的健康发展(王星,2007)。

(6) 东北地域文化的分异

虽然在东北地域文化中存在着一些不利的共性特征,但东北地域广袤,由于不同的发展历史、资源禀赋和经济社会发展水平,东北内部的地域文化并非同质,而是多元和差异性的。例如,东北南部沿海城市在与东北内陆城市有着同样文化基因的同时,其地域文化中还具有海洋文化特有的开拓和冒险精神;又如哈-长-沈-大等原满铁路上的重要节点城市,其工业化和城镇化进程相对较早,历经开埠和/或殖民统治,近现代的经济社会发展水平都曾达到一定高度,并曾较深刻地受到了国外文化的影响。因此,这些城市中,东北传统的农耕文化影响已经减弱;而这些城市往往又是外来人口,尤其是精英人口的主要迁入地,因此东北地域文化中的特质和消极因素在这些城市中并不那么显著。一定程度上,具有人口规模优势的城市,其文化的丰富、多元和开放性等,相较于那些人口规模较小、构成相对单一的城市及广阔的城乡区域,具有不可比拟的文化软实力优势。这也就更加凸显了哈-长-沈-大以及东北沿海城镇等的发展优势。

8.4 本章小结

本章以既有交通网络和地域文化为例,分析了影响东北经济社会发展的嵌入性要素及其空间作用。研究表明,经济社会发展水平相对较高的城市及其所在城市-区域具有"马太效应",即如哈-长-沈-大等城市,以及辽中南、长-吉、哈-大-齐等城市-区域相比东北的其他城镇,尤其是边缘城镇其交通和基础设施水平更高,更易于集聚社会资本,具有更强的文化软实力。这些城市/城市-区域在发展中有相对较强的捕获机遇的能力,并借以大幅提升了其在区域内的综合竞争力。亦即,地域嵌入性决定了在不存在外部干预或突发事件的前提下,区域是一个"强者愈强,弱者愈弱"的积累过程。这不仅解释了我国建国初期党中央缘何选择东北作为重要的工业基地之一,也解释了东北作为我国传统工业基地在其发展中的产业区位锁定现象及其对于区域空间结构"固化"作用,此外,还从一个侧面反映出区域空间不仅是对产业发展的被动适应,而且也是与产业空间相互支撑,相互强化的关系。

第 *9* 章

欧盟传统工业地区振兴的历程与经验

在完成实证分析和解释、进而探讨东北区域转型发展政策之前,有必要考察和借鉴与我国东北老工业基地有着某种相似度的欧盟国家的经验。

欧盟国家的城市和区域振兴政策探索和实践始于 1970 年代;40 余年来,在应对传统工业地区衰退、缓解区域发展不平衡等方面已经形成了较为完整的政策科学方法论,并积累了大量的政策实施和评价经验。与此同时,在相关的学术领域,"振兴(regeneration)"也成为研究的热点问题——不仅有针对特定地区、特定问题和特定政策的实证研究(Beynon et al. , 2000;Goodchild, Hickman, 2006;Keith, 2004),也有基于"新自由主义"、"新区域主义"等区域经济理论概念而对整个国家乃至欧洲振兴政策框架和演变的评述(Morgan, 1985;Percy et al. , 2003;Tallon, 2010),迄今的研究成果堪称丰硕。

9.1 欧盟的区域振兴的主要目标、政策工具与空间纲领

9.1.1 欧盟结构基金及其对应目标

随着 20 世纪 70 年代欧洲多数传统工业地区出现普遍性衰退,加之 80 年代之后加入的南欧和东欧与中西欧本身就存在巨大差异,欧盟内部空间的分化加速,经济社会空间表现出极大的不平衡。例如,中西欧的"伦敦-米兰轴线"(或所谓"蓝香蕉"(blue banana)地区)成为人口稠密和高度城镇化区域(图 9 - 1),集聚了欧盟约 40% 的人口(Hospers, 2003)。

1986 年,对于欧盟一体化发展具有里程碑意义的《单一欧洲法》(*Single European Act*)签署,其中关于"单一市场"的目标设定使得各成员国意识到,单

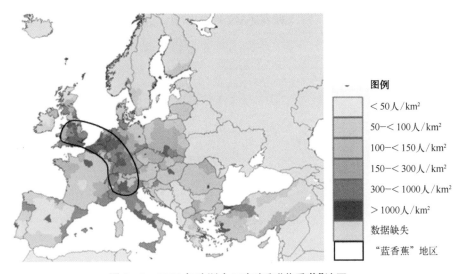

图 9 - 1　2007 年欧洲人口密度和"蓝香蕉"地区

资料来源：http://epp. eurostat. ec. europa. eu/portal/page/portal/gisco/maps_posters/maps

一市场有可能会进一步加剧区域差异和不平衡发展,反过来严重影响到一体化进程。因此,在《单一欧洲法》中同时确立了"凝聚政策(Cohesion Policy)",即通过加强成员国的经济和社会团结,减轻单一市场对南欧国家及其他相对后进地区的不利影响。相应的,在 1988 年布鲁塞尔召开的欧盟部长理事会议上,决定将既有基金整合,成立所谓的"结构基金"(Structure Fund)。此后,该基金便成了欧盟缩小地区发展差异,引导经济与社会整体和谐发展最重要的财政工具之一。

　　回顾结构基金的发展历史,主要经历了四次重大调整：① 1988 年改革：将 ERDF、ESF 和 EAGGF 中的指导部分合并为结构基金,并大幅提高结构基金数额;此外,确立了结构基金 7 项优先目标(priority objectives),并以此作为基金协助重点(表 9 - 1)。② 20 世纪 90 年代初,《马斯特里赫特条约》(也称"欧洲联盟条约")生效。与此同时,一些却面临着经济衰退和失业率持续攀高等困境,由此促生了 1993 年的结构基金改革。经过这次改革,渔业指导性融资基金被纳入结构基金,同时设立团结基金(Cohesion Fund,CF)①,用于促进希腊、葡萄牙、西班牙和爱尔兰 4 个相对落后的成员国的经济发展。此外,在结构基金的目标

---

　　①　对于 cohesion fund 的译法包括团结基金、凝聚基金、聚合基金等,此处采用中华人民共和国驻欧盟师团官方网站的译法,即"团结基金"。

设置上,更加呼应当时的发展环境,如提出劳动力素质的提升,以适应产业调整和技术升级等(表 9 - 1)(徐静,2006;张文涛,2008)。③ 1999 年改革：随着欧盟东扩,结构基金与团结基金预算急剧增加,使得原欧盟成员国的转移支付负担加重,引起了这些国家的不满,并导致第三次结构基金改革。相较之前,该次改革后,基金的目标区域和政策工具都大为精简,优先目标缩减为 3 项(表 9 - 1)(European Commission,2003;2005)。④ 2007 年以来的结构基金：为了解决欧盟东扩所导致的差异扩大问题,欧盟在 2004 年出台了《凝聚政策(Cohesion Policy)2006 - 13》,设定了 3 项关键发展目标来取代原本的优先目标(European Commission,2007;2013)。2013 年,为了应对持续发酵的欧债危机、普遍的高失业率和区域发展不平衡加剧等区域问题,欧洲议会和欧盟理事会提出了新的《凝聚政策 2014 - 20》,该政策基本继承上一版凝聚政策的思路,采取更为灵活的关键目标以引导区域发展和明确结构基金与团结基金的关键领域(表 9 - 1)(European Parliament,The Council of the EU,2013)。

表 9 - 1　欧盟各阶段结构基金总结

时期	优　先　目　标	对　应　基　金
1988—1993	目标 1：促进发展落后区域① 目标 2：促进工业发展落后的地区 目标 3：解决长期失业 目标 4：将青年人纳入劳动力市场 目标 5：加速调整农业和渔业结构(5a) 　　　　促进农村地区发展(5b)	ERDF、ESF、EAGGF ERDF、ESF ESF ESF EAGGF ESF、ERDF、EAGGF
1994—1999	目标 1：促进落后区域的发展和结构调整 目标 2：促进工业发展落后的地区和边界地区 目标 3：解决长期失业,并提供就职便利 目标 4：培训适应产业调整和技术革新的劳动力 目标 5：加速调整农业和渔业结构(5a) 　　　　协助农村地区的结构调整(5b) 目标 6：促进人口密度过低地区发展	ERDF、ESF、EAGGF、FIFG ERDF、ESF、FIFG ESF ESF EAGGF ESF、ERDF、EAGGF、FIFG ESF、ERDF、EAGGF
2000—2006	目标 1：协助落后地区的发展和结构性调整 目标 2：支持面临结构性困难地区的经济和社会转型 目标 3：支持教育、培训和就业制度的调整与现代化	ERDF、ESF、EAGGF、FIFG ERDF、ESF ESF

————————

① 欧盟定义"落后地区"为人均 GDP 低于欧盟平均水平 75% 的地区。

续　表

时期	优　先　目　标	对　应　基　金
2007—2013	缩小差距(convergence)目标,基本与之前的目标 1 类似,目的在于帮助落后地区时间经济和就业的增长	CF、ERDF、EAGGF、ESF
	区域竞争力和就业目标:旨在提升区域的竞争力、增加就业机会和提升区域吸引力	ERDF、ESF
	欧洲地域合作目标:目的在于加强跨境、多国和区域间合作,该目标基本是根据之前的 INTERREG 动议所提出的	ERDF
2014—2020	投资以促进增长和增加就业目标	ERDF、ESF、CF
	欧盟地域合作目标	ERDF

资料来源:整理自张文涛,2008;徐静,2006;European Commission,2013;2007;2005;2003;European Parliament,The Council of the EU,2013

需要指出的是,在所有目标中,目标 1、目标 2(以及 2007—2013 年的"缩小差距目标")长期以来是结构基金支持的主要方向(Rodriguez-Pose,Fratesi,2004)。在 1988—1993 年期间,这两项目标支出占结构基金总额的 86%;1994—1999 年该比例有所缩减,但仍约为 70%;而在 2000—2006 年,该比例又上升至 80% 左右。其中,目标 2 具有扶持老工业基地的明确导向。

9.1.2 "欧洲空间发展展望"

"欧洲空间发展展望——欧盟的均衡和可持续的地域发展"是欧洲委员会 1999 年关于欧洲全域的空间战略规划(European Spatial Development Perspective,以下简称 ESDP)。在制定这一战略性空间框架之时,"欧盟大多数成员国之间的区域差异仍在增加……(且)主要经济要素自身的增长或者集中并不足以在欧盟范围内发展一个平衡的和可持续的经济和空间结构"。因而,该规划"这一目标旨在实现欧盟地域范围内地理上更加均衡协调的发展"(European Commission,1999)。

具体来看,该规划的空间发展战略目标包括:

● 发展多中心与均衡的城市体系,强化城乡地区之间的合作伙伴关系,缩小城乡二元差距;

● 倡导交通与通讯一体化发展,以支持欧盟的多中心发展策略,并作为欧洲各城市和地区继续获准加入经济货币组织的一个重要先决条件;逐步实现在使用基础设施和获得知识方面机会均等目标；

• 以合理的管理手段开发和保护自然与文化遗产。在全球化时代背景下，保持和强化区域特征，维护欧盟各地区和城市自然与文化的多样性。

ESDP 直至今日仍具影响力，尤其在 ESDP 中与欧盟结构基金的各项计划紧密结合，促使欲申请基金支持的国家、区域/次区域和城市政府、各类机构在其空间规划、经济发展和跨境合作项目上都必须认真考虑和遵循 ESDP 中的空间框架(European Commission，1999)。在《凝聚政策 2006－2013》出台之后，基于 ESDP 框架衍生出包括发展多中心区域、在伦敦-巴黎-米兰-慕尼黑-汉堡所构成的五角区域(pentagon)建设"全球经济融入区"等地域凝聚导向的政策，呼应了当前欧盟的区域发展方向(Faludi，2006)。

虽然 ESDP 并没有针对特定衰退/边缘地区提出振兴策略，但其中的区域发展理念对于之后的欧洲区域振兴主要产生了以下两方面的影响：

其一，"地域(territory)"的出现和对欧洲空间的重新划分——ESDP 认为，"地域"将是未来欧洲政策中的新空间维度(European Commission，1999)。对"地域"的强调与欧盟一体化和全球城市网络的形成不可分。即传统带有一定政治、地理、文化意义、边界相对固定的"区域(Region)"空间已经不能够满足欧洲多样化的发展政策需求；取而代之的是，根据不同利益诉求，以更为灵活划分的"地域"概念来促进不同尺度、不同层次主体之间的合作。

其二，在区域振兴议题上，ESDP 弱化了传统"核心-边缘"中的"二元"区域观，较少强调通过建设基础设施来加强中心与边缘的联系、带动边缘地区发展；转而强调地域凝聚力(territorial cohesion)和多中心城市体系对于区域均衡、可持续发展的意义。即发展基于全球网络的多中心城市空间——形成若干以全球城市及其辐射腹地为核心、由通达全欧洲的交通网络支撑的国际经济一体化区域；而在核心区都市区之外，则选择培植服务产业增长节点，使其接入欧洲城市网络，从而更好地实现区域振兴和均衡发展。

9.1.3　欧盟传统工业地区振兴的经验总结

自欧盟设立初期至今，始终以自由贸易下各成员国能够相对均衡发展、能够分享区域利益，并通过"共同分担"的方式来帮助相对后进地区为核心目标。这一目标的提出背景是欧洲内部经济社会和政治的多元、分化发展，以及这一特征与建设欧盟单一市场的密切关系。而上文介绍的结构基金和 ESDP 则成为引导区域平衡发展的最重要指引框架和政策工具之一。

从政策的历史演进和实施情况来看,以 2000 年为时间节点,在这之前,应对普遍性的传统工业地区衰退,结构基金为之专门设置目标(表 9-1 中的目标 2),期望通过财政工具援助传统工业城市/区域,并引导其逐步转型。包括比利时东南部、德国的鲁尔萨尔区、法国北部和东部地区、英国的苏格兰中部等地区都受益于该结构基金资助(张广翠,2006)。而随着 1999 年 ESDP 的出台,以及对于 2000 年之前结构基金不同目标的绩效评价,欧盟的区域政策也转而强调自下而上、多元政策内涵的地域管治(territorial governance),而非如"传统工业地区振兴"等自上而下支持及具有单一主导目标的项目(Armstrong,Wells,2006;Becker et al.,2010;Mohl,Hagen,2010),即衰退地区振兴的政策导向从"类型"向"地域"议题过渡。相应的,2007 年之后的结构基金中不再针对传统工业区而单设优先目标,而是设定了更具普遍意义的"区域竞争力和就业目标"(2007—2013 年)(Armstrong,Wells,2006),以及"投资以促进增长和增加就业目标"(2014—2020 年)①。

9.2　英国的城市和区域振兴政策

9.2.1　英国的城市和区域衰退及其振兴政策演变

英国是工业革命的摇篮,也曾是"世界工厂"。在一次大战之前,英国的产业中,制造业与服务业的比例接近,维持在 30%～40% 左右(图 9-2)。而两次世界大战和二战之后,英国作为制造业中心的全球地位和市场份额大幅下降,相应进入了全面的产业结构调整阶段,一方面,制造业的比重大幅下降,服务业比重则极速攀升,生产性服务业逐渐替代第二产业成为国家经济的支柱;而在制造业内部,新兴产业的发展强烈冲击了传统产业,电子、新型材料、精细化工、航天等技术密集型制造业逐步取代钢铁、煤炭等传统工业部门。产业重构和传统工业的衰退导致除大伦敦和英格兰东南部以外的大部分城市出现了严重的衰退。

应对这一现象,1968 年英国政府开始实施城市计划(Urban Programme);之后数十年间,在城市和区域振兴问题上英国政府的干预持续不断(Tallon,

---

①　截至 2014 年 1 月 15 日,2014—2020 年的区域政策与结构基金实施方案仍在讨论中,未形成终稿。

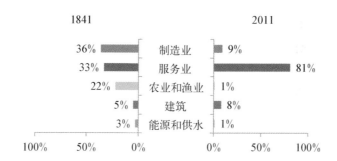

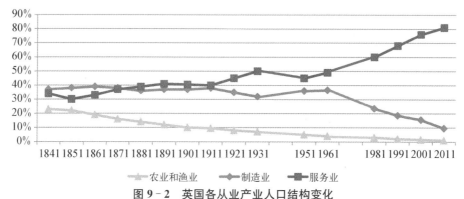

图 9-2 英国各从业产业人口结构变化

资料来源：英国 2011 年人口调查报告

http://www.ons.gov.uk/ons/rel/census/2011-census-analysis

2010)。从其城市政策发展来看,可大致分为四个阶段:① 1968—1977 年,仅限于局部小规模的试验性振兴政策,主要目的在于解决城市的社会问题;② 1977—1979 年,随着白皮书《内城政策》(*Policy for Inner Cities*)和 1978 年的《内城法》(*Inner Urban Area Act* 1978)颁布,英国开始推行全面的城市复兴,并形成了政策框架;③ 1979—1997 年保守党政府执政期间,极为强调市场经济在城市复兴中所发挥的作用,因而逐步减弱国家的政策干预,倡导通过建立公私合作关系(public-private partnership),以项目开发驱动(property-led)的途径更新城市的物质环境,实现城市复兴。在这一阶段,振兴项目的实施主体主要是“城市开发公司(Urban Development Corporation,以下简称 UDC)”;④ 1997 年工党新政府上台后,在总结之前几个阶段的经验基础上,推出了更为综合的城市复兴政策,并将其与可持续发展、解决社会排斥、提升地区竞争力等议题相结合。

虽然表面上,英国的复兴政策主要针对的是衰退城市(尤其是内城),但其实际的政策内容和反映的内涵远远超出了“城市”地区,反映出英国政府对于宏观区域的政策意图。在 20 世纪 80 年代之前,英国的城市复兴政策主要针对英格兰西北和东北、约克和汉伯塞德、米德兰郡、苏格兰、威尔士南部等出现区域性衰退和历经产业结构调整、经济转型等过程的地区。如中央政府曾在 1965 年成立经济规划委员会(Economic Planning Council),由该委员会制定一系列政策,引导上述地区的城市产业发展和城市更新,其主要目的在于促进衰退地区与英格兰西南(大伦敦及其周边)区域的平衡发展。

1969 年 Hunt 爵士领导的委员会发布了"干预地区(The Intermediate Area)"报告,提出"积极的区域差别对待(spatial positive discrimination)"的概念;报告指出,国家整体经济增长会带动衰退地区发展,因此,英格兰东南部实际可起到引领其他地区振兴的作用;相对地,对于衰退地区过分的财政支援和区域转移支付甚至会产生反效果(Hunt,1969)。1972 年的白皮书《工业和区域发展》(Industrial and Regional Development. Cmnd 4942)和之后保守党政府的区域和城市政策制定基本都接受了这一认识,对于区域不平衡采取相对"听之任之"的态度,甚至刻意地拉大区域工资差距,引导产业向低工资区转移(Morgan,1985)。

1981 年,英国的第一个 UDC 在伦敦码头区成立,表明中央政府的城市复兴政策的重点开始从"区域再分配"转为"特定地点激励",从地区平衡转向经济发展(Hunt,1969)。而中央政府的区域基金(Regional Funds)曾一度从 1982—1983 年的 91.7 亿英镑下降至 1987—1988 年的 40 亿英镑。

1997 年工党重新执政之后,区域的可持续发展对城市复兴的意义得到了重新重视。1999 年,在英格兰成立了 9 个区域发展办事处(Regional Development Agency,以下简称 RDA),中央政府的部分权力被下放至这些办事处,使之成为管理区域经济发展和振兴事务的准政府部门的公共机构,以组织和主导落实区域性甚至跨区域的振兴发展政策(Wikipedia,2012)。此外,城市开发公司 UCD 为"城市复兴公司(Urban regeneration Corporation,以下简称 URC)"所取代,后者比较 UCD 除了具有更强的"振兴"职能外,关注的空间尺度也从之前的具体开发项目扩展至整个城市-区域的尺度(Couch et al.,2011)。

需要补充说明的是,2010 年卡梅伦为首的联合政府执政后,英国撤销了所有的 RDA[①],取而代之的是"地方企业伙伴(Local Enterprise Partnership,简称 LEP)",其所对应的事务范畴从区域聚焦至城市的功能性经济地域(functional

---

① 大伦敦地区仍然保留区域层面政府,即大伦敦政府(Greater London Authority,GLA),原伦敦区域办事处的大部分功能也转移至 GLA。

economic territories)，即城市-区域①(Couch et al. ，2011)。

9.2.2 英国区域振兴的案例研究

● 煤矿区振兴(Coalfields Regeneration)

英国是最早发生工业革命的国家之一，其庞大的煤炭和钢铁产业一直是支撑英国近代工业发展的两大支柱。在最为兴盛的1920年，英国的煤炭产量约占世界总产量的59%，有煤矿2500多个，提供就业岗位近120万个(Department of Energy and Climate Change(DECC)，2013)；直至20世纪60、70年代，煤炭产业仍然是英国的主要能源，是关系到国计民生的支柱产业(Pettinger，2012)。然而，自20世纪80年代早期开始，由于生产成本上升、国际竞争、能源结构调整(图9-3)、国产化和生产集中化、技术升级、环境保护意识增强和政策调整等原因，英国的煤炭产业逐步衰退，形成1980—1990年代的矿区关闭潮。直至2010年，英国的煤炭生产企业只剩下了1家(UK Coal)，拥有39个煤矿和6000个就业岗位(图9-4)。

图9-3 英国的能源结构变化

资料来源：http://www.economicshelp.org，2012

原有的煤矿区由于经历剧烈的产业转型，产生了诸如经济衰退、失业率高、城市基础设施和建成环境较差、教育和劳动技术水平低等问题，并间接导致了英国

---

① 如在RDA时期，NWDA(西北发展办事处)负责整个英格兰西北部的区域规划和发展事务。而在该RDA撤销后，在原NWDA管理的空间范围内成立了6个LEP，分别管理不同的城市-区域。

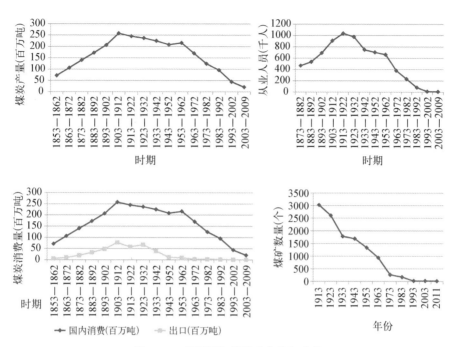

图 9‑4　英国历年煤炭产业指标变化

资料来源：Department Of Energy Climate Change，2013

区域发展的不平衡，一些煤矿区相对密集地区（如英格兰东北、约克、东米德兰等）与英格兰南部的发展差异日趋扩大（图 9‑5）。针对这一情况，1996 年英国政府宣布出台"国家煤矿区计划（National Coalfileds Programme，NCP）"。截至 2010 年，由英国合作伙伴（English Partnerships）和 RDA 负责执行计划，已经资助了英格兰的 107 个原煤矿区，净投入 2.57 亿英镑，预计还将投入 2.03 亿英镑。计划希望通过这些资助，能够帮助煤矿区恢复利用 40 平方公里的荒废土地，新建 200 万平方米的就业空间，新增 42500 个就业岗位，新建 13100 栋住房。

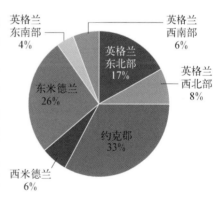

图 9‑5　英格兰的煤矿分布

资料来源：Pope，1991；Tallon，2009

　　NCP 被视为英国乃至欧洲战后最大规模的城市和区域振兴计划（initiative）（Tallon，2010）。对于其实施效果，各方的评价不一。有些研究报告认为，该计划明显地促进了地方发展，产生了大量的新的就业（Gore et al.，2007）；有的研究则认为，所谓的"新产业"也许并不"新"，而是周边产业被其优惠条件所吸引而迁入，或是那些原本就列入计划的企业扩张；而所谓"新就业"也只是暂时性或较低等级的，考虑到投入成本，振兴政策的绩效还有待提高①(Turner，1993)。

2010年，英国煤矿区振兴评估委员会发布了《煤矿区振兴评价》(*A Review of Coal fields Regeneration*)(CRRB，2010)，系统地回顾和评价了 NCP 执行 10 年的绩效，并就今后继续推进该计划提出了 10 点建议。次年，英国社区和地方政府部(Department of Community and Local Government，DCLG)对这 10 点建议做出了回复(DCLG，2011)。值得注意的是，无论是评估委员会的报告，还是其他的一系列研究报告(Gore，2007)，对于煤矿区振兴均形成了以下几点基本看法：城市或区域衰退是长期性和复杂的恶性问题(wicked problem)，需要通过结构性调整来缓解整个区域的经济和社会矛盾；良好的合作是振兴成功的必要条件，即中央政府提供政策框架和资金支持，而地方政府、企业、社会机构等则需形成自下而上的微观管理机制；振兴政策需具有可持续性，这一方面要求中央政府政策的长期连贯性，另一方面也需要地方组建财政上能自给自足的振兴办公室/委员会等负责机构；过于等级化的"核心-边缘"型空间结构并不利于可持续的区域振兴，且很容易造成振兴政策的空间倾斜，即中心城市或大城市易获得更多的新产业和新增就业，而后进地区则更加被边缘化；如何处理振兴城市与其所在区域，尤其是与其紧密联系的城市-区域的关系，对于振兴政策的成功与否至关重要。

英国煤矿区振兴评价委员会给煤矿区振兴计划提出的 10 点建议(CRRB，2010)：
- 建议一：改善结构性矛盾，解决社会矛盾；
- 建议二：振兴计划应该是中央政府提供战略框架，地方政府在次框架下自下而上的微观管理；
- 建议三：地方政府应有权参与制定获得计划资助的条件，从而提升资助的灵活性；
- 建议四：尽快提出解决失业、技术不足和社区发展的长期/可持续发展方案
- 建议五：中央政府需予以长期支持(其中，DCLG 和煤矿区项目委员会(CoalfiledsProgramm Board，CPB)在中央和地方之间起到了重要的周旋/沟通作用)；
- 建议六：对前煤矿区的重新审视，是否对于煤矿区的定义和范围划定要有所调整；
- 建议七：地方对振兴规划/项目的自主权和充分参与；
- 建议八：除了鼓励企业创业之外，对于既有企业的财政支持也很有必要；
- 建议九：资金申请的审核应充分考虑到地方的立场和特殊性；
- 建议十：煤矿区项目委员会需要及时咨询并与地方政府合作。

---

① 该研究完成于 NCP 出台之前，主要针对的是英国煤炭委员会/企业(1987 年之前：National Coal Board/1987 年之后：British Coal Enterprise)的振兴措施、"企业区"(enterprise zone)的创立和发展、地方政府政策等，因此仅具有参考性。

● "北方之路(The Northern Way)"

英格兰北部(以下简称"英北"),是指西北①、东北②、约克和汉伯塞德③三个RDA共同管辖的区域,包括曼彻斯特、利兹、利物浦、谢菲尔德、纽卡斯尔等城市,人口规模达1430万人(NWSG,2004)。英北地区是英国传统的工业地区,是英国工业革命的摇篮和中心。19世纪后半叶,随着美国和德国工业的崛起,英北逐渐失去了其在制造业方面的优势;至二次大战结束,英格兰已经形成了北部和东南部明显的区域差异(图9-6)——相比较大伦敦地区及英格兰东南部的以生产性服务业和知识产业主导的新经济,英北的煤矿、钢铁、纺织、造船等传统产业的比重仍然较高,城市和区域竞争力远低于东南部地区(Goodchild,Hickman,2006)。

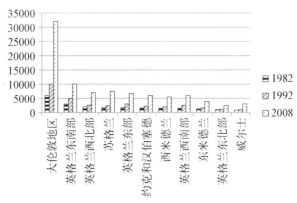

图9-6 1982—2008年英国分区域增加值分布
(按2006年不变价格,单位:百万英镑)

资料来源:http://joeg.oxfordjournals.org/content/early/2013/03/29/jeg.lbt003.full

2004年,英国政府决定由英北三个RDA主导,投资290亿英镑,通过"北方之路(The Northern Way)计划"来促进英北经济和社会发展。计划中包括了交

---

① 东北区域发展办事处包括柴郡,坎布里亚郡和兰开夏郡;Bolton、Bury、Knowsley、Liverpool、Manchester、Oldham、Rochdale、St. Helens、Salford、Sefton、Stockport、Tameside、Trafford、Wigan和Wirral大都市区;Blackburn with Darwen、Blackpool、Halton和Warrington非都市区。

② 东北区域发展办事处包括达勒姆和诺森伯兰郡;Gateshead、Newcastle upon Tyne、North Tyneside、South Tyneside和Sunderland大都市区;Darlington、Hartlepool、Middlesbrough、Redcar、Cleveland和Stockton-on-Tees非都市区。

③ 约克和汉伯塞德区域发展办事处包括北约克郡;Barnsley、Bradford、Calderdale、Doncaster、Kirklees、Leeds、Rotherham、Sheffield和Wakefield大都市区;East Riding of Yorkshire、Kingston upon Hull、North East Lincolnshire、North Lincolnshire和York非都市区。

通、就业、住房、土地利用和空间模式等多方面的内容。其目标是到 2025 年,英北可以发展成为欧洲有活力的区域,拥有一批现代化的欧洲大都市;知识经济得到快速发展;人民拥有更多的就业和个人发展机会,并享有更好的生活质量(NWSG,2004)。

与传统的英国区域振兴政策所不同,英北虽然有三个对应的区域级政府(RDA),但 RDA 之间、郡之间或是城市之间的联系都相当松散;基于不同的发展背景和水平,该区域内的利益诉求也相当多元。因此,"北方之路"计划聚焦在8 个城市-区域①——这些城市-区域居住了英北 90%的人口,集中了高于区域90%的经济活动,其增加值总额(Gross Value Added,GVA)的增长率是英北其他地区的 1.5 倍(NWSG,2004)——强调通过重点发展这 8 个城市-区域来带动区域振兴,并参与全球竞争。

在对应该策略方面,"北方之路"首先通过研究 8 个城市-区域的发展现状和特征,分别从就业、知识产业、企业发展、重点产业集群、劳动力素质、机场、交通可达性、交通联系、可持续发展的社区(城市社区复兴)、区域营销等方面提出英北增长战略,并对不同城市-区域分别做出发展定位和规划。

值得注意的是,"北方之路"是一个将经济发展和区域振兴诉诸空间规划的发展战略(Goodchild,Hickman,2006)。在该计划的第一版报告"创造北方之路"(Making It Happen:The Northern Way)中,结合整个欧洲大陆空间结构和英北城市和交通网络,规划了一条"北部发展走廊"(图 9-7)。在之后的第二版报告"向北方之路前进(Moving Forward:The Northern Way)"之中,基于英北的发展现实,发展走廊连接了全部 8 个城市-区域;且在城市-区域的空间发展框架之下,仍规划了曼彻斯特-利兹之间的发展轴,作为英北最主要的生产服务业中心和对外联系门户。此外,该计划还提出了一系列的"核心城市(core city)",目的在于通过这些大城市的高度化发展,使得更多资源集聚至 8 个城市-区域(图 9-8),进而将英北发展成为具有国际竞争力的多中心城市/城市-区域网络。最后,"北方之路"还就区域内的关键产业集群(key cluster)的空间布局做出了规划。

① 8 个城市-区域分别是利物浦/默西塞郡、曼彻斯特、谢菲尔德、利兹、中兰开夏、赫尔和亨伯港、蒂斯河谷、泰恩-威尔。

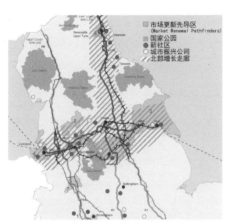

图9‑7 "北方之路"的北部发展走廊

资料来源：NWSG，2004

图9‑8 "北方之路"的8个城市‑区域

资料来源：NWSG，2004

"北方之路"计划于2011年3月结束,这主要与2010年主导和负责该计划的RDA被撤销有关。总体而言,该计划开创了英国振兴战略的新路径——在既有体制下,通过地域的重新划分,提出了战略性、多层次、多尺度的发展规划;其实质是反映欧洲21世纪以来的新战略思路和视角(Goodchild,Hickman,2006)。

9.3 德国鲁尔工业区的衰退和振兴政策

9.3.1 鲁尔区的发展历史

鲁尔区一直是欧洲传统的工业基地。19世纪,随着杜伊斯堡和多特蒙德之间的煤炭矿藏被发现,鲁尔地区形成了以埃森、杜伊斯堡、多特蒙德、奥本豪森、莱茵豪森为主的工业基地。利用其煤炭、内外交通及地理位置等优势条件,以煤炭资源的综合开发利用为基础,鲁尔区形成了以煤炭、钢铁、重型机械、基础化工为主体的工业生产体系。"二次"大战前,鲁尔区集中了德国73%的煤产量、7%的焦炭生产及67%的炼钢能力,工业产值一度占全国的40%以上(李诚固,1996)。

鲁尔区的衰退首先来自主导产业部门的衰退。20世纪50年代末,由于经济结构中煤炭和钢铁两大支柱产业比重过高,加之煤炭在原西德的能源结构中的比重迅速下降,钢铁产品的国际市场竞争能力减弱等原因,鲁尔区经历了明显的经济衰退:1957—2000 年期间,鲁尔的煤矿从 173 个减少至 12 个(Watson,1993;李俊江、史本叶,2003),煤炭产量锐减;1970 年代中期,鲁尔的钢铁产业也开始衰退;随之而来的是高失业率、人口外迁、环境恶化和社会排挤,迫使区域主导产业从传统的煤炭、钢铁及其配套产业向服务产业和高新技术产业转型(Percy et al.,2003)。

表 9‑2　德国鲁尔地区煤矿个数和煤炭产量变化情况

年　　份	1957	1960	1965	1970	1975	1980	1985	1990	1995	2000
煤矿(个)	173	133	101	69	46	39	33	27	19	12
煤炭产量(百万吨)	123.2	115.5	101.9	91.1	75.9	69.2	64.0	54.6	41.6	25.9

资料来源:李俊江、史本叶,2003

表 9‑3　鲁尔地区 1970—1998 年就业人口变化情况

年　　份	1970	1975	1980	1985	1990	1992	1995	1998
居民人口(百万人)	560.0	563.7	539.6	519.2	539.6	544.4	544.1	539.0
每年净迁入人口(百万人)	15.4	−18.4	5.8	−5.6	65.5	32.7	7.9	−12.4
迁入人口占总人口比重		6.4%(1976)	8.2%	7.9%	9.7%	10.4%	11.0%	12.2%
年底失业人口(百万人)	12.5	96.3	104.2	268.7	231.6	222.3	269.7	298.8
失业率(%)	0.6	5.0	5.7	14.2	11.9	10.1	13.2	13.8
各行业就业人数(百万人)	22.0	20.6	20.6	19.2	21.7	21.9	20.6	2.1
其中,农林业	338.0	240.0	280.0	259.0	260.0	303.0	301.0	26.0
占总就业人数比重	1.5%	1.2%	1.4%	1.3%	1.2%	1.4%	15.0%	13.0%
制造业	12.9	11.0	10.7	9.2	9.6	9.6	7.7	7.1
占总就业人数比重	58.4%	53.4%	51.7%	47.7%	44.4%	44.0%	37.4%	34.3%
贸易、运输业	4.5	3.8	4.0	3.6	4.1	4.1	49.6	0.5
占总就业人数比重	18.8%	18.6%	19.4%	18.8%	18.7%	18.7%	24.1%	24.4%
其他行业	4.8	5.5	5.7	6.2	7.8	7.9	7.6	0.8
占总就业人数比重	20.2%	26.8%	27.6%	32.2%	35.7%	35.9%	37.1%	40.0%

资料来源:Bömer,2001

9.3.2　鲁尔地区的振兴历程

● 鲁尔地区的振兴历程

鲁尔地区覆盖了 11 个城市、4 个农村县(kreise),共计有 42 个市政区(Wegener,2010)。与其发展初期依托矿区建设城市的历史有关,鲁尔区的主要城市,如多特蒙德、杜伊斯堡、埃森等的规模几乎相同,是一个典型的多中心(polycentric)地区,或称为"城市-区域"(BBR,2000)。这一特征意味着该地区必须通过区域规划①来统筹各个城市的发展,实现整体协调。

事实上,鲁尔确实是德国区域规划的先行地区(Wegener,2010):早在 1912 年该区域就有了第一部区域规划;1920 年代初,首个区域规划性机构——鲁尔煤矿区城市组织(Siedlungsverband Ruhrkohlenbezirk)成立,正式标志着鲁尔作为一个独立的区域范畴的出现(Kunzmann,2001);1966 年由鲁尔煤矿地区城市协会组织编制的鲁尔区域规划成为原联邦德国的第一部法定区域规划(Kunzmann,2001;Wegener,2010),同时这也是鲁尔区最后一部覆盖全域的区域经济-空间规划。此后,鲁尔区作为老工业地区的衰退趋势进一步明显。为了应对这一问题,北莱茵-威斯特法伦州政府在 1960 年代末发起了"鲁尔发展计划",并逐步发展成为 1975 年的"北莱茵-威斯特法伦计划"(该计划包含 5 个行政区(Regierungsbezirke),鲁尔区涉及其中 3 个)——该计划旨在引导既有产业的现代化,并重点发展区域的基础设施和高等教育设施;1979 年鲁尔地区行动计划开始实施,通过政府投资以支持城市更兴、环境保护、技术转移等重点领域的发展。1984—1988 年,"未来技术州动议"出台;20 世纪 80 年代末,"国际建筑展(IBA)"、"煤矿和钢铁业地区的未来(Zukunftsinitiative Montanregionen,ZIM)"等在鲁尔区举办,试图引导会展业和生产性服务业的发展,使其成为该区域新的经济支柱;此外还努力恢复原矿区和工厂的生态环境和城市景观(如埃姆舍景观公园规划等),改变人们对于鲁尔区"棕地"的既有印象(Hospers,2004)。与传统的区域规划不同,这些项目是开放、灵活和以议题为基础的自愿性合作项目。其取得的成果有目共睹,并提升了鲁尔区作为一个地域整体的形象;但也必须指出,这些非正式的合作也存在明显缺陷,例如参与主体的互信、对区域的认同感等均有所不足。

---

　①　由于鲁尔区的全部范围都属于北莱茵-威斯特法伦州管辖,因此其对应规划层面应为德国区域和城市规划体系中的"规划分区-次分区规划"。

20 世纪 90 年代末，在 IBA 等区域项目开展的同时，呼应德国经济政策对"新经济部门"的支持，以鲁尔区的城市为主体推进了一系列的振兴计划。例如 2000 年，多特蒙德市为了解决 1997 年关闭的 Thyssen-Krupp 钢铁公司所带来的问题，推出了"多特蒙德计划"。该计划由 Thyssen-Krupp 公司发起并部分资助，市政府与当地大学、科研机构、商业部门和就业促进会（WBF）合作，旨在引入并发展 IT 产业、电子商务、软件开发等新产业（大多位于钢铁厂旧址），创造新的就业机会，补偿传统工业的损失。在多特蒙德成功地实现主导产业从传统煤炭和钢铁行业向新经济部门的转变的同时，也大幅度增加就业岗位以吸纳钢铁产业转出的劳动力，并带动鲁尔东部地区的整体发展。

该计划中，除了政府、机构和企业广泛的合作值得借鉴外，更重要的是，该计划在选择所支持的新兴经济方面，还强调其与鲁尔传统经济的整合问题；不仅是要刺激地方经济发展，还要使多特蒙德逐渐发展成为鲁尔东部乃至德国新经济的中心城市（Bömer，2001）。

2005 年之后，德国新的州规划法（Landesplanungsgesetz）将区域规划的编制权下放到市政区，3 个或 3 个以上市政区即可编制区域和土地使用规划。但由于地方政府的反对，鲁尔至今仍未能形成一个新的区域规划（Wegener，2010）。取而代之的是一些非法定的区域性规划或非正式的规划合作，如多特蒙德大学空间规划系 2003 年为波鸿、多特蒙德、埃森、杜伊斯堡、盖尔森基兴、赫恩、米尔海姆和奥伯豪森 8 个城市①编制的"鲁尔区的城市地区 2030（Städteregion Ruhr 2030）"；波鸿、埃森等 6 个城市在 2007 年共同编制的区域性土地使用规划；杜伊斯堡、多特蒙德等 6 个城市 2006 年共同制定的"鲁尔总体规划（Masterplan Ruhr）"；2007 年以来由鲁尔区域组织（Regionalverband Ruhr，由鲁尔煤矿区城市组织演变而来）逐年更新的"鲁尔概念规划（Konzept Ruhr）"等（图 9 - 9）。这些规划都在不同程度上为鲁尔区搭建了空间发展框架，其中一些规划还试图通过州政府的财政奖励措施来刺激区域内的主体在官方等级结构之外搭建新的区域管治系统（Herrschel，Newman，2003）。

9.3.3 关于鲁尔区振兴的历程评述

经过近 40 年的区域振兴，鲁尔地区的科隆、杜塞尔多夫、波恩等大城市已经

---

① 2007 年，博特罗普、哈姆和哈根 3 个城市也加入该规划。因此，该规划的覆盖范围达到了除农村县之外鲁尔区的所有地区。

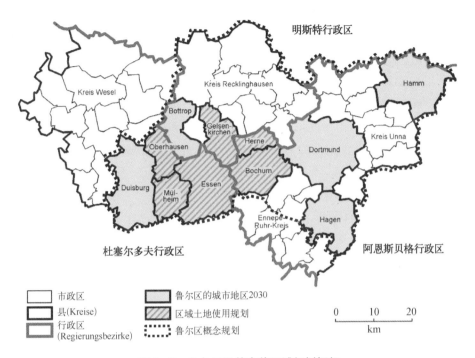

图 9-9　鲁尔区及其当前区域规划框架

资料来源：Wegener，2010

成为欧洲城市网络中重要的节点；然而，就整个区域来说，离真正实现全面的振兴还有一定的距离。

由于鲁尔区全部在北莱茵-威斯特法伦辖区之内，加之在德国联邦制度中，"州"政府一直以来相对独立和强势的决策和管理地位，因此鲁尔区的区域振兴相较于英国的区域振兴实践，其执行主体更为明确、政策更为连贯、支持力度更大；但另一方面，鲁尔区又并不是完整意义上的"州"，而是北莱茵-威斯特法伦州的一部分。长期以来，区域内的市政区/县对于自己是否归属于所谓的"鲁尔区"一直存在分歧（例如多特蒙德、杜伊斯堡、哈姆等市始终希望脱离鲁尔区域组织），这大大阻碍了区域的振兴和协调发展。换言之，区域认同和发展的共识曾是鲁尔区实现全面振兴的关键问题之一（Davy et al.，2003）。

然而，也有另一些学者指出，由于作为一个独特的区域板块，鲁尔区在区域规划和整体管治方面的历史较长；加之出现区域衰退后，联邦政府、州政府和市政区都试图从多个方面振兴区域。由此便导致了庞杂的区域机构（如，基于特定项目的跨市政区机构、经济发展机构和非政府组织等）；而这些机构之间对于区域发展并未达成共识。鲁尔区的制度架构很厚(institutional thickness)，以至于会阻碍区域振兴(Herrschel，Newman，2003)。

值得注意的是，在过去的40年里，鲁尔振兴的重点也在逐渐变化：前十多年，鲁尔的振兴聚焦于对传统制造业的扶持上，但收效甚微(Hospers，2004)；直至1980年代，政府才意识到鲁尔所面临的问题并非源于产业的阶段性调整，而是有着结构性问题。鉴于此，其振兴政策便从扶持既有传统产业转向了积极吸引新产业进入，并且重点扶持第三产业发展；此外还通过城市和区域的营销，改变人们对于鲁尔传统老工业地区的负面印象。

而在空间发展的政策导向上，鲁尔区一直被视为"多中心的城市-区域"的典型范例；在历次规划中都希望能够保持该空间格局，即以杜塞尔多夫、科隆等国际性大都市为第一层级，波恩、艾森、多特蒙德等大中城市为第二层级，与其他城镇共同构成区域性城市网络(Blotevogel，1998；Knapp，1998)。鲁尔区的空间结构为当前欧洲的空间发展框架提供了重要的启示，即一种多中心、相对均衡和可持续的城镇体系和空间格局(虽然在理论上，多中心的发展模式并未被严谨地证实是一种更为优越的空间结构，但德国(包括鲁尔)、比利时、荷兰等地的经验，常被作为该模式优越性的例证)(Davoudi，2005；Goodchild，Hickman，2006；Percy et al.，2003)。

9.4 本章小结

欧洲长期以来传统工业和衰退地区的振兴经验表明，随着区域经济的深度整合以及产业结构的调整，部分地区(尤其是传统工业地区)的衰退可能是一个不可避免的过程；即经济社会自身发展倾向于不断极化，导致地区间的差异扩大和空间失衡。因此必须通过外部政策工具加以适当引导和求得逆转。

从空间尺度上，在欧盟层面，如ESDP和结构基金等工具起到了至关重要的作用，其不仅表现在空间框架指引和财政支持方面，更重要的是，在欧盟多元主体和复杂政治体系背景下，这些工具在一定程度上促成了不同国家在同一(基金)目标和(基金)项目之下灵活的跨境/跨领域合作协调发展；而在国家层面，由于新区域主义等发展理念的兴起和全球化对于区域空间的重构，由国家或地区政府主导、自上而下推进的振兴政策越来越被淡化(如上文的煤矿区振兴政策)，进而以区域、次区域或城市-区域为主导，包括政府、市场、社会在内的多主体以相对灵活方式合作推进振兴政策,成为欧盟该类政策行动的主流。

就区域振兴政策的目标对象定义而言,欧盟的振兴案例为我们提供了有益的经验。上文中的英国煤矿区振兴是一种典型的"类型"议题——振兴的对象并非一个连续或完整的空间概念,而是具有共同特征和类似振兴目标的城乡空间。就"国家煤矿区计划"而言,实际包含了一系列非常具体和有针对性的经济政策,分别对应区域发展中普遍存在并需要重点解决的有关问题。即便如此,地域整体亦是煤炭区振兴无法避免的内容。如 Gore 等人(2007)就曾针对英格兰(南约克郡)、苏格兰(洛锡安)和威尔士(中央山谷)的煤矿区与其周边城市/所在的城市-区域的关系展开研究;而英国煤矿区振兴评估委员会也曾就煤矿区振兴计划在不同区域产生的不同影响做出评价,指出煤矿区与整个城市网络的联系度实际影响了振兴计划的实施绩效(CRRB,2010);此外,针对煤矿区的振兴还引申到这样的认识,即地方社会问题的解决和企业家文化氛围的形成也是区域振兴的关键条件(CRRB,2010)。

与之相对,"北方之路"则是一个典型的"地域"议题——英北的幅员较辽阔,既有曼彻斯特、利物浦等大城市,也有坎布里亚(Cumbria)湖区等自然保护区域,还有诸如约克等煤矿区。不同的尺度、不同的发展水平和诉求的主体由于所属共同的地域而被纳入一个振兴战略框架之中。显然,由于主体的多元性和缺乏强有力的共同目标/利益维系,比较煤矿区,"北方之路"的决策和执行主体都显得相当松散,其规划内容本身也没有非常明确和基于特定地区(area-based)的具体政策。然而,在共同的战略框架和空间结构下,"北方之路"实际上引导和鼓励了英北不同层面、不同尺度下,以及在经济社会的多元领域具有共同利益诉求的主体灵活地组成合作伙伴,去共同申请和竞争资金支持,进而谋求地区发展。

介于前两个案例之间的鲁尔,则是一个既具有"地域性"又具有"类型"共性的区域。一方面,鲁尔-莱茵历史上就是一个相对完整的空间单元,有着明确的"区位"。因此,鲁尔区振兴始终遵循基于欧洲空间战略的发展框架,成为欧洲西北都市连绵区的重要组成部分是其长期以来的发展目标(Dieleman,Faludi,1998;Frans,Andreas,2003;Knapp,Schmitt,2003);同时,完整的地域概念,也解释了为什么重塑地域形象、培养地域文化认同、提升地域认知始终是振兴的重点内容之一。另一方面,鲁尔又是传统工业地区,大部分城镇都面临相似的问题,需要解决共同的议题,是一个功能性的利益群体。因此,在鲁尔区/北莱茵-威斯特法伦州的相关规划中,需要有如何提高老工业城市就业率、改善城市基础设施、提升经济活力等"类型"问题的内容,需要制定较为具体的规划对策。

第10章

东北地区空间演化的综合解释及政策启示

本书的前述章节已经分别从不同角度分析了区域空间结构演化与产业发展及地域嵌入性要素的关联性;本章则试图综合上文研究的基本内容和核心观点,对东北地区空间演化做出基于多要素、多维度的综合解释和趋势判断;进而辅以对欧盟的振兴经验借鉴,归纳推进东北振兴和转型发展的认知和政策启示。

10.1 区域空间结构演化与产业
发展关联性的解释框架

本研究建立在这样一个理论框架(学术假设)之上,即认为不同产业要素的场所空间与网络空间相互嵌套交织,在技术、社会、文化、制度等嵌入性要素的作用下,共构并最终整合和结构化为区域空间体系。

基于这一框架,通过定量和定性研究,首先证实了在实证对象(东北地区)的产业空间组织与区域空间结构的确存在相当的重合性,即研究所提出的基本假设和搭建的理论框架具有现实解释力,表现为产业的发展及其在空间上的投射与区域空间结构存在互相支撑、强化的作用,即无论从场所空间还是网络空间意义上,产业的空间分布都具有空间选择性和不平衡性;这源于产业的集聚效应、网络在资源配置过程中的等级分化以及地域要素的嵌入作用等;即这些作用机制持续强化了既有的核心城市-区域,并不断形成新的"机会之岛"。与此同时,相比边缘地区,核心城市及其所在城市-区域显然具有更优越的资源条件、更强的捕获外部发展机遇的能力、更丰富的地域资本;这反过来也促成了产业的集聚和空间锁定,一定程度上,使得产业空间与区域空间在大结构上趋同。

若将研究框架更为拓展,虽然研究所聚焦的是地域内部(东北地区)产业的空间组织与区域空间结构二者的关联性,但任何区域的空间结构演变是以全球化与国家/大区域经济社会转型为背景,特定地域的地理环境、发展历史和现状为载体和基底的。进而,可以将本书的研究框架演绎为解释框架,即:在特定的宏观背景条件下,诸如产业类型、价值部类、生产/服务网络等的组织方式,以及技术、社会文化、制度政策等地域嵌入性要素会在相当程度上塑造和改变区域的城镇空间结构,而区域的城镇空间结构亦会反向影响产业等要素的组织模式和效率。

10.2 东北地区核心-边缘结构的演变解释及趋势判断

总结本书关于东北空间结构与产业空间的研究结论:东北各产业要素的空间属性或多或少与哈-长-沈-大为核心、哈-大为轴、南强北弱、部分市辖区孤岛式发展的区域空间结构相耦合;其次,产业空间组织与区域空间结构在研究时段的演变特征存在关联性,且产业空间表现出更强的路径依赖和区位黏性,这使得哈-长-沈-大及其所在城市-区域不断循环累积发展优势,不断拉大核心与边缘的差距。而产业更强的空间黏性又可以从技术、社会、政策、文化等地域资本的嵌入作用来解释,亦即东北历史上所形成的铁路网络、根植于地域的文化等地域要素所刻画的区域空间对于产业布局有着反作用。

10.2.1 区域空间演变的特征及趋势

参考斯科特(1996)关于"大都市-腹地系统"的阐释(图2-9),具体分析东北的核心-边缘结构的演变过程,可以判断,以哈-长-沈-大为核心,其所在城市-区域及其串联形成的(哈-大)轴带空间分别为"繁荣腹地"和半边缘地区,沿边口岸等少数城镇由于受到宏观政策、基础设施等偶然因素支持所形成的发展"孤岛"则可视为"机会之岛",而除此之外的地区则构成了边缘地区。

与此同时,东北的南北空间已经趋于分化:以沈阳、大连为核心的辽中南城市群相对发展成熟,虽然沈、大同样表现出很强的集聚发展态势,但其对于所在城市-区域的辐射带动作用也较为明显。位于北部的黑龙江省域则在更多情况下表现出单核集聚发展,虽然大庆、齐齐哈尔等城市在专业领域和特定指标上相对领先,但总体上,哈尔滨与其周边地区,尤其是与哈尔滨以北地区的发展差距越来越大。吉林省介于辽宁、黑龙江两省之间,长春在专业领域(如汽车制造)显然对于周边城市具有较强的辐射作用,但整体上,吉林省更像是东北南-北由强变弱的一个过渡地带,其空间结构尚不是十分清晰,虽然长春作为省会城市在省内具有核心地位,但在不同分析层面中,城市-区域的空间组织表现出不同的形态。

从东北全局来看,虽然哈-长-沈-大及其所在城市-区域的发展水平和态势都出现了分化,但整个东北并没有形成如长三角、珠三角、京津冀那样的单核或双核城镇群结构,即核心城市在能级上显著高于其他次中心城市,有能力起到组织区域结构、引领区域发展的职能。相对的,东北的 4 个中心城市虽然发展水平有所差异,但考虑到"省"这一行政边界对于区域联系的区隔作用,以及 4 个城市在不同领域所承担的不可取代的职能(如沈阳与全球城市网络更紧密的联系、大连作为区域性的对外门户、哈尔滨与俄罗斯的联系、长春的汽车和动车制造业车辆的重要地位等),可以大致判断,在未来相当长一段时间内,哈-长-沈-大仍将并立为东北的中心城市,其中任何一个都没有足够能级承担辐射和引领其他 3 个城市的作用。

10.2.2　产业重构推动下的核心-边缘结构演变

关于产业重构对于空间结构变化过程的机制解释,在本书的第 3 章曾就"核心-边缘"空间关系提出了两种假设,即"去地方化假设"与"重构假设";前者主张经济全球化背景下的空间秩序由生产性服务业主导下的世界城市网络所支配,因此作为核心的全球城市与作为边缘的传统制造业地区的差距会越来越大;而后一种假设则认为网络资源主导下的城市空间体系与由场所空间的资源禀赋所决定的城市空间体系有着共存的关系,因此传统制造业地区并不会因为全球城市的崛起而显著衰落,其原因在于制造业及其配套产业会不断升级和重构,在专业领域有着不可取代的地位。

本书中的实证研究显示:在全国层面,东北地区由于种种原因,自 20 世纪 90 年代起就经历了一个加速边缘化的过程。作为一个经济板块,其在全国国民经济中的影响力已远远不及计划经济时期,日益落后于东、中部地区,并且这一趋势至今仍或多或少地在延续;但这并不排除东北的一些城市-区域通过集聚区域内资源,依托既有产业基础,培育新型制造业和生产性服务业等关键性产业集群,在一些专业领域占据着高附加值环节,成为区域内其他城市联入宏观网络的关键铰接点,进而确立了在区域乃至全国的重要地位。而在区域层面,似乎核心-边缘的格局一旦确立,在没有重大外部干预的前提下,就会不断累积和强化;虽然不排除出现"机会之岛"的可能性(如东北的若干沿边地区等,且往往是因为国家的重大战略布局或政策倾斜等外部因素干预所致),但并不会对既有"核心-半边缘-边缘"的空间产生结构性影响。

本书认为,"重构"和"去地方化"两种关于"核心-边缘"空间的假设都部分真实地解释了东北的地域空间演变趋势。在全国层面,在全球经济网络作用下,以东北为代表的一些老工业基地正在持续被边缘化,包括制造业在内的诸多产业转移至以北京、上海、广州等全球性城市所辐射的半边缘地区;但同时,我国总体上正处于工业化和局部后工业化并行的发展阶段,制造业仍然在国民经济中占据较高比重,且传统工业地区往往拥有较好的产业基础和社会资本,因而这些地区较欧美的传统工业地区具有更多的发展机遇。另一方面,在区域尺度下,由于"核心-边缘"结构的自我循环累积和由此带来的不均衡发展,导致地域内的资源越来越集中在少数核心城市,并辐射至地理邻近的城市-区域。这也就解释了为什么在东北板块整体发展相对缓慢的同时,哈-长-沈-大及其所在城市-区域仍在全国的某些领域具有优势地位。即"重构假设"往往体现于区域内部核心-边缘的空间演化,而"去地方化"则是更大尺度下的整体空间重构态势。

10.3　若干认知及政策启示

从前文的分析研究和解释中,可以获得对东北振兴和转型发展的若干重要认知及政策启示。

10.3.1　从闭合区域到开放网络

正如本书第 1 章和第 9 章中所介绍,在现实经济社会背景下,"地域"这一空间范畴在区域发展中具有重要意义和丰富内涵,因此,东北的振兴和转型发展及其政策制定首先需对这一"地域"概念有更清晰的认知。"东北"这一地域概念源于清朝末年以前的政治辖区和军事防御体系;清末至民国时期由于军阀割据、殖民者入侵和伪满洲国的统治,东北作为一个独立区域概念,其边界逐渐清晰;新中国成立初期,在国家政策的重点支持下,东北三省在经济意义上构成了一个相对完整、独立的区域板块;而改革开放以来,由于面对的发展问题具有一定共性,"振兴东北"作为我国区域经济战略格局的构成部分,更强化了东北作为一个独立经济板块的印象。

然而,本书的实证研究显示,传统认知中的东北这一闭合、完整和均质的区域在现实中并非如此,原本相对清晰的区域边界正在模糊和消解。以哈-长-沈-大为代表的核心城市通过链入全国/全球城市网络,保持了发展活力,但外围城市与其的差距却在不断被拉大。区域的分化对于传统意义上的"区域"概念提出了挑战,在一些关键领域(如高级生产性服务业、支柱性制造业等),这些核心城市与东北地区之外的城市节点的联系度甚至高于与区域内部其他城市的联系度,即东北的一些城市/城市-区域在某些领域已是更宏观区域网络的构成部分,所谓"闭合"的区域板块已经逐步转变为一个开放和空间不平衡的网络。

传统意义上的"区域"被瓦解、分化和区隔不仅发生于我国东北,在本书第9章所介绍的欧盟案例中也十分普遍。需要认识到,区域完整性受到挑战并不意味着区域尺度重要性的丧失;事实上,对于欧洲空间发展的研究恰恰证实,区域作为参与全球竞争的空间单元正在取代民族国家,体现出越来越高的重要性(Sykes,Shaw,2011)。所不同的是,在政策制定中,所谓的"区域"不再是一个具有强烈政治色彩(如行政辖区)或稳定、封闭和均质的板块,而是场所空间与网络空间相互嵌套下,呈现灵活、动态、开放和多元特点的空间范畴。

这些认知对于东北政策制定的启示在于,即使对于东北这样一个在经济、社会、文化等多方面具有较强共性,且为传统认知上的"闭合"区域,其发展政策的制定也需要放置于更宏观尺度的大背景下来考量;须将其视为一个开放性的网络,而非回归至闭合的区域内。具体来说,如果政策的对象被视为封闭和均质的板块,则很可能导致核心城市-区域捕捉和截流大部分的地域性政策资源,从而导致区域的进一步不均衡发展。而如果从更大的、开放网络角度理解所谓的区域板块,则区域内的城市-区域和核心-边缘的多元特点将可能会被更好地顾及。这有利于丰富区域政策的内涵和提高针对性,并可通过政策资源的分配来适度引导区域发展和调节空间结构演化。

10.3.2 区域内空间的重点发展和适度平衡发展

在明晰东北"地域"并非封闭和均质板块的基础上,还可借鉴欧盟区域振兴的一项重要经验——过分追求地域内部空间发展均衡性的政策是低效的。包括英国"北方之路"、德国鲁尔区在内的欧洲实践经验证明,利用区域空间结构与产业经济的内在关联性,通过在衰退或外围区域选择若干核心城市-区域,并以此为空间载体培育若干关键性产业集群,以使这些城市-区域成为更大尺度网络中的节点,并建立这些核心城市-区域之间的经济社会网络联系,进而带动周边区域的发展,最终实现集聚与均衡的相对平衡,是更为可行的区域发展政策。

对于东北而言,适度的平衡发展同样不等同于均质发展。诸多研究表明,核心-边缘的非均衡发展是当前阶段东北经济社会空间发展的客观态势。如果无视客观规律性,在区域政策中过分强调均质发展显然是不现实和不明智的。基于本书的核心观点,笔者认为,东北的区域政策制定需要充分考虑产业与区域空间结构的关联性。即一方面,基于东北当前的空间格局,顺应区域的经济社会发展阶段和客观规律,整合和集聚战略性资源,实现核心城市-区域与关键性/战略性产业集群的空间匹配。其中包括:重点提升哈-长-沈-大的产业高度,引导其产业结构从"大而全"向高度化发展,并从制造业为主向制造业和高端生产性服务业并驱发展,形成以哈-长-沈-大市辖区为载体的区域生产服务业中心。在此基础上,尤为重要的是沟通核心城市-区域之间及内部的产业联系,从物理上的空间邻近/集中,转变为紧密的功能性联系。与之相应,还必须要考虑多中心网络中城市间的产业分工和差异化发展,以及建构区域网络内部的产业联系。

必须认识到,在东北振兴战略出台以来,由于政策引导方向以及城市-区域自身捕获政策机遇的能力,获得最多政策红利和转型发展最成功的是哈-长-沈-大和哈-大轴沿线的一些城市-区域。除此之外,是部分有特殊原因的边缘地区。诚然,集中资源重点培育核心城市-区域、以引领区域整体发展,这符合东北地区的发展实际和规律;但随着网络空间对资源调配作用的日趋显著以及区域内产业的深化整合,可以判断,若无适当的政策引导,东北的核心与边缘地区差距还将进一步扩大,最终影响到区域整体的可持续发展。因此,有必要依托核心城市-区域和关键性产业,在外围地区选择若干城市节点,积极引导其接入区域网络,通过在边缘地区植入"机会之岛"来增加这些地区的发展动力(图 10-1)。但也需要清醒地认识到,产业网络空间的开放性和产业场所空间的区位黏性决定了当前东北区域内"机会之岛"的数量将十分有限,且"飞地"或"孤岛"式的发

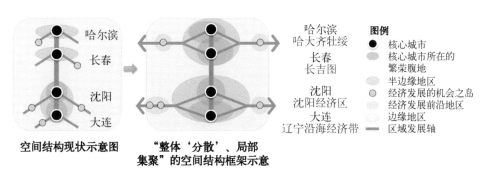

空间结构现状示意图　"整体'分散'、局部集聚"的空间结构框架示意

图 10-1　东北空间引导方向的示意

展对其周边地区的带动作用也是相对有限的。那么,对于东北广大的边缘地区,一味追求产业发展和城市用地扩张只会导致资源的浪费和生态环境的恶化。

因此,总的原则应该是区域内空间的重点发展和适度平衡发展相结合。在边缘地区要实现适度和"精明"的"收缩"①,通过政策引导、财政转移支付等手段来保障边缘地区社会事业的健康运作和公共物品的高效供给;尤其在农村地区,要引导农村人口的有序流动和健康城镇化,实现从传统小农耕作模式向现代大农业的生产方式转变,从传统地广人稀地区的分散人居模式向较为集约高效的农村建设用地和公共服务配置模式转变。

10.3.3 省域发展与区域"多中心大都市区"的融合

正如前文所分析,东北的城镇网络是发育不完善和松散的。区域尺度网络支撑的缺失,是致使东北城市在更宏观尺度下成为网络末梢的重要原因之一。东北城镇网络过于松散的问题不仅与其特殊的发展历史有关,也与东北三省之间"省"级行政治理在东北城市网络的联络和跨省次区域的形成中起到的阻隔作用有关。据本书的分析结果,虽然东北当前已形成以哈-大轴为区域性的跨省联系通道和以哈-长-沈-大为核心的各个次区域空间结构;但东北省域之间实际发生的经济社会联系仍十分有限,对哈-大轴更为准确的理解应是将其看成是哈-长-沈-大四个城市-区域的空间拼合。

欲克服行政边界区隔、真正实现区域轴的跨省联系功能,除了体制机制方面的建设,更需要的是在东北全域建立关于区域城镇空间发展框架的共识,通过显化和增强区际联系的"需求"和"意愿"来促进区域融合发展。从东北空间结构演进的历史和趋势判断,在中短期内,想要参照长三角或京津冀的发展模式和空间结构,从哈-长-沈-大四个城市中选择并确立一个明确和强有力的单中心,起到组织区域网络、增进区域联系的目标,显然是不现实的。借鉴欧盟经验,笔者认为,"多中心大都市区"是更为符合东北空间结构特征,且更容易为各发展主体所

---

① 所谓"精明收缩(smart shrink)"是相对于1990年代的"精明增长(smart growth)"概念,在欧美国家应对全球化和产业结构调整等背景下,一些边缘城市的人口日益减少、经济和物质环境趋于衰败、出现去工业化和去城镇化等"倒退"现象而采取一系列实践措施(黄鹤,2011)。而与欧美城市"收缩"的突出矛盾主要发生在内城(Pallagst et al.,2009)不同,我国仍有大量人口正在涌入城市,所谓的"收缩"主要集中在一些农村地区,表现为人口的季节性迁出(外出打工)、经济发展和物质环境建设等方面的相对缓慢以及乡村地区的衰败。针对这一问题,国内以赵民教授为代表的相关学者提出了"农村精明收缩"概念,即通过体制创新,引导农村存量资产的有序退出和农村社区、基本服务等设施体系的有效重构(郝晋伟、赵民,2013;朱金、赵民,2014)。

接受的政策引导方向之一。所谓"多中心大都市区"即"形态上分离,但功能上联系的多个城镇集聚在一个或多个较大城市周围的一种区域组织新形式"(Hall,Pain,2006),而城镇节点之间合理的分工和密切的网络联系是这一空间形式背后的结构性支撑。在东北实现这一空间组织形式的意义在于,在基本维持现有城镇体系特点和次区域格局的基础上,可充分发挥传统工业地区大中城市密集且规模相当、产业结构相似并具有分工可能性的优势。而引导实现多中心大都市区首要解决的问题就是如何打破省界区隔,进而增强城市之间的网络联系。具体包括:在东北全域统筹安排、强化哈-大轴在经济社会实质性的联系功能、加强区域产业分工协作、一体化建设基础设施和交通网络、培养地域认同感,从而形成以核心城市-区域为网络组织中心、城市间产业经济和各种信息、资源、人才等紧密联系的"流"所构建的城市网络,并在城乡空间上表现为由若干发育成熟的次区域所共同构成的多中心大都市区。

10.3.4　产业发展更为依托和促进地域资本

本书的实证研究还证明,地域的嵌入因素会反作用于产业经济发展,包括影响产业在区域空间中的分布。正如欧盟的发展经验,区域转型发展并非一个单纯的经济问题,而必须从经济、社会、政治、文化等不同领域,需要放置于特定的"空间"载体之中进行解读和提出解决对策。例如前文所介绍的德国鲁尔区的转型成功,在很大程度上是因为充分发挥了地域资本的优势。

东北作为我国传统的工业基地,长期以来积累了丰富的产业文化和社会资本。这部分解释了为何当年新中国的工业化起步要以东北为重要基地。同时也必须认识到,东北的社会、文化、制度等嵌入性因素较匹配于计划经济时期;在市场经济体制下,已经表现出了种种的不适应性,某种程度上成了阻碍东北成功转型的深层次原因。

因此,东北"振兴"并不应局限于经济意义上的振兴,而单凭经济政策上的扶持也是远远不够的;东北的发展应是一个长期而多领域的转型过程,借鉴德国鲁尔区的转型经验,欲真正实现东北的成功转型,除了产业结构调整和经济转型外,更需要从文化、社会、制度等的一揽子政策通盘考虑。例如,培育新时期的产业文化和地域认同、重塑区域文化和形象、积极维护社会的和谐稳定、理顺区域管治机制等。这些方面对于东北地区发展都具有长远和深刻的影响,而这也恰恰是当前东北振兴战略及其配套政策中较易忽略和亟待完善的。

10.3.5 兼顾"类型议题"和"地域议题"，从"振兴"转向"转型"

从既有的政策框架看，我国的"老工业基地"发展政策仍可归入以"振兴"为目的"类型"议题。诚然，对于若干面临特殊转型困境的城市，对症下药的扶持政策有其必要性。但本书关于东北的实证研究以及对欧盟的经验借鉴表明，城市如"孤岛"般脱离区域发展是不可持续的。即使如英国煤炭区这一具极强类型共性的城镇，最终的转型政策仍需回归至兼顾区域协同发展的地域议题上。

东北振兴战略实施至今已经 10 年有余，在一定程度上已经完成了政策出台初期以扭转衰退为目标的"振兴"任务，在国内外新的宏观发展形势下，亟须转变为内涵更为丰富的"转型"目标。从"振兴"到"转型"意味着政策内涵的改变，其中如何处理老工业基地与所在区域的关系就是转型议题中关键的一环。本书研究表明，作为所在区域的城市节点，老工业基地只有通过与邻近城市-区域联动发展，积极融入区域城市网络，在场所和网络双重空间层面确立自身区域角色，才能避免不断被边缘化的命运。换言之，经过十余年的老工业基地振兴，现阶段无论是老工业基地自身，还是外部发展条件都发生了变化。与之相应，政策的目标不能仅是将这些城市孤立于所在区域，施以政策扶持，以解决其普遍性的衰退问题；更应拓展至老工业基地城市所在区域，发挥城市的产业优势，谋求地域转型发展；从而实现从相对单一和"治病"性质的"类型"政策向与更为多元和更可持续的"地域"政策并重的转变。

第11章
结 语

11.1 研究成果概述

本书研究了 2000 年以来东北振兴战略下的产业经济发展与区域空间结构演变的内在关联性。为了实现这一研究目标,首先梳理了关于区域空间组织和产业组织以及两者关系的相关文献,并基于既有研究成果提出产业发展视角下核心-边缘空间结构的演变机制的研究框架。

本书回顾了东北老工业基地振兴的历程和在此背景下东北 2000 年以来的经济社会发展以及核心-边缘空间结构的演变;其次,分别通过产业分工的场所空间、高端生产性服务业和作为重点产业的汽车产业的网络空间,以及地域嵌入性要素交通网络和地域文化等的分析研究,证明了产业与区域在空间结构上的耦合性,以及两者在空间演变趋势上的关联性。提出区域空间结构演变是对于产业经济发展的一种适应性过程;反之,区域空间又通过嵌入性要素对于产业的选址与布局等产生反作用力。

本书的核心成果包括:通过实证分析解释了在分工和集聚效应下产业空间组织的循环累积如何作用于区域核心-边缘结构的演化;论证了产业网络中关键联络点(即第 7 章中的"中继城市"/"铰接点")在区域核心确立、网络形制在空间非平衡发展过程中的重要作用;从地域嵌入角度阐述了区域空间并非是对产业发展的被动适应,而是存在着地域嵌入性要素与产业组织的互动机制;结合我国,尤其是东北地区发展历程,验证了西方学者所提出的产业推动下的区域核心和边缘"重组假设"和"去地方化假设"的区域空间表达,分析了其应用意义。基于本书的分析研究和解释,获得了对东北振兴和转型发展的若干重要认知,进而讨论了相关的政策启示。

11.2 研究的主要创新点

总结本书的主要创新点，包括以下五个方面：

一、运用"地域议题"视角来研究传统工业地区的衰退。长期以来，由于"老工业基地"或衰退地区等一类城市或地区在发展模式、面临问题、解决方略等方面具有一定共性，因此往往被归类为同一类型；进而"抽离"其所在区域，加以聚焦研究、讨论和制定政策。本书通过梳理相关理论和借鉴欧盟衰退地区振兴的经验，提出：在一定发展阶段（往往是衰退地区振兴初期）对症下药的"类型议题"是有其必要性的；但随着老工业基地或衰退地区的发展和分化，类型议题对城市/地区以问题论问题的局限性将逐步凸显。因此，本书在回顾了东北老工业基地振兴历程的基础上，提出现阶段由于东北区域本身的分化和外部条件的改变，再将其笼统归为"老工业基地"范畴已经不能适应地区发展的现实；事实上，东北的发展问题更是一个地域性议题（整体发展缓慢，不能仅归咎于老工业基地包袱），东北的老工业基地城市要实现真正意义上的振兴/转型，必须从城市与区域、城市之间关系的角度谋求地域发展新动力。

二、本书克服了一些相关研究中将东北视为一个完整、封闭的板块，主张从多维角度认知东北的区域空间结构。将东北放置于更大的背景下，并视其为一个复杂、动态、开放的"地域"，而非一个均一、闭合的空间单元，来予以理解和研究。具体来说，虽然本书的研究对象是东北三省这一具有明确边界的空间单元，但在实际研究中，一方面，根据需要，分析尺度拓展至全国城市网络，从全国尺度认识东北在全国城市网络中的位置及东北区域内部的网络联络关系；另一方面，研究的侧重点在于东北地区的核心城市-区域，通过勾勒这些城市-区域，进而拓展至以此为基础形成的若干次区域，以及其与外围地区的关系，进而认识东北整体的空间结构。

三、从场所空间与网络空间两个角度讨论了产业空间与区域空间的耦合性，并将场所空间与网络空间理解为具有统一和连续的空间属性。在理论综述和框架架构上，本书系统地梳理了中外有关于空间组织逻辑的相关理论；提出了基于地理邻近的场所空间与基于联系流的网络空间具有内在一致性，因而可以也有必要在一个嵌套关系的理论框架下进行研究。与之相应，在实证部分，分别从产业的场所空间与网络空间两个视角切入，并指出了两者对于东北区域空间

结构的演变都具有推动作用;且两个作用并非简单加合,而是相互嵌套、交织和
影响的关系。

四、网络研究的方法上,本书基于世界城市网络(WCNs)的研究基础,提出
了具有一定创新性的思路。具体为,结合对 WCNs 方法论的反思和实证分析条
件,在研究方法上不再拘于 WCNs 基于公司内部分支网络的城市体系分析,而
是根据东北服务业、汽车产业的特征,引入了客户网络、供应商网络、服务网络等
不同层面的生产和服务组织网络分析方法;由此便克服了 WCNs 由于过分强调
企业内部网络,因而导致分析结果偏差、无法真实反映城市之间经济活动联系的
局限性。

五、本书对于产业的讨论不仅限于产业本身,还尝试引入了地域"嵌入性"
概念,从而更为立体地理解产业组织与区域空间的关系。研究显示,固化在地域
上的既有物质性和非物质性要素,长远和深刻地影响着区域产业的选择和布局,
进而影响着区域的空间结构。虽然地域性要素在东北地区发展中的积极和制约
作用已经在相关研究中有过充分讨论,但本书研究进一步证实,东北较早建成的
轨道交通网络、根植于东北的地域文化等要素,均是东北区域转型发展的重要地
域资本,必须予以重视。

11.3 研究的不足和有待深化的问题

空间是经济、社会、政治等各种关系及其空间属性的嵌套和共构结果,而本
书的研究内容较局限于产业及其嵌入性要素等的分析,因而对于空间结构演变
机制的解释难以全面和严密。其中,关于"产业不同要素空间属性共构形成区域
空间结构"的研究框架,以及第 7 章中关于网络空间的研究在相当程度上借鉴了
行动者网络理论(ANT)的观点;ANT 对于空间的认知中,行动者之间的实践过
程如何塑造了空间是其理论的基石与核心。具体至本书研究,应该要厘清政府、
市场、市民等力量的决策和行动如何影响着区域的产业布局和空间结构,但本论
文实际是缺失了关于不同层面行动者如何塑造空间的实证研究。由此,进一步
拓展研究框架,导入其他影响空间演变的要素,开展必要的实证分析,将是未来
研究有待于解决的问题。

其次,对于产业发展与空间结构的关联性分析中,实际是将产业的场所空
间、网络空间和嵌入性要素空间先剥离出来,进行了简化和分解,并分别讨论其

与区域空间结构的关联性。但事实上，这三个层面对区域空间的作用过程并非相互孤立或简单的叠加，而是一个相互嵌套和交织，共同作用于区域空间，并被反作用的过程。尽管在第 10 章做了综合性解释，但仍显不足。对于这一过程的更加深入和全面研究有赖于研究框架的完善。

此外，在数据的选择和采用、数据分析方法、分析结果的表达与解读等方面，因主客观原因亦存在若干不足，在今后的研究中定当努力改进。

附录 A 行动者网络理论和拓扑网络

1. 行动者关系理论

20 世纪 80 年代中期,基于对"嵌入性理论"、布迪厄的"场域(field)理论"和吉登斯的"结构化理论"等理论的反思,以法国社会学家卡龙(Michel Gallon)和拉图尔(Bruno Latour)等为首的巴黎学派提出"行动者网络理论(Actor - Network Theory,以下缩写为 ANT)"。相较嵌入性理论或主流城市网络研究中"结构决定论"的哲学前提(Smith,2011)或吉登斯和布迪厄试图统一实践与结构的关系,但仍主张结构在本体论上的先存(Dolwick,2009;李化斗,2012);ANT 则强调实践本体论(Latour,1999;郭明哲,2008),即:① 关系性发生,是指无主客体及其差异性的预设,二者的相对关系是在关系网络中萌生和确立的。② 媒介(intermediator)多样性,主体与客体需通过转义者融合(mediatory fusion)。③ 异质构成,ANT 本体论观点中的关系性萌生和行动中的媒介构成等论点,意味着行动者(不限于人)没有先验本质,是异质主客体(人类和非人类)的混杂(Latour,1999)。

2. ANT 三个核心概念

"行动者/行动元(actor/actant)":相比之前所介绍的理论,ANT 放弃了传统中将自然与社会、主体与客体、人与非人二元对立的划分方式,而将"行动者"概念拓展至人类与非人类(non-humans)范畴,即"行动者"是指任何通过一系列行动(trials)改变(modify)其他存在(entities,人或物)的存在(Latour,2004;

75，237）。

"转义者（mediator）"：拉图尔认为，所有的行动元都需要转义者来代为表达其意图。与只作为一种运输方式的"中介"不同（intermediary），转义者变化（transform）、转译（translate）、扭曲（distort）和修改（modify）承载者/物的意义和构成要素（Latour，2005：39）。

"网络（network）"①：ANT 试图构建一个"异质的（heterogeneous）"和"广义对称（Symmetry Generalized）"的网络：前者是指行动者网络是一个涵盖人类、非人类，社会、经济、政治、自然等各种要素的无缝网络（seamless web）；而后者则指在行动者网络中，人类行动者和非人行动者被赋予同等身份，共同并入网络的原则②（布鲁诺·拉图尔，1987；郭明哲，2008）。

总的来说，ANT 的贡献在于：① 消解了传统的主客观体模式，强调行动主体及其能动性：行动者不仅可以塑造网络，而且还改变了其他行动者；② 打破社会-自然的二分法，将非人类因素或物视为与人类完全对称的行动者，将传统的科学和社会这两个不同范畴视为同一个整体，认为它们相互嵌入、共同建构或演进而构成一张无缝之网；③ 是将"联结"作为社会学研究的核心概念，并暗示世界是由复杂的纠葛（imbroglio）所构成的；最后，是 ANT 的时空观和空间性（spatiality），即时间-空间是不同行动者网络的拓扑联结（Latham，2002；郭明哲，2008；刘宣、王小依，2013）。

3. ANT 的时空观与拓扑网络模型

法国后现代主义哲学家吉尔·德勒兹（Gilles Louis René Deleuze）认为，空间是拓扑（topologic）的（域外与域内的关系/非关系取代距离）、拥有无限皱褶和动态的（Parr，2010：260 - 261）。ANT 基本继承了德勒兹的这一时空观——时

---

① 拉图尔（2005：129，132）特别厘清了 ANT 所指网络、技术性网络（电网、交通网、基础设施网、网络等）和经济社会学所指网络三个概念。他认为，经济社会学的网络是对人类行动者之间非正式联结的表征（representation），是一个结构化的网络；而行动者网络则指包含人类和非人类的异质性关系网络。

② 拉图尔（1999：177 - 180）以"枪杀人"还是"人杀人"（枪只是中立的工具）的例子来分析为什么非人类因素也能做行动者。在他看来，这两种认识都不全面。对拉图尔来说，杀人这件行为，既不只是枪手意图的结果，也不只是枪开火的结果，而是两者的联结（association）或合成（composition）。即人和枪都是行动者——人改变了枪（从枪套/口袋/手中的枪变成开过火的枪（fired gun）/使用过的枪/凶器），而枪也改变了人（变成枪手/杀人犯）。拉图尔把这种转变称作"转译（translation）"，且这一转译过程对人、对物完全对称。

间和空间由过程和/或关系构成。不存在唯一的时间和空间,而是一系列共存的时空好像缝在一起的若干褶皱(pleats/folds),由一系列联结(connection/articulation)和断裂(disconnection/disarticulation)关系构成了时空复杂的几何形式和拓扑结构。相应地,邻近(nearness)和距离(distance)也不取决于绝对空间尺度,而是取决于行动者网络中皱褶的联结或断裂关系(Latour,1996;Murdoch,1998)。

根据德勒兹和加塔利(Hess,2004:179-180;德勒兹、加塔利,1980:7-14)根茎式的拓扑网络主要具有以下特征:① 联结(connection)和异质原则,即网络中的任何一点可以与其他各点联结,每个联结都是独特的且相互独立的。因此,由这些联结所构成的网络具有本质上的异质性(heterogeneity);② 多样体原则,反映在根茎结构经纬纵横、多层次、多尺度的网络联结和其过程性(processual)的特点上;③ 非重要的断裂原则(asignifying rupture):即根茎可以在任意部分中被瓦解或消灭,却不损坏根茎网络结构的其他部分,且能够不断地重构自身;④ 绘图法和转印法(decalcomania):一个根茎不能由任何(深层)结构(deep structure)模型来解释。所谓结构模型可以理解为一个可被分解为若干构成部分/代码的基本序列;建构结构遵循的就是无限复制或模仿的逻辑。而根茎则不同,它像是一张开放的、联结各个维度的绘图,无论将这张图如何撕破、折叠、翻转或任何形式的拆装,都不会破坏根茎的系统性。

4. 拓扑网络视角下的全球化与地方发展关系

ANT 对 20 世纪 80 年代以来的经济地理学产生了较大影响。其将"社会关系"作为核心要素的观点,为经济地理研究注入了新思路,衍生出了关系经济地理学(Relational Economic Geography)、组织理论、社会心理学等;促使学者更加关注行为者及其行为的社会根植性,并通过对各种行动者及其之间关系网络的分析,透视空间经济的建构过程,以及在这一过程中各种行动者(包括人类和非人类的)权力关系的变化(刘宣、王小依,2013)。例如图 1 就是Sanchez 和 Bisang(2011)基于不同技术合作社群绘制出的阿根廷酿酒产业行动者网络。

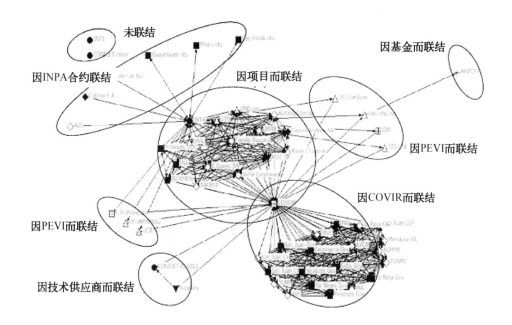

图 1   阿根廷门多萨省酿酒行业关系网络图(基于社会行动者的联系绘制)

资料来源：Sanchez，Bisang，2011

附录 B　东北老工业基地在全国老工业基地中的转型特征

以 2000、2003、2007 和 2011 四年作为时间节点分析东北老工业基地城市和东北三省所有城镇的经济社会数据变化。这 4 个时间节点所构成的 3 个时间段分析代表着振兴东北战略出台之前、出台初期和全面实施的 3 个阶段。

1. 老工业基地转型的分区域特征

参照表 4-1 对于我国老工业基地的范围界定,分析 2000—2011 年这些城市的经济社会指标变化①。首先,将城市按区域板块分组,从而解读东北老工业基地的整体发展特点。数据显示,振兴政策出台,尤其是 2007 年全面实施以来,东北老工业基地的经济增速由全国末位迅速上升。2007—2011 年,东北工业基地的 GDP 年平均增速仅次于西部地区,反映出东北振兴对于该区域老工业城市经济发展的促进作用(图 1)。

从固定资产投资总额来看,东北老工业基地的固定资产投资占 GDP 比重

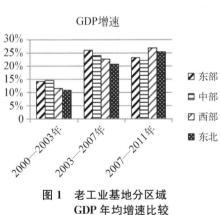

图 1　老工业基地分区域 GDP 年均增速比较

资料来源:整理自中国城市统计年鉴 2001、2004、2008、2012

---

①　由于数据限制,无法获取直辖市、省会城市和计划单列市的老工业基地所属"区"的数据,因此以全地级市数据取代。

约70%,低于中西部,略高于东部地区;但自2003年东北振兴战略出台以来,东北老工业基地的投资额增长较之前明显加速,虽在2007年之后有所回落,但年增长率始终保持在30%以上(图2)。说明在初期,政策导向对于拉动投资的效果是十分显著的,表现在固定资产投资额增速的迅速上升;但随着政策对拉动投资的边际效应减小、国家区域经济发展重点的调整等因素,东北老工业基地的投资增长又趋缓。

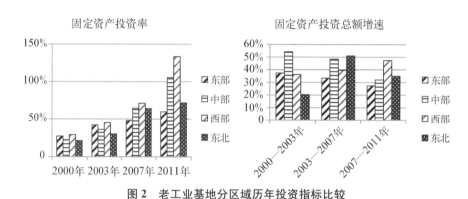

图2 老工业基地分区域历年投资指标比较

资料来源：整理自中国城市统计年鉴(2001、2004、2008、2012年)

分析规模以上工业企业的总产值指标变化(图3),虽然自东北振兴以来,东北地区的老工业基地工业总产值增长加速显著,年均总产值增长率保持在35%

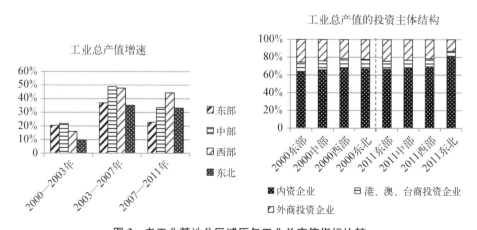

图3 老工业基地分区域历年工业总产值指标比较

资料来源：整理自中国城市统计年鉴(2001、2004、2008、2012年),中国统计年鉴2012

左右,但在四个区域板块的老工业基地中始终排名较低;在投资主体结构上,2000 年以来内资企业产值比重明显增加,在 2011 年内资企业工业总产值占全部产值的约 80%,明显高于其他三个板块,反映出东北老工业基地经济外向性不足的特点。

从人均指标来看,东北老工业基地城市的人均 GDP 平均水平较高,虽然距东部老工业基地仍有相当距离,但远远高于中、西部;然而,东北老工业基地的职工平均工资水平却是四个区域中最低。从一定程度反映出东北重工业为主的产业结构下,经济发展水平和人民收入不相匹配的问题(图 4)。

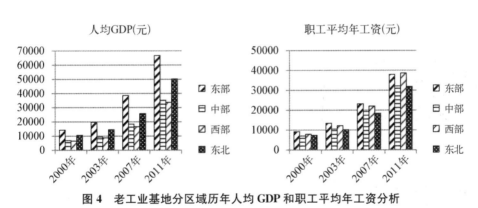

图 4　老工业基地分区域历年人均 GDP 和职工平均年工资分析

资料来源:整理自中国城市统计年鉴 2001、2004、2008、2012

从人口数据(图 5)来看,东北老工业基地的非农业人口占总人口比值远远高于其他区域的老工业基地[①],这一特点和东北的发展历史轨迹有关;但也需要认识到,非农业人口的比重并不能真实地反映城镇化的水平和质量,在一些工矿城市,由于统计口径的问题,造成了非农人口比重较实际城镇化水平偏高现象。

此外,东北的老工业基地失业率远远高于其他区域。这一问题在 2003 年尤为严重,失业率已逼近 10%,虽然经过东北振兴近 10 年的努力,2011 年,东北老工业基地的失业率水平已降至 6% 左右,但仍在四个区域中最高。

---

①　由于数据限制,此处用"非农业人口/总人口的比重"来间接分析城镇化率;另外,由于统计口径的调整,2011 年的非农人口数量缺失。

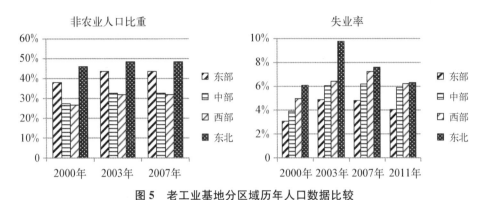

图5 老工业基地分区域历年人口数据比较

资料来源：整理自中国城市统计年鉴 2001、2004、2008、2012 年

2. 直辖市、省会城市及计划单列城市老工业基地的转型比较

单独分析老工业基地中直辖市、省会城市及计划单列城市(包括哈长沈大四市)2000—2011 年的经济社会数据变化，可以发现：首先，沈阳和大连在这些老工业基地中各项指标排名相对靠前，大连的人均 GDP 甚至超过京津沪，排名第一；而与之相对，长春、哈尔滨的经济总量和人均 GDP 水平则位于这些老工业基地城市的中段；四市在经济增速上，基本保持在年均 20％的增长率上下，相比一些老工业城市较为稳定。

其次，从产业结构来看，哈长沈大四市仍表现出第二产业比重增加的趋势。其中，大连、沈阳、长春三市的二产比重在这些老工业城市中也较高，且该比例在过去 10 年间增长较快；而哈尔滨则表现出不同于多数老工业基地的特点，三产比重持续高于二产比重，这与其在我国特殊的地缘与对外贸易地位、黑龙江广阔的服务腹地以及在省内较高的首位度有关。

从固定资产投资率及其增速来看，哈长沈大四市经济增长的投资驱动特点仍较为明显。沈阳和大连尤为突出，无论在投资率或投资平均增速上都位于这些老工业城市的前列；而长春和哈尔滨则先后在 2003—2007 年、2007—2011 年两个时间段进入了投资扩张阶段(图6)。

与东北老工业基地整体内资工业比重较高的特点不同，哈长沈大四市的内资工业企业产值比重在老工业基地城市中并不高,长春和大连尤其偏低。但两者原因不同,前者是由于一汽大众作为长春的龙头企业,在城市全部规模以上工业产值中占有很高比例,因此表现为长春的内资产值比例不高;但大连则是由于其作为我国面向东北亚开放的重要门户城市之一,并在环渤海湾城镇群中具有重要地位,因此经济的外向度较高。

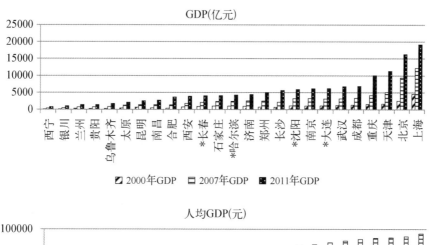

GDP(亿元)

☑ 2000年GDP ☐ 2007年GDP ▨ 2011年GDP

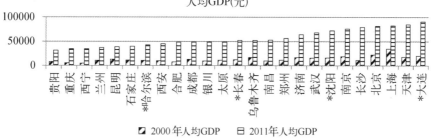

人均GDP(元)

☑ 2000年人均GDP ☐ 2011年人均GDP

GDP年平均增速

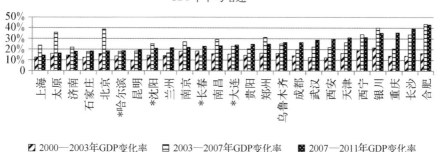

☑ 2000—2003年GDP变化率 ☐ 2003—2007年GDP变化率 ▨ 2007—2011年GDP变化率

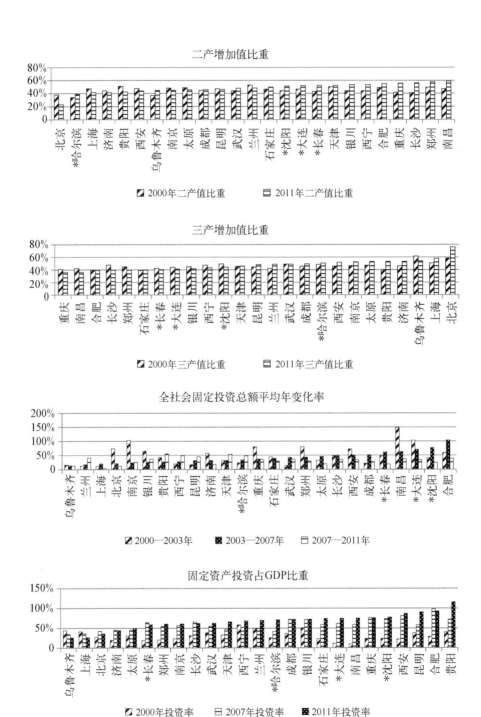

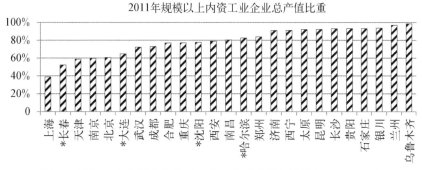

图6 直辖市、省会城市和单列市老工业基地指标比较（2000—2011）

资料来源：整理自中国城市统计年鉴2001、2004、2008、2012

3. 老工业基地转型的空间演变分析

建立2000、2011年全国老工业基地分地级市空间数据，可以更为直观地研究2000年以来东北老工业基地转型的空间演变规律。在人均GDP的变化上，东北老工业基地较其他区域老工业基地虽有优势，但整体来看差距在缩小；在东北内部，辽中南地区明显发展较快，而一些沿边或远离哈大轴线的城市人均GDP的相对排名则在下降。

工业总产值方面，除了长春、大庆个别城市外，吉林、黑龙江两省的老工业基地产值在全国老工业基地中的排名相对下降；相对地，辽宁省则普遍发展较好。在宏观上，2000年东北老工业基地形成具明显优势的工业城市集聚的地理格局已逐步改变，伴随东部地区工业向中部转移等进程，中部老工业基地的工业产值排序明显上升。

在产业结构的变化上，2000年和2010年的图例采用了一致的分类，以在比较不同地区的同时，更好地反映同一地区产业结构的历史演变。总体上，正如数据分析显示，2000年以来全国老工业基地的二产增加值比重普遍上升；相对而言，除辽中的一些工业城市外，东北的二产比重在这些老工业基地中并不算高。与二产比重增长相对应，部分东北老工业基地的三产增加值比重有所下降，三产向辽宁沿海和哈尔滨、长春等区域性中心城市集中。

此外，以5%、8%为节点，分别将2000年、2011年老工业基地的失业率划分为三级。可以发现，相当部分的老工业基地失业率仍在攀升，反映出转型改造工作的艰巨性。就东北而言，2000年辽中南工业基地失业率普遍较高的问题已得到明显改观,一定程度上表明该地区转型的成功。与之相对,黑龙江省尤其是沿边工业城市的失业率仍在上升。

4. 东北分省产业结构变化

比较 2000、2011 两年东北分省产业结构数据[①](图 7),从三次产业的变化来看,辽宁的产业结构基本保持稳定,各次产业比重的增加幅度都在 3 个百分点以

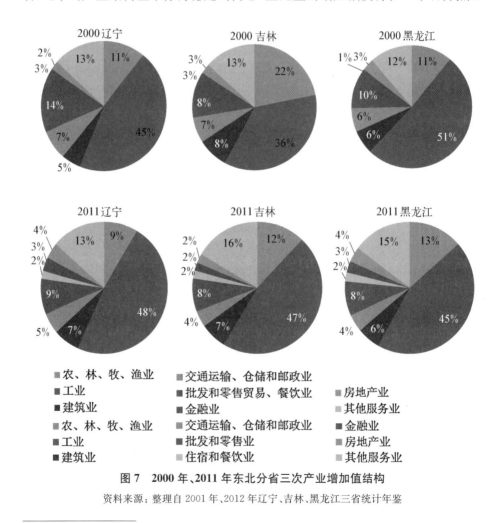

图 7　2000 年、2011 年东北分省三次产业增加值结构

资料来源:整理自 2001 年、2012 年辽宁、吉林、黑龙江三省统计年鉴

---

① 由于统计口径差异,两年在第三产业的分类中略有不同,具体见图例。

内,增加部门包括制造业、建筑业、房地产业等,而比重下降的部门则包括农林牧副渔业、交通运输和邮政业、批发零售和餐饮业等。相比之下,吉林省的产业结构变化最为显著,表现为农林牧副渔业比重下降 10 个百分点,相应地,制造业比重大幅增长 11 个百分点,其他产业部门的变化则较小;而黑龙江的农林牧副渔业增加值比重反而上升了 2 个百分点,制造业比重则下降了 6 个百分点,金融业比重略有上升。总的来说,历经产业结构调整之后,东北三省的三次产业比重都以第二产业为主,几乎占据全部增加值的 50%,黑龙江省作为我国重要的粮食生产基地第一产业比重略有上升,而除黑龙江的第三产业比重略微上升外其他两省的第三产业比重没有太大变化。

进一步细分工业行业,按工业总产值(当年价)分析三省 2000、2011 两年的产业结构变化。对于辽宁省,变化较大的是"石油和天然气开采业"以及与之相关的"石油加工、炼焦和核燃料加工业"的比重下降较大;而农副食品加工业的比重则上升;至于装备制造的各细分行业,其产值比重都有所上升,增幅约在 2 个百分点;此外,非金属和黑色金属制冶炼和加工业的比重也略有上升。而吉林省工业结构较为显著的变化是农副食品加工业的比重上升明显(9 个百分点),化学原料和化学制品制造、交通运输设备制造业则比重下降幅度较大。黑龙江省在煤炭、石油等采掘业行业变化较明显,煤炭开采业上升了 3 个百分点左右,而石油和天然气开采业则大幅下降了近 20 个百分点;另农副产品加工业的比重则上升了 10 个百分点。在装备制造业领域,通用设备和专用设备制造业分别增长了 2 个百分点左右,而交通运输设备制造业的比重则下降了 1.7%(图 8)。

比较 2000、2011 年三省各类型工业的产值比重,辽宁省在 2000—2011 这一阶段劳动密集型工业的产值比重上升较快,而相对地,资源密集型和技术密集型工业的比重则有所下降;吉林省劳动密集型产业的比重也同样迅速上升,相应地是资本密集型工业比重的大幅下降;而黑龙江省同样经历了劳动密集型工业的扩张,其资源密集型工业的比重则较 2000 年下降了 15 个百分点。总体而言,在 2000—2011 这 11 年间,东北三省比重增加最快的工业类型是劳动密集型工业,至 2011 年,该类型工业产值比重约占各省总产值的 1/3。结合图 9 分析结果,增长较快的包括农副产品加工业和非金属制品业等行业;而整体上三省的技术密集型工业所占比重都十分有限,振兴政策实施前后此比例并没有上升,甚至在辽宁和黑龙江两省,该比例有所下降;相比辽宁、吉林较高的资本密集型工业比重,黑龙江省的资源密集型工业的比重则相对较高,虽然该比重有所下降,但 2011 年仍与资本密集型工业比重相当。

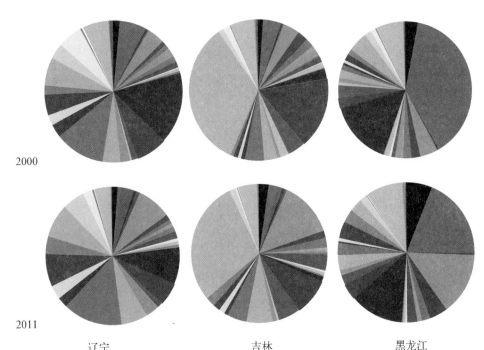

2000

2011

辽宁　　　　　　　　　吉林　　　　　　　　　黑龙江

■ 煤炭开采和洗选业　　　　　　　■ 石油和天然气开采业
■ 黑色金属矿采选业　　　　　　　■ 有色金属矿采选业
■ 非金属矿采选业　　　　　　　　■ 其他采矿业
■ 农副食品加工业　　　　　　　　■ 食品制造业
■ 酒、饮料和精制茶制造业　　　　■ 烟草制品业
■ 纺织业　　　　　　　　　　　　■ 纺织服装、服饰业
■ 皮革、毛皮、羽毛及其制品和制鞋业　■ 木材加工和木、竹、藤、棕、草制品业
■ 家具制造业　　　　　　　　　　■ 造纸和纸制品业
■ 印刷和记录媒介复制业　　　　　■ 文教、工美、体育和娱乐用品制造业
■ 石油加工、炼焦和核燃料加工业　■ 化学原料和化学制品制造业
■ 医药制造业　　　　　　　　　　■ 化学纤维制造业
■ 橡胶和塑料制品业　　　　　　　■ 非金属矿物制品业
■ 黑色金属冶炼和压延加工业　　　■ 有色金属冶炼和压延加工业
■ 金属制品业　　　　　　　　　　■ 通用设备制造业
■ 专用设备制造业　　　　　　　　■ 交通运输设备制造业
■ 电气机械和器材制造业　　　　　■ 计算机、通信和其他电子设备制造业
■ 仪器仪表制造业　　　　　　　　　其他制造业
■ 废弃资源综合利用业　　　　　　■ 电力、热力生产和供应业
■ 燃气生产和供应业　　　　　　　■ 水的生产和供应业

图 8　2000 年、2011 年东北分省工业分行业总产值结构

资料来源：整理自 2001 年、2012 年辽宁、吉林、黑龙江三省统计年鉴

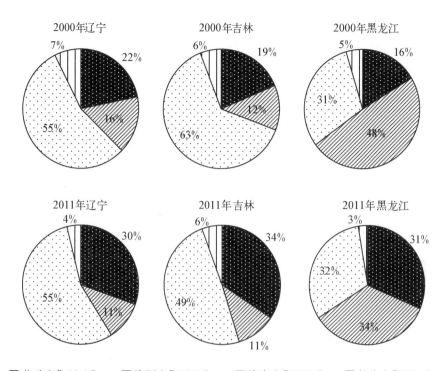

图 9 2000 年、2011 年东北分省工业分类型总产值结构

资料来源：作者自绘

附录 C 国家层面出台实施或批复的东北地区重要的区域政策(2004—2013)

序号	政 策 名 称	年份	类 型	区域
1	关于实施东北地区等老工业基地振兴战略的若干意见	2003	综合政策	全国
2	粮食直补、良种补贴和农机具购置补贴	2004	农业发展政策	全国
3	加快东北地区中央企业调整改造的指导意见	2004	非农产业/企业政策	东北
4	免征农业税改革试点	2004	农业发展政策	全国
5	吉林省完善城镇社会保障体系试点实施方案	2004	社会保障政策	省域
6	黑龙江省关于完善城镇社会保障体系试点实施方案	2004	社会保障政策	省域
7	加强东北地区人才队伍建设的实施意见	2004	教育和知识经济政策	东北
8	东北老工业基地企业所得税优惠范围	2004	非农产业/企业政策	东北
9	调整部分矿山油田企业资源税税额	2004	非农产业/企业政策	全国
10	东北地区扩大增值税抵扣范围若干问题(后来废止)	2004	财税金融政策	东北
11	落实振兴东北老工业基地企业所得税优惠政策	2004	财税金融政策	东北
12	振兴东北老工业基地高技术产业化项目	2004	非农产业/企业政策	东北
13	吉林省三地采煤沉陷区投资计划	2004	资源型城市转型政策	省域
14	落实东北地区扩大增值税抵扣范围政策的紧急通知	2004	财税金融政策	东北
15	东北地区军品和高新技术产品生产企业实施扩大增值税抵扣范围	2004	非农产业/企业政策	东北
16	第二批中央企业分离办社会职能工作	2005	非农产业/企业政策、社会保障政策	全国

续 表

序号	政 策 名 称	年份	类 型	区域
17	东北地区电力工业中长期发展规划	2005	非农产业/企业政策	东北
18	东北等地国债投资计划	2005	财税金融政策	全国
19	企业资产折旧与摊销政策执行口径	2005	非农产业/企业政策	全国
20	做好第二批中央企业分离办社会职能工作	2005	非农产业/企业政策、社会保障政策	全国
21	东北地区扩大增值税抵扣范围明确	2005	财税金融政策	东北
22	东北地区老工业基地土地和矿产资源若干政策	2005	环境和资源保护政策	东北
23	促进东北老工业基地进一步扩大对外开放	2005	开放政策	东北
24	东北地区棚户区改造工作	2005	社会保障政策	东北
25	东北地区开展厂办大集体改革试点	2005	非农产业/企业政策、社会保障政策	东北
26	辽宁省外商投资优势产业目录	2006	开放政策	省域
27	豁免东北老工业基地企业历史欠税	2006	财税金融政策	东北
28	东北地区振兴规划	2007	综合政策	东北
29	国务院关于促进资源型城市可持续发展的若干意见	2007	资源型城市转型政策	全国
30	国务院关于松花江、辽河和海河流域防洪规划的批复	2008	环境和资源保护政策	次区域
31	东北老工业基地部分财税政策延伸至蒙东地区	2008	财税金融政策	省域
32	豁免内蒙古东部地区企业历史欠税	2008	财税金融政策	省域
33	大连、哈尔滨、大庆等20个城市为服务外包示范城市	2009	非农产业/企业政策	城市/节点
34	确定第二批资源枯竭城市名单	2009	资源型城市转型政策	全国
35	中央财政下达资源枯竭城市年度财力性转移支付资金	2009	资源型城市转型政策、财税金融政策	全国
36	在绥芬河设立综合保税区	2009	开放政策	城市/节点
37	东北资源型城市首批专项投资计划	2009	资源型城市转型政策、财税金融政策	东北
38	辽宁沿海经济带发展规划	2009	综合政策、空间政策	次区域

序号	政　策　名　称	年份	类　　型	区域
39	进一步实施东北地区等老工业基地振兴战略的若干意见	2009	综合政策	全国
40	中国图们江区域合作开发规划纲要——以长吉图为开发开放先导区	2009	综合政策、空间政策	次区域
41	东北地区旅游业发展规划	2010	非农产业/企业政策	东北
42	中华人民共和国东北地区与俄罗斯联邦远东及东西伯利亚地区合作规划纲要	2010	开放政策	东北
43	沈阳经济区国家新型工业化综合配套改革试验区	2010	综合政策、空间政策	次区域
44	大小兴安岭林区生态保护和经济转型规划	2010	环境和资源保护政策、空间政策	次区域
45	关于加快转变东北地区农业发展方式建设现代农业指导意见的通知	2010	农业发展政策	东北
46	关于促进东北地区职业教育改革创新的指导意见	2011	教育和知识经济政策	东北
47	东北地区物流业发展规划	2011	非农产业/企业政策	东北
48	东北振兴"十二五"规划	2012	综合政策	东北
49	关于支持中国图们江区域（珲春）国际合作示范区建设的若干意见	2012	开放政策	城市/节点
50	中国东北地区面向东北亚区域开放规划纲要（2012—2020年）	2012	开放政策	东北
51	中科院科技服务东北老工业基地振兴行动计划	2012	教育和知识经济政策	东北
52	全国老工业基地调整改造规划（2013—2022年）	2013	综合政策	全国
53	全国资源型城市可持续发展规划（2013—2020年）	2013	资源型城市转型政策	全国

附录 D 东北县市主因子和聚类分析结果

表 1 2000 年主因子旋转荷载矩阵

(标准化)变量贡献值	主 因 子		
	1	2	3
2000 年 GDP	0.967		
2000 年地方财政收入	0.906		
2000 年全社会固定资产投资	0.906		
2000 年规模以上工业总产值	0.906		
2000 年总人口	0.855		
2000 年人均 GDP	0.660		
2000 年一产增加值比重		−0.892	
2000 年城镇人口比重		0.849	
2000 年二三产业从业比重		0.806	
2000 年人口密度		0.576	
2000 年三产增加值比重			0.899
2000 年二产增加值比重			−0.797

表 2 2003 年主因子旋转荷载矩阵

(标准化)变量贡献值	主 因 子		
	1	2	3
2003 年全社会固定资产投资	0.930		
2003 年 GDP	0.929		
2003 年地方财政收入	0.899		
2003 年规模以上工业总产值	0.898		

续　表

（标准化）变量贡献值	主　因　子		
	1	2	3
2003 年社会消费品零售总额	0.887		
2003 年总人口	0.831		
2003 年人均 GDP	0.757		
2003 年二三产业从业比重	0.683		
2003 年人口密度	0.680		
2003 年二产增加值比重	0.551	0.532	−0.547
2003 年一产增加值比重	−0.647	−0.653	
2003 年城镇人口比重	0.571	0.595	
2003 年三产增加值比重			0.820

表3　2007 年主因子旋转荷载矩阵

（标准化）变量贡献值	主　因　子		
	1	2	3
2007 年 GDP	0.940		
2007 年规模以上工业总产值	0.926		
2007 年地方财政收入	0.913		
2007 年社会消费品零售总额	0.911		
2007 年全社会固定资产投资	0.870		
2007 年总人口	0.840		
2007 年人均 GDP	0.753		
2007 年二三产业从业比重	0.676	0.566	
2007 年人口密度	0.649		
2007 年一产增加值比重	−0.598	−0.635	
2007 年城镇人口比重	0.532	0.561	
2007 年二产增加值比重	0.516	0.556	−0.506
2007 年三产增加值比重			0.853

表 4　2011 年主因子旋转荷载矩阵

(标准化)变量贡献值	主 因 子		
	1	2	3
2011 年全社会固定资产投资	0.947		
2011 年 GDP	0.928		
2011 年总人口	0.922		
2011 年地方财政收入	0.920		
2011 年规模以上工业总产值	0.875		
2011 年社会消费品零售总额	0.620		
2011 年一产增加值比重		−0.779	
2011 年二产增加值比重		0.698	
2011 年人均 GDP		0.677	
2011 年二三产业从业比重		0.569	
2011 年人口密度		0.536	
2011 年三产增加值比重			0.853
2011 年城镇人口比重		0.528	0.573

附录 E　东北县市按聚类分组结果的组内统计指标

表 1　2000 年各聚类分组的组内统计指标

分　组	指　标		2000 年主成分 1	2000 年主成分 2	2000 年主成分 3
其他一般县市区	N	有效	127	127	127
		缺失	0	0	0
		占比	69.02%	69.02%	69.02%
	均　值		−0.12	−0.49	0.04
	中　值		−0.14	−0.49	0.07
	标准差		0.24	0.54	0.46
沿边县市区	N	有效	24	24	24
		缺失	0	0	0
		占比	13.04%	13.04%	13.04%
	均　值		−0.46	0.43	0.00
	中　值		−0.47	0.53	0.61
	标准差		0.26	0.87	2.24
其他地市辖区	N	有效	27	27	27
		缺失	0	0	0
		占比	14.67%	14.67%	14.67%
	均　值		−0.08	1.75	−0.10
	中　值		−0.38	1.67	−0.13
	标准差		0.67	0.44	0.59

续　表

分　组	指　标		2000 年主成分 1	2000 年主成分 2	2000 年主成分 3
石油城市市辖区	N	有效	2	2	2
		缺失	0	0	0
		占比	1.09%	1.09%	1.09%
	均　值		3.43	1.39	−3.50
	中　值		3.43	1.39	−3.50
	标准差		3.70	1.13	0.97
哈长沈大市辖区	N	有效	4	4	4
		缺失	0	0	0
		占比	2.17%	2.17%	2.17%
	均　值		5.35	0.48	1.15
	中　值		5.22	0.42	1.22
	标准差		1.14	0.41	0.56

表 2　2003 年各聚类分组的组内统计指标

分　组	指　标		2003 年主成分 1	2003 年主成分 2	2003 年主成分 3
其他一般县市区	N	有效	136.00	136.00	136.00
		缺失	0.00	0.00	0.00
		占比	73.91%	73.91%	73.91%
	均　值		−0.15	−0.40	−0.11
	中　值		−0.14	−0.47	−0.15
	标准差		0.23	0.62	0.54
沿边县市区	N	有效	8.00	8.00	8.00
		缺失	0.00	0.00	0.00
		占比	4.35%	4.35%	4.35%
	均　值		−0.31	−0.10	1.44
	中　值		−0.35	−0.03	1.38
	标准差		0.17	0.60	0.37

分　组	指　标		2003 年主成分 1	2003 年主成分 2	2003 年主成分 3
其他地市辖区	N	有效	28.00	28.00	28.00
		缺失	0.00	0.00	0.00
		占比	15.22%	15.22%	15.22%
	均　值		−0.16	1.70	0.72
	中　值		−0.34	1.71	0.46
	标准差		0.61	0.37	1.10
区域发展轴上的县市区	N	有效	7.00	7.00	7.00
		缺失	0.00	0.00	0.00
		占比	3.80%	3.80%	3.80%
	均　值		−0.08	0.18	−1.61
	中　值		−0.06	0.26	−1.54
	标准差		0.26	0.36	0.34
石油城市市辖区	N	有效	2	2	2
		缺失	0	0	0
		占比	1.09%	1.09%	1.09%
	均　值		1.92	3.14	−4.67
	中　值		1.92	3.14	−4.67
	标准差		1.82	0.29	2.38
哈长沈大市辖区	N	有效	4	4	4
		缺失	0	0	0
		占比	2.17%	2.17%	2.17%
	均　值		6.01	0.11	1.22
	中　值		5.84	0.20	1.18
	标准差		1.36	0.49	1.25

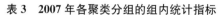

表 3　2007 年各聚类分组的组内统计指标

分　　组	指　　标		2007 年主成分 1	2007 年主成分 2	2007 年主成分 3
其他一般县市区	N	有效	131.00	131.00	131.00
		缺失	0.00	0.00	0.00
		占比	71.20%	71.20%	71.20%
	均　值		−0.14	−0.46	−0.12
	中　值		−0.15	−0.52	−0.10
	标准差		0.20	0.56	0.62
沿边县市区	N	有效	4.00	4.00	4.00
		缺失	0.00	0.00	0.00
		占比	2.17%	2.17%	2.17%
	均　值		−0.33	−0.32	1.62
	中　值		−0.33	−0.45	1.53
	标准差		0.03	0.74	0.43
其他地市辖区	N	有效	29.00	29.00	29.00
		缺失	0.00	0.00	0.00
		占比	15.76%	15.76%	15.76%
	均　值		−0.19	1.57	0.99
	中　值		−0.41	1.53	0.70
	标准差		0.54	0.61	1.19
区域发展轴上的县市区	N	有效	14.00	14.00	14.00
		缺失	0.00	0.00	0.00
		占比	7.61%	7.61%	7.61%
	均　值		−0.14	0.53	−1.10
	中　值		−0.17	0.64	−1.15
	标准差		0.25	0.37	0.94
石油城市市辖区	N	有效	2	2	2
		缺失	0	0	0
		占比	1.09%	1.09%	1.09%

续　表

分　组	指　标		2007 年主成分 1	2007 年主成分 2	2007 年主成分 3
石油城市市辖区	均　值		1.38	3.50	−2.93
	中　值		1.38	3.50	−2.93
	标准差		1.75	0.29	1.27
哈长沈大市辖区	N	有效	4	4	4
		缺失	0	0	0
		占比	2.17%	2.17%	2.17%
	均　值		5.95	0.06	0.93
	中　值		5.75	−0.06	0.77
	标准差		2.33	0.69	0.74

表 4　2011 年各聚类分组的组内统计指标

分　组	指　标		2011 年主成分 1	2011 年主成分 2	2011 年主成分 3
其他一般县市区	N	有效	112.00	112.00	112.00
		缺失	0.00	0.00	0.00
		占比	60.87%	60.87%	60.87%
	均　值		−0.14	−0.56	−0.04
	中　值		−0.16	−0.67	−0.11
	标准差		0.21	0.56	0.60
其他地市辖区	N	有效	28.00	28.00	28.00
		缺失	0.00	0.00	0.00
		占比	15.22%	15.22%	15.22%
	均　值		−0.44	1.17	1.15
	中　值		−0.48	1.14	1.10
	标准差		0.32	0.61	1.04
区域发展轴上的县市区	N	有效	35.00	35.00	35.00
		缺失	0.00	0.00	0.00
		占比	19.02%	19.02%	19.02%

续　表

分　组	指　标		2011 年主成分 1	2011 年主成分 2	2011 年主成分 3
区域发展轴上的县市区	均　值		0.02	0.59	−0.73
	中　值		−0.10	0.40	−1.12
	标准差		0.38	0.65	0.91
石油城市市辖区	N	有效	2	2	2
		缺失	0	0	0
		占比	1.09％	1.09％	1.09％
	均　值		1.23	3.60	−1.73
	中　值		1.23	3.60	−1.73
	标准差		1.71	0.46	2.47
哈长沈大市辖区	N	有效	4	4	4
		缺失	0	0	0
		占比	2.17％	2.17％	2.17％
	均　值		6.13	0.07	0.83
	中　值		6.14	0.83	−0.11
	标准差		1.45	1.80	1.98

附录 F　东北工业按行业在全国的区位熵变化

行　　　业	2004 年	2008 年	2010 年
煤炭开采和洗选业	1.46	1.07	1.57
石油和天然气开采业	3.10	1.66	3.70
黑色金属矿采选业	1.49	1.32	2.56
有色金属矿采选业	1.47	0.96	1.11
非金属矿采选业	0.96	0.87	0.98
农副食品加工业	1.20	1.16	1.11
食品制造业	0.91	0.72	0.90
酒、饮料和精制茶制造业	1.20	1.19	1.19
烟草制品业	0.81	0.55	0.95
纺织业	0.40	0.22	0.22
纺织服装、服饰业	0.48	0.40	0.31
皮革、毛皮、羽毛及其制品和制鞋业	0.15	0.10	0.15
木材加工和木、竹、藤、棕、草制品业	1.89	1.32	1.13
家具制造业	0.70	0.54	0.46
造纸和纸制品业	0.70	0.43	0.54
印刷和记录媒介复制业	0.66	0.50	0.50
文教、工美、体育和娱乐用品制造业	0.15	0.11	0.10
石油加工、炼焦和核燃料加工业	1.83	1.40	2.13
化学原料和化学制品制造业	0.88	0.68	0.73
医药制造业	1.33	0.97	1.45

行　　　业	2004 年	2008 年	2010 年
化学纤维制造业	1.41	0.93	0.74
橡胶制品业	0.74	0.47	0.55
塑料制品业	0.53	0.46	0.36
非金属矿物制品业	0.80	0.64	0.64
黑色金属冶炼和压延加工业	1.55	1.02	1.35
有色金属冶炼和压延加工业	0.82	0.52	0.64
金属制品业	0.61	0.49	0.41
通用设备制造业	1.16	0.91	0.93
专用设备制造业	1.12	0.73	0.72
交通运输设备制造业	1.48	0.98	1.23
电气机械和器材制造业	0.58	0.40	0.36
计算机、通信和其他电子设备制造业	0.28	0.17	0.16
仪器仪表制造业	0.70	0.42	0.53
工艺品制造业	0.34	0.30	0.24
废弃资源综合利用业	0.78	0.64	0.52
电力、热力生产和供应业	1.82	1.17	1.63

附录 G 东北各地市生产性服务业与制造业从业人员的数据分析

表1 2000、2010年生产性服务业与制造业从业人员数比值

城 市	生产性服务与制造业从业人员比		高于均值标准差倍数	
	2000 年	2010 年	2000 年	2010 年
沈阳市	77.04	181.54%	0.09	-0.56
大连市	54.04	101.82%	-0.17	-1.37
鞍山市	58.74	127.82%	-0.12	-1.10
抚顺市	56.97	138.87%	-0.14	-0.99
本溪市	42.68	144.93%	-0.29	-0.93
丹东市	75.78	146.95%	0.07	-0.91
锦州市	98.81	217.65%	0.33	-0.20
营口市	63.77	133.30%	-0.06	-1.05
阜新市	97.01	284.29%	0.31	0.47
辽阳市	72.15	143.11%	0.03	-0.95
盘锦市	121.94	284.88%	0.59	0.48
铁岭市	122.24	270.31%	0.59	0.33
朝阳市	75.12	199.04%	0.07	-0.39
葫芦岛市	63.28	135.26%	-0.06	-1.03
长春市	82.49	204.98%	0.15	-0.33
吉林市	65.95	173.92%	-0.03	-0.64
四平市	102.62	250.27%	0.37	0.13
辽源市	83.62	168.72%	0.16	-0.69

城　　市	生产性服务与制造业从业人员比		高于均值标准差倍数	
	2000 年	2010 年	2000 年	2010 年
通化市	95.79	201.21%	0.30	−0.37
白山市	79.84	221.68%	0.12	−0.16
松原市	179.36	499.87%	1.23	2.64
白城市	125.09	419.56%	0.63	1.83
延边朝鲜族自治州	110.16	276.75%	0.46	0.39
哈尔滨市	81.17	213.92%	0.13	−0.24
齐齐哈尔市	76.07	167.31%	0.08	−0.71
鸡西市	130.32	351.70%	0.68	1.15
鹤岗市	130.56	347.21%	0.69	1.10
双鸭山市	147.49	398.48%	0.88	1.62
大庆市	112.74	281.84%	0.49	0.44
伊春市	62.80	109.00%	−0.07	−1.29
佳木斯市	108.61	327.16%	0.44	0.90
七台河市	160.13	267.22%	1.02	0.30
牡丹江市	91.14	193.81%	0.25	−0.44
黑河市	162.22	471.22%	1.04	2.35
绥化市	129.38	285.62%	0.67	0.48
大兴安岭地区	110.37	212.42%	0.46	−0.25

表 2　2000、2010 年生产性服务业与制造业从业人数区位熵的相关性分析结果

		生产性服务业区位熵 2010	制造业区位熵 2010
生产性服务业区位熵 2010	Pearson 相关性	1	0.747**
	显著性（双侧）		0.000
	N	36	36
制造业区位熵 2010	Pearson 相关性	0.747**	1
	显著性（双侧）	0.000	
	N	36	36

＊＊在 0.01 水平（双侧）上显著相关

		生产性服务业区位熵2000	制造业区位熵2000
生产性服务业区位熵2000	Pearson 相关性	1	0.690**
	显著性（双侧）		0.000
	N	36	36
制造业区位熵2000	Pearson 相关性	0.690**	1
	显著性（双侧）	0.000	
	N	36	36

** 在0.01水平（双侧）上显著相关

附录 H 东北各地市按产业部类从业人员分类结果

表 1 2004 年最终聚类中心结果

年平均从业人员数(人)	聚 类			
	1	2	3	4
农业	29 525	0	6 138	18 972
劳动力密集	204 769	365 352	67 179	34 771
资源密集	84 963	28 365	44 482	46 654
资本密集	277 140	351 992	87 290	19 332
技术密集	44 451	59 558	6 176	2 786
采矿业	18 681	9 977	28 310	39 901
建筑业	216 087	314 762	51 652	19 268
生产性服务业	254 286	229 921	42 457	21 602
一般服务业	578 217	480 723	153 882	82 197

表 2 2008 年最终聚类中心结果

年平均从业人员数(人)	聚 类			
	1	2	3	4
劳动力密集	434 948	260 756	100 621	41 834
资源密集	33 481	69 190	17 153	6 801
资本密集	516 915	238 444	108 247	31 910
技术密集	73 655	42 830	7 199	3 136
农业	6 613	9 447	7 699	33 874

年平均从业人员数(人)	聚　类			
	1	2	3	4
采矿业	17 277	16 297	83 808	41 704
建筑业	321 529	272 631	65 083	28 095
生产性服务业	314 338	256 019	67 387	28 601
一般服务业	668 469	669 469	202 138	110 999

表 3　2010 年最终聚类中心结果

年平均从业人员数(人)	聚　类			
	1	2	3	4
劳动力密集	29 618.00	17 350.50	4 458.57	5 290.04
资源密集	6 262.50	5 814.50	4 378.71	5 233.78
资本密集	38 015.50	19 276.50	5 236.00	3 669.17
技术密集	6 081.50	4 209.50	424.86	443.00
农业	121 085.50	248 551.50	114 368.86	42 221.83
采矿业	2 005.50	1 441.00	2 714.57	3 861.83
建筑业	15 807.50	14 447.50	5 201.71	3 533.96
生产性服务业	42 204.50	35 115.00	9 135.14	8 244.83
一般服务业	128 276	116 746	30 972	24 827

附录Ⅰ 网络分析的 83 家生产性服务业企业名单

编号	企 业 名 称	编号	企 业 名 称
B1	中国工商银行股份有限公司	AC1	普华永道中天会计师事务所
B2	中国建设银行股份有限公司	AC2	德勤华永会计师事务所
B3	中国农业银行股份有限公司	AC3	安永华明会计师事务所
B4	中国银行股份有限公司	AC4	毕马威华振会计师事务所
B5	中国平安保险(集团)股份有限公司	AC5	立信会计师事务所
B6	交通银行股份有限公司	AC6	中瑞岳华会计师事务所
B7	招商银行股份有限公司	AC7	天健会计师事务所
B8	中国民生银行股份有限公司	AC8	信永中和会计师事务所
B9	兴业银行股份有限公司	AC9	国富浩华会计师事务所
B10	中国光大银行股份有限公司	AC10	大华会计师事务所
AD1	广东省广告股份有限公司	AC11	大信会计师事务所
AD2	盛世长城	AC12	天职国际会计师事务所
AD3	灵智精实	AC13	致同会计师事务所
AD4	北京电通广告有限公司	AC14	中审亚太会计师事务所
AD5	梅高广告公司	AC15	中汇会计师事务所
AD6	旭日因赛	AC16	利安达会计师事务所
AD7	威汉营销传播	AC17	众环海华会计师事务所
AD8	奥美广告	AC18	中兴财光华会计师事务所
AD9	博达大桥国际广告传媒有限公司	AC19	北京兴华会计师事务所
AD10	北京东方仁德广告有限公司	AC20	华普天健会计师事务所

续　表

编号	企 业 名 称	编号	企 业 名 称
L1	方达律师事务所	C1	深圳世联地产顾问股份有限公司
L2	环球律师事务所	C2	赛迪顾问股份有限公司
L3	君合律师事务所	C3	北京北森测评技术有限公司
L4	金杜律师事务所	C4	新比士康(北京)顾问有限公司
L5	中伦律师事务所	C5	中国国际技术智力合作公司
L6	通商律师事务所	C6	麦肯锡咨询公司
L7	国浩律师事务所	C7	罗兰贝格咨询公司
L8	国枫凯文律师事务所	C8	IBM 全球企业咨询服务部
L9	竞天公诚律师事务所	C9	AMT 咨询
L10	君泽君律师事务所	C10	凯洛格咨询公司
L11	中银律师事务所	C11	盖洛普
L12	建纬律师事务所	C12	美世咨询
L13	万商天勤律师事务所	C13	奥美公关国际集团
L14	观韬律师事务所	C14	SAP
L15	康信律师事务所	C15	凯捷安永
L16	锦天城律师事务所	C16	正略钧策咨询公司
L17	高朋律师事务所	C17	锡恩咨询公司
L18	金诚同达律师事务所	C18	广东现代国际市场研究有限公司
L19	大成律师事务所	C19	理实国际咨询集团
L20	炜衡律师事务所	C20	北京市长城战略研究所
L21	敬海律师事务所		
L22	瀛泰律师事务所		
L23	浩天信和律师事务所		

注：其中，B 代表银行金融企业，AD 代表广告设计公司，L 代表法律事务所，C 代表咨询和调查公司，AC 代表会计事务所

附录 J 东北各县市社会指标主因子分析结果

表 1 2000 年东北社会空间结构因子分析的特征值和方差贡献

成　份	提取平方和载入			旋转平方和载入		
	合计	方差	累积	合计	方差	累积
办公研发因子	6.73	56.083%	56.083%	3.573	29.773%	29.773%
城镇制造商服因子	1.964	16.368%	72.451%	3.204	26.696%	56.469%
迁移因子	0.876	7.298%	89.919%	2.004	16.7%	89.919%
集聚因子	1.22	10.17%	82.621%	2.01	16.75%	73.219%

表 2 2000 年东北社会空间结构的主因子旋转荷载矩阵

变量贡献值	主因子得分			
	办公研发因子	城镇制造商服因子	迁移因子	集聚因子
大专以上比重	0.893	0.159	0.3	0.006
专业技术人员占全部从业人员比重	0.861	0.429	0.167	−0.059
国家机关、党群组织、企业、事业单位负责人占全部从业人员比重	0.793	0.384	0.173	−0.077
办事人员和有关人员占全部从业人员比重	0.764	0.514	0.157	−0.069
生产、运输设备操作人员及有关人员占全部从业人员比重	0.137	0.914	0.258	−0.095
城镇化率	0.439	0.806	0.188	0.017
农林牧渔水利业生产人员占全部从业人员比重	−0.515	−0.795	−0.288	0.092

续　表

变量贡献值	主因子得分			
	办公研发因子	城镇制造商服因子	迁移因子	集聚因子
商业、服务业人员占全部从业人员比重	0.553	0.63	0.386	−0.073
流动人口比重	0.187	0.071	0.88	0.039
迁入人口比重	0.053	0.247	0.851	−0.064
人口密度	−0.031	−0.02	−0.013	0.994
全部从业人员密度	−0.021	−0.049	−0.009	0.99

表3　2010年东北社会空间结构因子分析的特征值和方差贡献

成　　份	提取平方和载入			旋转平方和载入		
	合计	方差的%	累积%	合计	方差的%	累积%
办公研发因子	6.663	55.527	55.527	3.443	28.696	28.696
城镇制造商服因子	2.026	16.886	72.412	2.89	24.081	52.776
迁移因子	1.225	10.211	82.624	2.493	20.779	73.555
集聚因子	0.913	7.609	90.233	2.001	16.678	90.233

表4　2010年东北社会空间结构的主因子旋转荷载矩阵

(标准化)变量贡献值	主　因　子			
	办公研发因子	城镇制造商服因子	迁移因子	集聚因子
专业技术人员占全部从业人员比重	0.811	0.332	0.341	0.038
办事人员和有关人员占全部从业人员比重	0.8	0.417	0.132	0.01
国家机关、党群组织、企业、事业单位负责人占全部从业人员比重	0.759	0.243	0.269	−0.026
大专以上比重	0.759	0.144	0.545	0.063
生产、运输设备操作人员及有关人员占全部从业人员比重	0.031	0.965	0.133	−0.048
农林牧渔水利业生产人员占全部从业人员比重	−0.534	−0.788	−0.298	0.011

续　表

（标准化）变量贡献值	主　因　子			
	办公研发因子	城镇制造商服因子	迁移因子	集聚因子
城镇化率	0.55	0.765	0.268	−0.01
商业、服务人员占全部从业人员比重	0.564	0.581	0.384	0.013
流动人口比	0.136	0.149	0.929	0.043
迁入人口比	0.222	0.217	0.895	0.009
人口密度	0.023	−0.008	0.03	0.998
全部从业人口密度	−0.008	−0.031	0.016	0.998

参考文献

［1］ Abler R, Adams J S, Gould P. *Spatial organization: the geographer's view of the world*. Englewood Cliffs（N. J. ）: Prentice-Hall, 1971.

［2］ Amin A. An institutionalist perspective on regional economic development. *International Journal of Urban and Regional Research*, 1999, 23(2): 365 - 378.

［3］ Anderson J. The shifting stage of politics: new medieval and postmodern territorialities? *Environment and Planning D: Society and Space*, 1996, 14（2）: 133 - 153.

［4］ Armstrong H, Wells P. Structural funds and the evaluation of community economic development initiatives in the uk: a critical perspective. *Regional Studies*, 2006, 40 (2): 259 - 272.

［5］ Bair J. Global capitalism and commodity chains: looking back, going forward. *Competition & Change*, 2005, 9(2): 153 - 180.

［6］ Bair J, Werner M. Commodity chains and the uneven geographies of global capitalism: a disarticulations perspective. *Environment and Planning A*, 2011, 43(5): 988 - 997.

［7］ Bawa-Cavia A. Microplexes: Urbagram. 2010 - 10 - 04 http: //www. urbagram. net/ microplexes/.

［8］ Beaverstock J V, Doel M A, Hubbard P J, et al. Attending to the world: competition, cooperation and connectivity in the world city network. *Global Networks*, 2002, 2(2): 111.

［9］ Becker S O, Egger P H, von Ehrlich M. Going nuts: the effect of eu structural funds on regional performance. *Journal of Public Economics*, 2010, 94(9 - 10): 578 - 590.

［10］ Berr Dius. The 2008 value added scoreboard: the top 800 uk and 750 european companies by value added. 2008.

［11］ Berry B J L. Cities as systems within systems of cities. *Papers of the Regional Science Association*, 1964, 13(1): 146 - 163.

［12］ Beynon H, Hudson R, Bennett K. *Coalfields regeneration: dealing with the consequences of industrial decline*. Bristol: Policy Press, 2000.

［13］ Blotevogel H H. The rhine — ruhr metropolitan region: reality and discourse. *European Planning Studies*, 1998, 6(4): 395 - 410.

［14］ Bohan C, Gautier B. Multilevel analysis of corporations networks: a comparison between agro-food and automobile strategies for urban development. In: Rozenblat C, Melançn G. Methods for Multilevel Analysis and Visualisation of Geographical Networks. Dordrecht, New York: Springer, 2013: 155 - 176.

［15］ Bömer H. New economy and new projects in old industrial areas — do they slow down the trend of decline? The case of the ruhr area and the city of dortmund, 2001.

［16］ Bourdieu P. The forms of capital. In: Hand Book Of Theroy and Research for the Sociology of Education. 王志弘译. New york: Greenwood Press, 1986: 47 - 58.

［17］ Brenner N. Metropolitan institutional reform and the rescaling of state space in contemporary western europe. *European Urban and Regional Studies*, 2003, 10(4): 297 - 324.

［18］ Brown E, Derudder B, Parnreiter C, et al. Spatialities of globalization: towards an integration of research on world city networks and global commodity chains: 2007 -03 - 23 http: //www. lboro. ac. uk/gawc/rb/rb151. html.

［19］ Brown E, Derudder B, Parnreiter C, et al. World city networks and global commodity chains: towards a world -systems' integration. *Global Networks*, 2010, 10 (1): 12 - 34.

［20］ Budthimedhee K, Li J, George R V. Eplanning: a snapshot of the literature on using the world wide web in urban planning. *Journal of Planning Literature*, 2002, 17(2): 227 - 244.

［21］ Camagni R P. From city hierachy to city network: reflections about an emerging paradigm. In: Lakshmanan T R, Nijkamp P. Structure and Change in the Space Economy. Berlin: Springer Berlin Heidelberg, 1993: 66 - 87.

［22］ Camagni R P. Regional competitiveness: towards a concept of territorial capital. In: Capello R, Camagni R, Chizzolini B, et al. Modelling Regional Scenarios for the Enlarged Europe: European Competiveness and Global Strategies. Leipiz: Springer Berlin Heidelberg, 2008: 33 - 47.

［23］ Chiarvesio M, Di Maria E, Micelli S. Global value chains and open networks: the case of italian industrial districts. *European Planning Studies*, 2010, 18(3): 333 - 350.

［24］ Coalfield Regeneration Review Board (CRRB). A review of coalfields regeneration, 2010.

[25] Coase R H. The nature of the firm. *Economica*，1937，4(16)：386-405.

[26] Coe N M，Dicken P，Hess M. Global production networks：realizing the potential. *Journal of Economic Geography*，2008，8(3)：271-295.

[27] Coe N M，Hess M，Yeung H W，et al. "globalizing" regional development：a global production networks perspective. *Transactions of the Institute of British Geographers*，2004，29(4)：468-484.

[28] Comin M. The capture and diffusion of knowledge spillovers：the influence of the position of cities in a network. In：Rozenblat C，Melançn G. Methods for Multilevel Analysis and Visualisation of Geographical Networks. Dordrecht，New York：Springer，2013：177-188.

[29] Couch C，Sykes O，Börstinghaus W. Thirty years of urban regeneration in britain，germany and france：the importance of context and path dependency. *Progress in Planning*，2011，75(1)：1-52.

[30] Crevoisier O. The innovative milieus approach：toward a territorialized understanding of the economy? *Economic Geography*，2004，80(4)：367-379.

[31] Davoudi S. Towards a conceptual framework for evaluating governance capacities in european polycentric urban regions. *Urban planning and environment*，2005：437-462.

[32] Davy B，Kanafa K，Petzinger T. *Stä dteregion ruhr 2030：begleitbuch zum gemeinsamen projektbericht*. Dortmund：Fak. Raumplanung，Univ. ，2003.

[33] Dematteis G. Spatial images of european urbanisation. In：Bagnasco A，Le Gale S P. Cities in Contemporary Europe. Cambridge：Cambridge University Press，2000：48-72.

[34] Department for Communities and Local Government (DCLG). A review of coalfields regeneration — government response to recommendations，2011.

[35] Department Of Energy and Climate Change (DECC). Historical coal data：coal production，availability and consumption 1853 to 2011：2013-01-22 https：//www. gov. uk/government/statistical-data-sets/historical-coal-data-coal-production-availability-and-consumption-1853-to-2011.

[36] Dicken P. Geographers and "globalization"：(yet) another missed boat? *Transactions of the Institute of British Geographers*，2004，29(1)：5-26.

[37] Dicken P，Kelly P F，Olds K，et al. Chains and networks，territories and scales：towards a relational framework for analysing the global economy. *Global Networks*，2001，1(2)：89-112.

[38] Dicken P，Thrift N. The organization of production and the production of organization：why business enterprises matter in the study of geographical industrialization. *Transactions of the Institute of British Geographers*，1992，17(3)：279-291.

[39] Dieleman F M, Faludi A. Polynucleated metropolitan regions in northwest europe: theme of the special issue. *European Planning Studies*, 1998, 6(4): 365 - 377.

[40] Dolwick J S. "the social" and beyond: introducing actor-network theory. *Journal of Maritime Archaeology*, 2009, 4(1): 21 - 49.

[41] Duara P. *Sovereignty and authenticity: manchukuo and the east asian modern.* Lanham, Maryland: Rowman & Littlefield Publishers, 2004.

[42] Ellison G, Glaeser E L. Geographic concentration in us manufacturing industries: a dartboard. *The Journal of Political Economy*, 1997, 105(5): 889 - 927.

[43] European Commission. *Esdp, european spatial development perspective: towards balanced and sustainable development of the territory of the european union.* Luxembourg: Lanham, Md.: Office for Official Publications of the European Communities, 1999.

[44] European Commission. The structural funds and their coordination with the cohesion fund: guidelines for programmes in the period 2000 - 06. 2003.

[45] European Commission. Structural policy reform: 2005 - 07 - 19 http://europa. eu/ legislation_summaries/regional_policy/provisions_and_instruments/l60013_en. htm.

[46] European Commission. Cohesion policy: 2007 - 13. 2007.

[47] European Commission. General provisions erdf - esf - cohesion fund (2007 - 2013): 2013 - 01 - 31 http://europa. eu/legislation_summaries/regional_policy/provisions_ and_instruments/g24231_en. htm.

[48] European Parliament, The Council of the EU. Regulation (eu) no. 1303/2013. *Official Journal of the European Union*, 2013, (20/12): 320 - 469.

[49] Faludi A. From european spatial development to territorial cohesion policy. *Regional Studies*, 2006, 40(6): 667 - 678.

[50] Frans M D, Andreas F. Randstad, rhine -ruhr and flemish diamond as one polynucleated macro-region? *Tijdschr Econ Soc Geogr*, 2003, 89(3): 320 - 327.

[51] Friedmann J. *Regional development policy: a case study of venezuela.* Cambridge: M. I. T. Press, 1966.

[52] Friedmann J. The world city hypothesis. *Development and Change*, 1986, 17(1): 69 - 83.

[53] Friedmann J. Where we stand: a decade of world city research. In: Knox P L, Taylor P J. World Cities in a World-System. Cambridge: Cambridge University Press, 1995: 21 - 47.

[54] Friedmann J, Wolff G. World city formation: an agenda for research and action. *International Journal of Urban and Regional Research*, 1982, 6(3): 309 - 344.

[55] Fujita M，Mori T. Structural stability and evolution of urban systems. *Regional Science and Urban Economics*，1997，27(4-5)：399-442.

[56] Gauthier H L，Taaffe E J. Three 20th century "revolutions" in american geography. *Urban Geography*，2003，23(6)：503-527.

[57] Genosko J. Networks，innovative milieux and globalization：some comments on a regional economic discussion. *European Planning Studies*，1997，5(3)：283-297.

[58] Gereffi G. The organization of buyer-driven global commodity chains：how u. s. Retailers shape overseas production networks. In：Gereffi G，Korzeniewicz M. Commodity Chains and Global Capitalism. Westport：Praeger，1994.

[59] Gereffi G，Humphrey J，Sturgeon T. The governance of global value chains. *Review of International Political Economy*，2005，12(1)：78-104.

[60] Germany Bundesamt F R Bauwesen Und Raumordnung (BBR). *Urban development and urban policy in germany: an overview*. Bonn：Federal Office for Building and Regional Planning，2000.

[61] Gibbon P，Bair J，Ponte S. Governing global value chains：an introduction. *Economy and Society*，2008，37(3)：315-338.

[62] Gibbon P，Ponte S. Global value chain (gvc) analysis. In：Gibbon P，Ponte S. Trading Down：Africa，Value Chains，and the Global Economy. Philadelphia：Temple University Press，2005：74-94.

[63] Gibbs D，Jonas A，While A. Changing governance structures and the environment：economy — environment relations at the local and regional scales. *Journal of Environmental Policy and Planning*，2002，4(2)：123-138.

[64] Giddens A. *The consequences of modernity*. Stanford，Calif.：Stanford University Press，1990.

[65] Goodchild B，Hickman P. Towards a regional strategy for the north of england? An assessment of "the northern way". *Regional Studies*，2006，40(1)：121-133.

[66] Gore T. *Coalfields and neighbouring cities: economic regeneration，labour markets and governance*. York：Joseph Rowntree Foundation，2007.

[67] Gore T，Fothergill S，Hollywood E，et al. Coalfields and neighbouring cities：economic regeneration，labour markets and governance，2007.

[68] Gottmann J. What are cities becoming the centres of? Sorting out the possibilities. *Cities in a Global Society*，1989：3558-3567.

[69] Granovetter M. Economic action and social structure：the problem of embeddedness. *The American Journal of Sociology*，1985，91(3)：481-510，2012-2019.

[70] Granovetter M. The old and the new economic sociology：a history and an agenda. In：

Friedland R O, Robertson A F. Beyond the Marketplace: Rethinking Economy and Society. New York: Aldine Transaction, 1990: 89 - 112.

[71] Granovetter M, Richard S. *The sociology of economic life*. Boulder: Westview Press, 1992.

[72] Gualini E. Regionalization as 'experimental regionalism': the rescaling of territorial policy-making in germany. *International Journal of Urban and Regional Research*, 2004, 28(2): 329 - 353.

[73] Habermas J R. *The theory of communicative action. Vol. 1: reason and the rationalization of society*. London: Heinemann, 1984.

[74] Hall P. Christaller for a global age: redrawing the urban hierarchy. In: Mayr A, Meurer M, Vogt J. Stadt und Region: Dynamik von Lebenswelten, Tagungsbericht und wissenschaftliche Abhandlungen. Leipzig: Deutsche Gesellschaft für Geographie, 2002: 110 - 128.

[75] Hall P, Pain K. *The polycentric metropolis: learning from mega-city regions in europe*. London: Earthscan, 2006.

[76] Harrison J. Life after regions? The evolution of city-regionalism in england. *Regional Studies*, 2012, 46(9): 1243 - 1259.

[77] Harvey D. *Explanation in geography*. Arnold, 1969.

[78] Harvey D. Between space and time: reflections on the geographical imagination. *Annals of the Association of American Geographers*, 1990, 80(3): 418 - 434.

[79] Heidenreich M. The changing system of european cities and regions. *European Planning Studies*, 1998, 6(3): 315 - 332.

[80] Henderson J, Dicken P, Hess M, et al. Global production networks and the analysis of economic development. *Review of International Political Economy*, 2002, 9(3): 436 - 464.

[81] Herrschel T, Newman P. *Governance of europe's city regions: planning, policy and politics*. Abingdon, New York: Routledge, 2003.

[82] Hess M. "spatial" relationships? Towards a reconceptualization of embedded ness. *Progress in Human Geography*, 2004, 28(2): 165 - 186.

[83] Hess M, Yeung H W. Whither global production networks in economic geography? Past, present, and future. *Environment and Planning A*, 2006, 38(7): 1193 - 1204.

[84] Hetherington K, Law J. After networks. *Environment and Planning D: Society and Space*, 2000, 18(2): 127 - 132.

[85] HM Treasury, Department for Business, Enterprise and Regulatory Reform, DCLG. *Review of sub-national economic development and regeneration*. London: HM Treasury, 2007.

［86］ Hopkins T K，Wallerstein I. Review (fernand braudel center). *Review: a journal of the Fernand Braudel Center for the Study of Economies，Historical Systems and Civilizations*，1986，10(1)：157 - 170.

［87］ Hospers G. Beyond the blue banana? *Intereconomics*，2003，38(2)：76 - 85.

［88］ Hospers G. Restructuring europe's rustbelt. *Intereconomics*，2004，39147 - 39156.

［89］ Hunt J. The intermediate areas：reports of a committee under the chairmanship of sir joseph hunt cmd. 3998，1969.

［90］ Jacobs W，Ducruet C，De Langen P. Integrating world cities into production networks：the case of port cities. *Global Networks*，2010，10(1)：92 - 113.

［91］ Jones A M. Re-theorising the core：a "globalised" business elite in santiago，chile. *Political Geography*，1998，17(3)：295 - 318.

［92］ Jones A，Murphy J T. Theorizing practice in economic geography：foundations，challenges，and possibilities. *Progress in Human Geography*，2011，35（3）：366 - 392.

［93］ Jones M. Phase space：geography，relational thinking，and beyond. *Progress in Human Geography*，2009，33(4)：487 - 506.

［94］ Kaplinsky R. Spreading the gains from globalization：what can be learned from value-chain analysis? *Problems of Economic Transition*，2004，47(2)：74 - 115.

［95］ Keating M. *The new regionalism in western europe: territorial restructuring and political change*. Cheltenham［etc.］：Edward Elgar，2000.

［96］ Keith M. The thames gateway paradox. *New Economy*，2004，11(1)：15 - 20.

［97］ Knapp W. The rhine-ruhr area in transformation：towards a european metropolitan region? *European Planning Studies*，1998，6(4)：379 - 393.

［98］ Knapp W，Schmitt P. Re-structuring competitive metropolitan regions in north-west europe：on territory and governance. *European Journal of Spatial Development*，2003，62 - 42.

［99］ Krugman P R. First nature，second nature，and metropolitan location. *Journal of regional science*，1993，33(2)：129 - 144.

［100］ Krugman P. Increasing returns and economic geography. *The Journal of Political Economy*，1991，99(3)：483 - 499.

［101］ Kunzmann K R. State planning：a german success story? *International Planning Studies*，2001，6(2)：153 - 166.

［102］ Latham A. Retheorizing scale of globalization：topologies，actor -networks and cosmopolitanism. In：Herod A，Wright M W. Geographies of Power：Placing Scale. Malden：Blackwell Publishing，2002：115 - 144.

[103] Latour B P C. *Politics of nature: how to bring the sciences into democracy*. Cambridge, Massachusetts: Harvard University Press, 2004.

[104] Latour B. On actor-network theory: a few clarifications plus more than a few complications. *Soziale Welt*, 1996, 47369 – 47381.

[105] Latour B. *Pandora's hope: essays on the reality of science studies*. Cambridge, Mass. : Harvard University Press, 1999.

[106] Latour B. *Reassembling the social: an introduction to actor-network-theory*. Oxford: Oxford University Press, 2005.

[107] Law J. Objects and spaces. *Theory, Culture & Society*, 2002, 19(5 – 6): 91 – 105.

[108] Massey D. A global sense of place. *Marxism Today*, 1991, 35(6): 24 – 29.

[109] Massey D, Meegan R A. The geography of industrial reorganisation: the spatial effects of the restructuring of the electrical engineering sector under the industrial reorganisation corporation. *Progress in Planning*, 1979, 10(3): 155 – 237.

[110] Meentemeyer V. Geographical perspectives of space, time, and scale. *Landscape Ecology*, 1989, 3(3 – 4): 163 – 173.

[111] Meijers E. Polycentric urban regions and the quest for synergy: is a network of cities more than the sum of the parts? *Urban Studies*, 2005, 42(4): 765 – 781.

[112] Mohl P, Hagen T. Do eu structural funds promote regional growth? New evidence from various panel data approaches. *Regional Science and Urban Economics*, 2010, 40(5): 353 – 365.

[113] Mol A, Law J. Regions, networks and fluids: anaemia and social topology. *Social Studies of Science*, 1994, 24(4): 641 – 671.

[114] Moody J, White D R. Structural cohesion and embeddedness: a hierarchical concept of social groups. *American Sociological Review*, 2003, 68(1): 103 – 127.

[115] Morgan K. Regional regeneration in britain: the territorial imperative and the conservative state. *Political Studies*, 1985, 33(4): 560 – 577.

[116] Murdoch J. The spaces of actor-network theory. *Geoforum*, 1998, 29(4): 357 – 374.

[117] Norhern Way Steering Group (NWSG). *Moving forward: the northern way*. Manchester: Office of the Deputy Prime Minister and Northwest Regional Development Agency, 2004.

[118] OECD. *Oecd territorial reviews: competitive cities in the global economy*. Paris: Organisation for Economic Co-operation and Development, 2006.

[119] Office of the Deputy Prime Minister (ODPM). *A framework for city-regions*. London: Office of the Deputy Prime Minister, 2006.

[120] Organisation For Economic Co-operation（OECD）. Oecd territorial outlook：territorial economy，2001.

[121] P·霍尔(1977). The World Cities[M]. 2 版. 中国科学院地理研究所译. 世界大城市. 北京：中国建筑工业出版社,1982.

[122] Pallagst K，Aber J，Audirac I，et al. The future of shrinking cities：problems，patterns and strategies of urban transformation in a global context[J]. *Center for Global Metropolitan Studies*，*Institute of Urban and Regional Development*，*and the Shrinking Cities International Research Network（SCiRN）IURD*，*Berkeley*，*University of California*. *2009*.

[123] Parr A. *The deleuze dictionary（revised edition）*. Edinburgh：Edinburgh University Press，2010.

[124] Parsons T. The motivation of economic activities. *The Canadian Journal of Economics and Political Science*，1940，(2)：187.

[125] Percy S，Couch C，Fraser C. *Urban regeneration in europe*. Oxford：Blackwell，2003.

[126] Pettinger T. The decline of the uk coal industry：2012 - 12 - 11 http：//www. economicshelp. org/blog/6498/energy/the-decline-of-the-uk-coal-industry/.

[127] Pope R. *Atlas of british social and economic history since c. 1700*. Routledge，1991.

[128] Porter M E. Location，competition，and economic development：local clusters in a global economy. *Economic Development Quarterly*，2000，14(1)：15 - 34.

[129] Rodriguez-Pose A，Fratesi U. Between development and social policies：the impact of european structural funds in objective 1 regions. *Regional Studies*，2004，38(1)：97 - 113.

[130] Rothwell R，Zegveld W. *Reindustrialization and technology*. Sharpe M E，1985.

[131] Rozenblat C，Melançn G. *Methods for multilevel analysis and visualisation of geographical networks*. Dordrecht，New York：Springer，2013.

[132] Rozenblat C，Pumain D. Firm linkages，innovation and the evolution of urban systems. In：Taylor P J，Derudder B，Saey P，et al. Cities in Globalization：Practices，policies and theories. Abingdon，Onxn：Routledge，2007：130 - 156.

[133] Sanchez G，Bisang R. Learning networks in innovation systems at sector/regional level in argentina：winery and dairy industries. *Journal of Technology Management & Innovation*，2011，6(4)：15 - 32.

[134] Sassen S. *Cities in a world economy*. Thousand Oaks：Pine Forge Press，1994.

[135] Sassen S. Spatialities and temporalities of the global：elements for a theorization.

Public Culture, 2000, 12(1): 215 - 232.

[136] Sassen S. Global inter-city networks and commodity chains: any intersections? *Global Networks*, 2010, 10(1): 150 - 163.

[137] Schmitt-Egner P. The concept of "region": theoretical and methodological notes on its reconstruction. *GEUI*, 2002, 24(3): 179 - 200.

[138] Scott A J. Regional motors of the global economy. *Futures*, 1996, 28(5): 391 - 411.

[139] Scott A J. *Global city-regions: trends, theory, policy: trends, theory, policy.* Oxford: Oxford University Press, 2001a.

[140] Scott A J. Globalization and the rise of city-regions. *European Planning Studies*, 2001b, 7(9): 813 - 826.

[141] Seto I. Organisation of knowledge and the hyperlink: eco's the name of the rose and borges' the library of babel: Library Student Journal. 2014 - 01 - 03 http: //www. librarystudentjournal. org/index. php/lsj/article/view/34/36 # conclusion? CSRF_ TOKEN＝eb5867d543b5d295a7663075ed3e0c3d225d3d84.

[142] Smith R G. World city topologies. *Progress in Human Geography*, 2003, 27(5): 561 - 582.

[143] Smith R G. Poststructuralism, power and the global city. In: Taylor P J, Derudder B, Saey P, et al. Cities in Globalization: Practices, Policies and Theories. New York: Routledge, 2006: 249 - 260.

[144] Smith R G. Beyond the global city concept and the myth of "command and control". *International Journal of Urban and Regional Research*, 2014, 38(1): 98 - 115.

[145] Smith R G, Doel M A. Questioning the theoretical basis of current global-city research: structures, networks and actor-networks. *International Journal of Urban and Regional Research*, 2011.

[146] Spiezia V. Measuring regional economies in OECD countries. In: Organisation for Economic Co-operation and Development, OECD. Income Disparities In China: An OECD Perspective Development, OECD. and Economy, CGDN. and Non-members, CCe. OECD publishing, 2004: 181 - 198.

[147] Sternberg R. Innovation networks and regional development — evidence from the european regional innovation survey (eris): theoretical concepts, methodological approach, empirical basis and introduction to the theme issue. *European Planning Studies*, 2000, 8(4): 389 - 407.

[148] Sykes O, Shaw D. Investigating sub-state interpretations of european territorial cohesion: the case of the united kingdom. *International Planning Studies*, 2011, 16 (4): 377 - 396.

[149] Tallon A. *Urban regeneration in the uk*. London：Routledge，2010.

[150] Taylor P J. Specification of the world city network，2001.

[151] Taylor P J. *World city network: a global urban analysis*. London；New York：Routledge，2004.

[152] Taylor P J. *Cities in globalization: practices, policies and theories*. London；New York：Routledge，2007.

[153] Taylor P J, Hoyler M, Verbruggen R. External urban relational process：introducing central flow theory to complement central place theory. *Urban Studies*，2010，47 (13)：2803-2818.

[154] Thrift N. *Spatial formations*. London，Califonia：SAGE Publications，1996.

[155] Turner R L. *The economic regeneration of britain's central coal fields: an evaluation of policy and politics in the 1980s and early 1990s*[D]. Liverpool：The University of Liverpool，1993.

[156] United Nations Industrial Development Organization, UNIDO. Industrial development report 2013，sustaining employment growth：the role of manufacturing and structural change，2013.

[157] Watson A. *The germans: who are they now?* Chicago：Edition Q，1993.

[158] Wegener M. Government or governance? The challenge of planning for sustainability in the ruhr，2010.

[159] Wikipedia. Regional development agency：2013-10-12 http：//en. wikipedia. org/wiki/Regional_Development_Agencies.

[160] World Bank. Revitalizing the northeast：towards a development strategy，2006.

[161] Yeung H W. Critical reviews of geographical perspectives on business organizations and the organization of production：towards a network approach. *Progress in Human Geography*，1994，18(4)：460-490.

[162] Yeung H W. Practicing new economic geographies：a methodological examination. *Annals of the Association of American Geographers*，2003，93(2)：442-462.

[163] Yeung H W, Lin G. Theorizing economic geographies of asia. *Economic Geography*，2003，79(2)：107-128.

[164] Zukin S, Dimaggio P. *Structures of capital: the social organization of the economy*. Cambridge [England]；New York：Cambridge University Press，1990.

[165] 阿明 A. 欧盟：超越国家经济空间的三角市场. 见：克拉克 G L,费尔德曼 M P,格特勒 M S. 牛津经济地理学手册. 北京：商务印书馆,2005：582-668.

[166] 艾伯特·赫希曼(1958). The Strategy of Economic Development. 经济科学出版社译. 经济发展战略. 北京：经济出版社,1991.

[167] 艾少伟,苗长虹.从"地方空间"、"流动空间"到"行动者网络空间":ANT 视角.人文地理,2010,(2):43-49.

[168] 白雪洁.模块化时代的汽车产业变革.中国工业经济[J],2005,(09):75-81.

[169] 包卿,陈雄.核心——边缘理论的应用和发展新范式[J].经济论坛,2006,(8):8-9.

[170] 包亚明.全球化、地域性与都市文化研究——以上海为例[J].郑州大学学报(哲学社会科学版),2002,(01):11-13.

[171] 鲍德温,克拉克.模块时代的经营.见:青木昌彦,安藤晴彦.模块时代:新产业结构的本质.周国荣译.上海:上海远东出版社,1997:28-44.

[172] 布鲁诺·拉图尔(1987).Science in Action:How to Follow Scientists and Engineers through Society.刘文旋,郑开译.科学在行动:怎样在社会中跟随科学家和工程师.上海:东方出版社,2005.

[173] 陈斐,杜道生.空间统计分析与 GIS 在区域经济分析中的应用[J].武汉大学学报(信息科学版),2002,(4):391-396.

[174] 大卫·哈维(1969).Explanation in Geography.高泳源,刘立华,蔡运龙译.地理学中的解释.北京:商务印书馆,1996.

[175] 大卫·哈维(1990).The Condition of Postmodernity:An Enquiry into the Origins of Cultural Change.阎嘉译.后现代的状况:对文化变迁之缘起的探究[M].北京:商务印书馆,2003.

[176] 戴伯勋,沈宏达,黄继忠.中国老工业基地改造的进程与启示[J].经济改革与发展,1997,(2):49-52.

[177] 德勒兹,加塔利(1980).Mille Plateaux:Capitalism and Schizophrenia.蒋宇辉译.资本主义与精神分裂:千高原[M].上海:上海书店出版社,2010.

[178] 地方财政研究编辑部.振兴东北老工业基地[J].地方财政研究,2005,(6):3.

[179] 东北亚研究中心东北老工业基地振兴课题组.东北老工业基地振兴与区域经济的协调发展[J].吉林大学社会科学学报,2004,(1):14-25.

[180] 董志凯.从二十世纪后半叶东北基建投资的特征看老工业基地振兴.中共党史研究,2004,(5):52-59.

[181] 段学军,虞孝感,陆大道,Nipper Josef.克鲁格曼的新经济地理研究及其意义[J].地理学报,2010,(2):131-138.

[182] 多琳·马西(1984).劳动的空间分工:社会结构与生产地理学[M].梁光严译.北京:北京师范大学出版社,2010.

[183] 费洪平,李淑华.我国老工业基地改造的基本情况及应明确的若干问题.宏观经济研究,2000,(5):30-33.

[184] 冯章献.东北地区中心地结构与扩散域研究[D].长春:东北师范大学,2010.

[185] 弗兰克·道宾(2007).Economic Sociology.冯秋石,王星译.经济社会学.上海:上海

人民出版社,2008.

[186] 高斌. 东北地区产业集群及发展研究[D]. 东北师范大学,2005.

[187] 葛本中. 中心地理论评介及其发展趋势研究[J]. 安徽师大学报（自然科学版）,1989,（2）：80-88.

[188] 顾朝林,赵晓斌. 中国区域开发模式的选择. 地理研究,1995,（4）：8-22.

[189] 郭明哲. 行动者网络理论（ANT）[D]. 复旦大学,2008.

[190] 国家发改委. 中共中央、国务院关于实施东北地区等老工业基地振兴战略的若干意见（中发[2003]11号）. 2003.

[191] 国家发改委,科技部,工业和信息化部,财政部. 全国老工业基地调整改造规划：北京：2013-11-19 http：//www.ndrc.gov.cn/zcfb/zcfbtz/2013tz/W020130402370023754621.pdf.

[192] 国家发改委政策研究室. 国务院批复《全国老工业基地调整改造规划（2013-2022年）》：2013-12-20 http：//www.sdpc.gov.cn/xwfb/t20130402_535668.htm.

[193] 国家发展和改革委员会（发改委,振兴东北办公室）. 中国东北地区面向东北亚区域开放规划纲要（2012-2020年）. 2012.

[194] 国家发展和改革委员会,国务院振兴东北办公室国务院振兴东北地区等老工业基地领导小组办公室（发改委,振兴东北办公室）. 东北地区振兴规划. 2007.

[195] 国务院. 国务院关于进一步实施东北地区等老工业基地振兴战略的若干意见（国发[2009]33号）. 2009.

[196] 郝晋伟,赵民. "中等收入陷阱"之"惑"与城镇化战略新思维. 城市规划学刊,2013,（5）：6-13.

[197] 何雄浪. 产业空间分异与我国区域经济协调发展研究：基于新经济地理学的研究视角[M]. 北京：中国经济出版社,2013.

[198] 何奕. 上海经济发展的区域效应研究[D]. 复旦大学,2005.

[199] 黄鹤. 精明收缩：应对城市衰退的规划策略及其在美国的实践. 城市与区域规划研究,2011,（3）：157-168.

[200] 江波,李江帆. 政府规模、劳动-资源密集型产业与生产服务业发展滞后：机理与实证研究. 中国工业经济,2013,（1）：64-76.

[201] 金凤君,陈明星. "东北振兴"以来东北地区区域政策评价研究. 经济地理,2010,（8）：1259-1265.

[202] 金广君,刘松茯,朱海玄. 基于德勒兹"根茎"理论的生态城市形态审美研究. 城市建筑,2011,（6）：122-124.

[203] 亢世勇,刘海润. 现代汉语新词语词典[M]. 上海：上海辞书出版社,2009.

[204] 柯颖,邬丽萍. 汽车产业模块化创新模式与发展战略研究——以广西汽车产业为例. 科技进步与对策,2011,（08）：68-72.

[205] 克鲁格曼(1991). Geography and Trade. 张兆杰译. 地理和贸易. 北京：北京大学出版社,2000.

[206] 李诚固. 世界老工业基地衰退机制与改造途径研究. 经济地理,1996,(02)：51-55.

[207] 李诚固,李振泉."东北现象"特征及形成因素. 经济地理,1996,(1)：34-38.

[208] 李春娟,尤振来. 产业集群识别方法综述及评价. 城市问题,2008,(12)：29-33.

[209] 李化斗. 惯习与理性的张力——布迪厄社会本体论的"模糊逻辑"[J]. 重庆邮电大学学报(社会科学版),2012,(2)：42-46.

[210] 李健. 全球生产网络到大都市区生产空间组织[M]. 北京：科学出版社,2011.

[211] 李俊江,史本叶. 老工业基地兴衰与资源的市场化配置——国外老工业基地改造的措施与启示. 2003.

[212] 李克. 东北老工业基地经济发展软环境理论研究. 吉林大学,2010.

[213] 李仙德. 基于企业网络的城市网络研究[D]. 华东师范大学,2012.

[214] 林秀梅,臧霄鹏. 东北三省生产性服务业的产业关联关系分析. 中国科技论坛,2012,(5)：85-91.

[215] 刘继生,陈彦光. 东北地区城市规模分布的分形特征. 人文地理,1999,(3)：1-6.

[216] 刘少杰. 重建东北老工业基地经济发展的社会基础[J]. 吉林大学社会科学学报,2004,(2)：70-74.

[217] 刘曙华. 生产性服务业集聚对区域空间重构的作用途径和机理研究[D]. 华东师范大学,2012.

[218] 刘通. 老工业基地衰退的普遍性及其综合治理. 中国经贸导刊,2006,(11)：18-22.

[219] 刘霄泉,孙铁山,李国平. 基于局部空间统计的产业集群空间分析——以北京市制造业集群为例. 地理科学,2012,32(5)：530-535.

[220] 刘宣,王小依. 行动者网络理论在人文地理领域应用研究述评. 地理科学进展,2013,(7)：1139-1147.

[221] 刘艳军,李诚固,孙迪. 城市区域空间结构：系统演化及驱动机制. 城市规划学刊,2006,(06)：73-78.

[222] 刘洋,金凤君. 东北地区产业结构演变的历史路径与机理. 经济地理,2009,29(3)：431-436.

[223] 刘颖. 空间经济视角下地区非均衡发展问题研究[D]. 辽宁大学,2009.

[224] 路旭,马学广,李贵才. 基于国际高级生产者服务业布局的珠三角城市网络空间格局研究. 经济地理,2012,(4)：50-54.

[225] 罗斯托(1963). The Economics of Take-Off into Sustained Growgth. 贺力平等译. 从起飞进入持续增长的经济学. 成都：四川人民出版社,1988.

[226] 罗震东,张京祥. 全球城市区域视角下的长江三角洲演化特征与趋势. 城市发展研究,2009,(9)：65-72.

[227] 马丽,刘毅.经济全球化下的区域经济空间结构演化研究评述.地球科学进展,2003,(2)：270-276.

[228] 曼纽尔·卡斯特尔(1996).The Rise of the Network Society.夏铸九,王志弘等译.网络社会的崛起.北京：社会科学文献出版社,2001.

[229] 宁越敏,武前波.企业空间组织与城市-区域发展[M].北京：科学出版社,2011.

[230] 牛小青,陈琳.基于因子分析对我国制造业分类方法的研究[M].武汉理工大学学报(社会科学版),2007,(6)：792-795.

[231] 钱纳里,鲁宾逊,赛尔奎(1986).Industrialization and Growth：A Comparative Study.吴奇,王松宝等译.工业化和经济增长的比较研究.上海：上海三联出版社,1989.

[232] 秦逸.沈阳宣告已完成老工业基地调整改造：2010-12-28 http：//www.chinanews.com/df/2010/12-28/2752978.shtml.

[233] 青木昌彦,安藤晴彦(2003).模块时代：新产业结构的本质[M].周国荣译.上海：上海远东出版社,.

[234] 任启平,陈才.东北地区人地关系百年变迁研究——人口、城市与交通发展.人文地理,2004,19(5)：69-74.

[235] 邵学峰.产业集聚、嵌入与公共政策——对构建东北大型企业集团的思考.2006.

[236] 石建国.东北工业化研究[D].中共中央党校,2006.

[237] 石崧.从劳动空间分工到大都市区空间组织[D].华东师范大学,2005.

[238] 史英杰.东北地区资源型城市产业转型问题研究[D].天津大学,2008.

[239] 丝奇雅·沙森(1991).The Global City：New York,London,Tokyo.第2版.周振华,等译.全球城市：纽约　伦敦　东京.上海：上海社会科学院出版社,2005.

[240] 孙贵艳,王传胜,肖磊,等.长江三角洲城市群城镇体系演化时空特征.长江流域资源与环境,2011,(6)：641-649.

[241] 谭一洺,杨永春,冷炳荣,等.基于高级生产者服务业视角的成渝地区城市网络体系.地理科学进展,2011,(6)：724-732.

[242] 汤放华,陈修颖.城市群空间结构演化：机制、格局和模式[M].北京：中国建筑工业出版社,2010.

[243] 唐子来,赵渺希.经济全球化视角下长三角区域的城市体系演化：关联网络和价值区段的分析方法.城市规划学刊,2010,(1)：29-34.

[244] 王凤彬,陈公海,李东红.模块化组织模式的构建与运作——基于海尔"市场链"再造案例的研究.管理世界,2008,(4)：122-139.

[245] 王缉慈.知识创新和区域创新环境.经济地理,1999,(1)：12-16.

[246] 王琦.产业集群与区域经济空间耦合机理研究[D].东北师范大学,2008.

[247] 王青云.我国老工业基地城市界定研究.宏观经济研究,2007,(5)：3-7.

[248] 王荣成,卢艳丽.100年来东北地区经济地域格局的演变.人文地理,2009,(5)：

81 - 86.

[249] 王士君,宋飏.中国东北地区城市地理基本框架[J].地理学报,2006,(6):574 - 584.

[250] 王世福,刘铮,赵渺希,等.2000 - 2010年广东区域非均匀发展趋势及思考.城市规划学刊,2014,(2):32 - 39.

[251] 王晓芳.东北地区县域经济发展的地域类型与演进机理研究.东北师范大学,2008.

[252] 王星.东北地域文化模式的阻滞效应与转型——立足于东北老工业基地转型背景下的讨论.求是学刊,2007,34(3):65 - 70.

[253] 王颖,张婧,李诚固,等.东北地区城市规模分布演变及其空间特征.经济地理,2011,(1):55 - 59.

[254] 王志华.长江三角洲地区制造业同构若干问题研究[D].南京航空航天大学,2006.

[255] 沃尔特·克里斯塔勒(1933). Die zentralen Orte in Süddeutschland. 常正文,王兴中译.德国南部中心地原理.北京:商务印书馆,1998.

[256] 吴铮争,吴殿廷,冯小杰.东北地区装备制造业的地位及其变化研究.人文地理,2007,1(93):86 - 91.

[257] 西蒙·库兹涅茨(1966). Modern Economic Growth:Rate,Structure,and Spread. 戴睿,易诚译.现代经济增长速度、结构与扩展.北京:北京经济学院出版社,1989.

[258] 西明·达武迪著.城市—区域概念的批判性综述,罗震东,倪天璐,申明锐译.国际城市规划,2010,(6):45 - 52.

[259] 徐传谌,杨圣奎.东北老工业基地的制度"解锁"与制度创新——兼评关于老工业基地落后成因争鸣的各家观点.东北亚论坛,2006,(2):3 - 8.

[260] 徐静.欧洲联盟多层级治理的理论和实践[D].华东师范大学,2006.

[261] 徐效坡.东北经济区的区域演化特征及振兴方略.经济地理,2004,24(5):700 - 703.

[262] 许学强,周一星,宁越敏.城市地理学[M].北京:高等教育出版社,1997.

[263] 颜炳祥.中国汽车产业集群理论及实证的研究[D].上海交通大学,2008.

[264] 杨振凯.老工业基地的衰退机制研究[D].吉林大学,2008.

[265] 易法敏,文晓巍.新经济社会学中的嵌入理论研究评述.经济学动态,2009,(8):130 - 134.

[266] 殷晓峰.地域文化对区域经济发展的作用机理与效应评价——以东北地区为例,东北师范大学,2011.

[267] 殷晓峰,李诚固,王颖.东北地域文化对区域经济发展的影响研究.东北师大学报(哲学社会科学版),2010,(6):41 - 44.

[268] 袁阡佑.东北产业集群研究[D].复旦大学,2006.

[269] 张广翠.欧盟区域政策研究[D].吉林大学,2006.

[270] 张庭伟.2000年以来美国城市的经济转型及重新工业化.城市规划学刊,2014,(2):15 - 23.

[271] 张文涛.欧盟地区政策中的结构基金研究[D].吉林大学,2008.

[272] 张燕文.基于空间聚类的区域经济差异分析方法.经济地理,2006,(4)：557-560.

[273] 赵渺希.经济全球化进程中长三角区域的城市体系演化[D].上海：同济大学,2010.

[274] 赵渺希.长三角区域的网络交互作用与空间结构演化.地理研究,2011,(2)：311-323.

[275] 赵渺希,陈晨.中国城市体系中航空网络与生产性服务业网络的比较.城市规划学刊,2011,(2)：24-32.

[276] 赵群毅,周一星.北京都市区生产者服务业的空间结构——兼与西方主流观点的比较.城市规划,2007,(5)：24-31.

[277] 赵斯亮.我国汽车产业集群创新网络的合作机制及演化研究[D].哈尔滨工程大学,2012.

[278] 振兴老工业基地研究课题组.中国老工业基地振兴之路.改革,2000,(5)：5-19.

[279] 中国科学院地理科学与资源研究所(中科院地理所).东北地区"十二五"规划思路研究专题研究报告.2011.

[280] 周一星.城市地理学.北京：商务印书馆,1995.

[281] 周一星,张莉,武悦.城市中心性与我国城市中心性的等级体系.地域研究与开发,2001,(4)：1-5.

[282] 朱金,赵民.从结构性失衡到均衡——我国城镇化发展的现实状况与未来趋势.上海城市规划,2014,(1)：47-55.

后 记

    2001年,我从兰州考入同济大学,至今已十余年。回想这十多年的求学生涯,有太多的师长、同学、朋友对我给予无私的帮助,让我心中充满感激。其中,尤其要感谢的是我的硕士和博士生导师,同济大学建筑与城市规划学院赵民老师。自2006年我有幸成为赵老师的学生,这八年间他严谨的治学态度和和蔼包容的做人品格深深地感染了我。没有赵民老师以及我在英国留学期间指导老师利物浦大学地理和规划系David Shaw教授的悉心指导和修改,本书恐难以完成。

    此外,我想特别感谢朱若霖老师、戴晓波老师、张尚武老师、耿慧志老师、宋小冬老师、王德老师、张捷师姐、张立老师、栾峰老师、吴志诚师兄和不幸故去的韦亚平老师,他们曾经给予我的教导令我一生受益。

    最后,感谢永远默默支持我的爸爸妈妈。

程 遥